U0320720

地下水环境化学

吴吉春　孙媛媛　徐红霞　主编

科学出版社

北京

内 容 简 介

本书分为8章，涵盖地下水及其分布、地下水的化学成分及其演变、地下水污染及其主要污染物、地下水化学基础、地下水污染物的主要化学过程、地下水污染物迁移、地下水污染修复技术以及地下水环境化学的主要研究方法等基本内容，比较全面地介绍了地下水环境化学的主要理论知识，并突出水文地质学、环境化学、生物学等多学科交叉的特色。

本书可作为高等院校水土环境领域相关专业的教材或参考书，也可供从事水土环境保护与治理研究的专业人员参考。

图书在版编目（CIP）数据

地下水环境化学/吴吉春，孙媛媛，徐红霞主编. —北京：科学出版社，2019.10

ISBN 978-7-03-062424-6

Ⅰ. ①地…　Ⅱ. ①吴…②孙…③徐…　Ⅲ. ①地下水-水环境-环境化学　Ⅳ. ①X131.2

中国版本图书馆 CIP 数据核字（2019）第 214202 号

责任编辑：周　丹　黄　梅　沈　旭/责任校对：杨聪敏
责任印制：张　伟/封面设计：许　瑞

科 学 出 版 社 出版
北京东黄城根北街 16 号
邮政编码：100717
http://www.sciencep.com

北京建宏印刷有限公司 印刷
科学出版社发行　各地新华书店经销

＊

2019 年 10 月第 一 版　开本：720×1000　1/16
2021 年 9 月第三次印刷　印张：19 1/4
字数：388 000

定价：89.00 元
（如有印装质量问题，我社负责调换）

前　言

　　水是地球环境中的基本要素和宝贵资源，它通过自然过程在海、陆、空之间不断地循环往复，并跻身于自然要素和自然环境中更新着自然环境和自然资源。20 世纪 50 年代以来，世界主要发达国家的经济从恢复逐步走向高效发展，人工合成化学品的种类和数量也在迅猛增长，合成工艺产生的大量有毒有害物质随工业废水的排放进入水环境，产生了一系列水环境问题，如水质恶化、水体生境缺损、水体富营养化等，甚至导致了多起严重的突发性事故。当前，世界上继人口问题、粮食问题和能源问题之后，水资源、水灾害、水环境的问题已日益严重，并成为制约人类生存和发展的严峻问题。

　　我国是一个水资源严重短缺的国家，我国水资源量占世界水资源总量的 8%，却维持着占世界 21.5%人口的生存。随着我国经济的快速发展，水资源危机也越来越严重。全国每年污水排放量达数十亿吨，其中很大一部分污水未经处理直接排入江河湖库，导致江河湖水质严重恶化，水环境问题变得极为突出。由此，我国明确将环境保护列入全面建设小康社会总目标，国家环境保护"十一五"、"十二五"规划积极推进了城市污水处理与资源化，这给水环境化学学科带来了新的挑战和机遇。21 世纪的水环境化学将任重而道远，无论是从控制水环境污染和抑制生态恶化方面，还是从改善水环境质量、保护人体健康和促进国民经济的可持续发展方面，水环境化学都将发挥其他学科难以替代的作用，并在与环境科学其他分支学科的相互渗透中得到发展。

　　地下水是自然界水循环中的一个重要环节，是全球重要的供水水源，甚至在有些地区是唯一的饮用水水源。我国地下水资源分布广泛，据 2015 年水利部门核算，全国多年平均地下水资源量（可更新的地下水资源）为 $8064.48 \times 10^8 \text{m}^3$（不包括港、澳、台地区）。受气候、地貌单元及大地构造背景的影响，各地区水文地质条件差异很大，地下水资源贫富相差悬殊。我国约有 70%的人口以地下水为主要饮用水源，95%以上的农村人口饮用地下水。全国有 400 多个城市开发利用地下水资源，北方大部分城市以地下水作为主要供水水源，华北、西北城市利用地下水的比例分别高达 72%和 66%。近 30 年来，随着工农业的迅速发展，地下水开发利用和保护不当导致的地下水水位持续下降、水质恶化等地下水环境问题逐渐加剧，海水入侵、地面沉降等地质环境问题也日益突出。注重地下水环境保护已刻不容缓。

　　我国政府非常重视地下水环境保护，国务院于 2011 年、2015 年、2016 年分别批复了《全国地下水污染防治规划（2011—2020 年）》、《水污染防治行动计划》（俗称"水十条"）、《土壤污染防治行动计划》（俗称"土十条"），2018 年年底国家重点研发计划"场地土壤污染成因与治理技术"重点专项正式启动。上述规划和计划对实施地下水资源保护、有效遏制地下水污染加剧趋势提出了明确要求，同时对地下水专业人员提出了更高的知识要求。为此，针对性适用的《地下水环境化学》教材需求日益突出。

地下水环境化学属于水文地质学与环境化学的交叉学科，遵循于此，本书主要涵盖地下水及其分布、地下水化学成分及其演变、地下水污染及其主要污染物、地下水化学基础、地下水污染物的主要化学过程、地下水污染物迁移、地下水污染修复技术以及地下水环境化学的主要研究方法等基本内容，比较全面地介绍地下水环境化学的主要理论知识，并突出水文地质学、环境化学、生物学等多学科交叉的特色。

本书在具体编写过程中参考了多本前人的相关教材以及众多前人的相关研究成果，尽管在每章后给出了主要参考文献，但遗漏文献肯定存在，在此一并致谢和致歉。

由于水平所限，不当之处在所难免，恳请读者给予指正。

编　者

2019 年 1 月

目　　录

前言
第1章　地下水及其分布 ·· 1
1.1　地球上的水 ··· 1
1.2　自然界的水循环 ··· 2
1.2.1　水文循环 ··· 2
1.2.2　地质循环 ··· 3
1.3　中国水资源 ··· 4
1.3.1　中国水资源概况 ··· 4
1.3.2　中国地下水资源 ··· 5
1.4　地下水的赋存 ··· 10
1.4.1　岩土的空隙和水分 ······································· 10
1.4.2　非饱和带 ··· 25
1.4.3　饱和带 ··· 26
1.5　地下水含水系统与地下水流动系统 ································· 33
1.5.1　地下水含水系统 ··· 33
1.5.2　地下水流动系统 ··· 34
1.6　地下水资源特点 ··· 35
1.6.1　系统性和整体性 ··· 35
1.6.2　流动性 ··· 36
1.6.3　循环再生性 ··· 36
1.7　地下水环境 ··· 36
1.7.1　地下水环境因子 ··· 36
1.7.2　地下水环境定义 ··· 38
1.7.3　地下水环境效应 ··· 38
参考文献 ··· 39
第2章　地下水的化学成分及其演变 ·································· 41
2.1　地下水的化学成分 ··· 41
2.1.1　无机物 ··· 41
2.1.2　有机物 ··· 44
2.1.3　气体 ··· 45

2.1.4　微生物 ·· 46

2.2　地下水化学成分形成作用 ·· 47

2.2.1　溶滤作用 ·· 47

2.2.2　浓缩作用 ·· 50

2.2.3　脱碳酸作用 ·· 50

2.2.4　脱硫酸作用 ·· 50

2.2.5　阳离子交替吸附作用 ·· 51

2.2.6　混合作用 ·· 51

2.2.7　人类活动对地下水化学成分的影响 ························ 52

2.3　地下水基本成因类型及其化学特征 ······························ 52

2.3.1　溶滤水 ·· 52

2.3.2　沉积水 ·· 53

2.3.3　内生水 ·· 54

2.4　地下水化学成分分析及其图示 ···································· 55

2.4.1　地下水化学分析内容 ·· 55

2.4.2　地下水化学成分的库尔洛夫表示式 ·························· 56

2.4.3　地下水化学特征分类与图示 ·································· 56

参考文献 ·· 58

第3章　地下水污染及其主要污染物 ······························ 60

3.1　地下水污染及来源 ··· 60

3.1.1　地下水污染的概念 ·· 60

3.1.2　地下水污染源 ··· 60

3.2　地下水主要污染物 ··· 66

3.2.1　化学污染物 ·· 66

3.2.2　生物污染物 ·· 77

3.2.3　放射性污染物 ··· 77

3.3　地下水污染的特点与途径 ·· 78

3.3.1　地下水污染的特点 ·· 78

3.3.2　地下水污染的途径 ·· 78

参考文献 ·· 81

第4章　地下水化学基础 ·· 84

4.1　化学热力学基础 ·· 84

4.1.1　基本概念 ·· 84

4.1.2　化学热力学定律 ··· 85

4.2　化学平衡 ··· 89

　　　4.2.1　质量作用定律 ·················· 89
　　　4.2.2　自由能与化学平衡 ·············· 90
　　　4.2.3　范托夫式 ···················· 91
　　　4.2.4　活度及活度系数 ·············· 91
　4.3　碳酸平衡 ·························· 94
　　　4.3.1　气体在水中的溶解性 ·········· 94
　　　4.3.2　地下水中的碳酸平衡 ·········· 97
　4.4　水的碱度和酸度 ·················· 102
　　　4.4.1　碱度 ························ 102
　　　4.4.2　酸度 ························ 103
　参考文献 ···························· 105

第5章　地下水污染物的主要化学过程 ········ 106
　5.1　溶解和沉淀作用 ·················· 106
　　　5.1.1　各类无机物的溶解度 ·········· 106
　　　5.1.2　水溶液的稳定性 ·············· 114
　5.2　配合作用 ························ 117
　　　5.2.1　配合物在溶液中的稳定性 ······ 118
　　　5.2.2　羟基对重金属离子的配合作用 ·· 120
　　　5.2.3　腐殖质的配合作用 ············ 122
　5.3　氧化-还原作用 ·················· 124
　　　5.3.1　基本原理 ···················· 125
　　　5.3.2　氧化还原平衡图示法 ·········· 131
　　　5.3.3　地下水中污染物的氧化还原转化 · 135
　　　5.3.4　地下水系统的氧化还原条件及其影响因素 · 140
　5.4　吸附作用 ························ 143
　　　5.4.1　固体表面的电荷 ·············· 143
　　　5.4.2　固体表面的吸附作用 ·········· 145
　　　5.4.3　吸附等温线和等温式 ·········· 146
　5.5　水解作用 ························ 147
　5.6　微生物降解作用 ·················· 150
　　　5.6.1　生长代谢 ···················· 150
　　　5.6.2　共代谢 ······················ 151
　　　5.6.3　影响生物降解的因素 ·········· 152
　参考文献 ···························· 154

第 6 章　地下水污染物迁移 ···155

　6.1　地下水运动基本原理 ···155

　　6.1.1　地下水运动特征 ···155

　　6.1.2　地下水流模型 ···165

　6.2　地下水中的溶质运移 ···180

　　6.2.1　溶质运移机理 ···181

　　6.2.2　弥散通量、扩散通量和水动力弥散系数 ············184

　　6.2.3　对流-弥散方程及其定解条件 ·····················187

　6.3　溶质运移过程中的反应动力学 ·····················192

　　6.3.1　平衡吸附 ···193

　　6.3.2　吸附动力学 ···198

　　6.3.3　一级不可逆反应 ···199

　　6.3.4　莫诺动力学反应 ···201

　　6.3.5　多组分动力学反应 ···202

　6.4　多相流 ···205

　　6.4.1　基本概念 ···205

　　6.4.2　LNAPLs 的迁移 ···207

　　6.4.3　DNAPLs 的迁移 ···211

　参考文献 ··214

第 7 章　地下水污染修复技术 ···216

　7.1　概述 ···216

　　7.1.1　地下水污染修复技术分类 ·····························217

　　7.1.2　地下水污染修复技术发展趋势 ·····················219

　7.2　原位曝气技术 ···220

　　7.2.1　概述 ···220

　　7.2.2　原位曝气修复影响因素 ·································221

　7.3　原位生物修复技术 ···226

　　7.3.1　概述 ···226

　　7.3.2　生物修复技术影响因素 ·································227

　7.4　可渗透反应格栅技术 ···230

　　7.4.1　概述 ···230

　　7.4.2　PRB 的安装形式 ···231

　　7.4.3　PRB 的结构类型 ···231

　　7.4.4　PRB 的修复机理 ···232

　　　7.4.5　PRB 修复效果影响因素 ··236

　7.5　原位化学氧化技术 ···238

　　　7.5.1　Fenton 高级氧化技术 ···238

　　　7.5.2　臭氧处理技术 ···240

　　　7.5.3　高锰酸钾氧化技术 ···241

　　　7.5.4　过硫酸盐高级氧化技术 ·······································242

　7.6　表面活性剂增效修复技术 ···243

　　　7.6.1　概述 ···243

　　　7.6.2　表面活性剂的选择依据 ·······································248

　7.7　电动力修复技术 ···249

　　　7.7.1　概述 ···249

　　　7.7.2　修复机理 ···250

　　　7.7.3　电动力修复技术应用 ···253

　7.8　抽出-处理技术 ··255

　　　7.8.1　概述 ···255

　　　7.8.2　P&T 技术修复系统构成 ·······································256

　7.9　监测自然衰减修复技术 ··257

　　　7.9.1　概述 ···257

　　　7.9.2　NA 技术应用 ···258

　参考文献 ···260

第8章　地下水环境化学的主要研究方法 ·······························267

　8.1　野外调查 ···267

　　　8.1.1　调查阶段 ···267

　　　8.1.2　调查方法 ···270

　8.2　实验模拟 ···274

　　　8.2.1　光透法原理 ···276

　　　8.2.2　定量多相流饱和度的模型 ·······························278

　　　8.2.3　模拟实验结果 ···278

　8.3　数值模拟 ···280

　　　8.3.1　概述 ···280

　　　8.3.2　地下水数值模拟流程 ···282

　8.4　地球物理方法 ···284

　　　8.4.1　概述 ···284

　　　8.4.2　探地雷达 ···286

8.4.3 电阻率法 …………………………………………… 289

8.4.4 自然电位法 ………………………………………… 291

8.4.5 激发极化法 ………………………………………… 292

参考文献 …………………………………………………… 294

第1章　地下水及其分布

1.1　地球上的水

地球是一个富水的行星。地球的演化，生物及人类的起源，无不与水相关。

地球上水的起源，存在多种假说。目前被普遍接受的是：地球形成时便含有大量的水，地球浅表的水（包括海洋、河湖的水与地下水）主要来自地球深部。

地球各个层圈，从地球浅表（大气圈至地下数千米）直到地球深部，都存在水。

地球浅表赋存大气水、地表水、地下水、生物体及矿物中的水，以自由态 H_2O 分子形式存在，以液态为主，部分为固态和气态。地球浅部水量总计约为 $13.86 \times 10^{17} m^3$。其中，咸水约占 97% 以上，淡水不到 3%。淡水中，固态水（冰盖、冰川等）约占 70%，其余 30%是液态水。液态淡水中，地下水量约占 99%（表 1.1）。

表 1.1　地球浅部水的分布

水体	水量/$10^9 m^3$	占总水量百分比/%	占淡水百分比/%	分类百分比/%
大气水	12900	0.001	0.04	
海洋	1338000000	96.5	——	
冰盖、冰川等	24064000	1.74	68.7	
湖泊	176400	0.013		地表水：69
淡水	(91000)	(0.007)	0.26	
咸水	(85400)	(0.006)	——	
河流	2120	0.0002	0.006	
湿地	11470	0.0008	0.03	
地下水（饱和带）	23400000	1.7	——	
淡水	(10530000)	(0.76)	30.1	
咸水	(12870000)	(0.94)	——	地下水：30.96
土壤水（非饱和带）	16500	0.001	0.05	
地下冰与多年冻土	300000	0.022	0.86	
生物体中的水	1120	0.0001	0.003	
总计	1386000000	100		

注：带括号的数据为不记入总计的水量及水量百分比。

地球深部水的存在形式与地球浅表不同，水量也远远超过浅表。

地球深部的水主要以两种形式存在：矿物中的水（以 H_2O 形式存在的结晶水，以 H^+、OH^- 及 O^{2-} 形式存在的结构水）以及超临界状态水。高温和高压使水达到超临界状态时（$T_e = 374℃$，$P_e = 22.1$ MPa），氢键裂解，水以 H^+、OH^- 及 O^{2-} 形式存在。超临界状态水，热容高，溶解能力强，与超临界状态 CO_2 共同构成超临界流体，对深部地质作用（成岩、成矿、地质构造演化、地震与火山喷发）有重要影响，是当代水文地质学的研究前沿（徐有生等，1995；谢鸿森等，2005；区永和等，1988）。

不同学者对地幔中水量的估计差别很大：有的认为地幔水量为海水的 50 倍（汪品先，2003）；有的估算地幔水量约为海水的 15 倍（谢鸿森等，2005）；Takashi 等（2007）根据实验结果推断，地幔所含水量远较一般估计的少。

1.2　自然界的水循环

地球各层圈的水处于不断相互转换之中，伴随着水文循环和地质循环而发生转换。水文循环局限于地球浅表，转换交替迅速；地质循环发生于大气圈到地幔之间，转换交替缓慢。

1.2.1　水文循环

水文循环（hydrologic cycle）是大气水、地表水和地壳浅表地下水之间的水分交换。

太阳辐射和重力是水文循环的一对驱动力。太阳辐射使液态水转换为气态，上升进入大气圈并随气流运移。在一定条件下，气态水凝结，在重力作用下，落到地面，渗入地下，以地表径流（run-off）和地下径流（underground run-off）方式运移。

地表水及地下水通过蒸发和植物蒸腾转换为气态水，进入大气。进入大气的水汽，随气团运移，在一定条件下形成降水。落到陆地的降水，部分渗入地下，部分在地表汇集为江河湖沼。渗入地下的水，部分滞留于非饱和带，部分转入饱和带。江河湖沼中的水及地下水相互转换，其中部分转换为生物体中的水。最终，水以腾发（蒸腾及蒸发）形式转入大气或者以径流形式汇入海洋。降水落到海洋，通过蒸发转换返回大气（图1.1）。

参与水文循环的各种水，交替更新速度差别很大。大气水的循环再生周期仅 8 天，每年平均更换约 45 次。河水循环再生周期平均为 16 天，每年更新约 23 次。湖水循环再生周期平均为 17 天。海洋水循环再生周期为 2500 年（《中国大百科全书》总编辑委员会《大气科学·海洋科学·水文科学》编辑委员会，1987）。地下水的循环再生周期大于河湖水；土壤水为一年到数年；交替迅速的浅部地下水为数年；交替缓慢的深部地下水，从数百年到数万年不等。

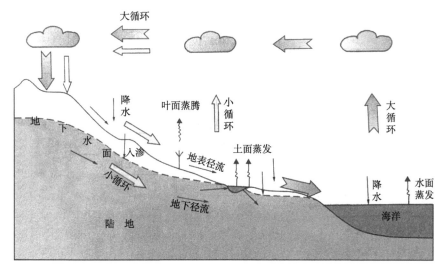

图 1.1 水文循环（张人权等, 2011）

水文循环对于保障生态环境以及人类生存与发展至关重要。一方面，通过不断转换，水质得以持续净化；另一方面，通过不断循环再生，水量得到持续补充。

作为持续性供水水源，需要考虑的不是储存水量（表 1.1），而是可循环再生的淡水量。

海陆之间的水分交换称为大循环，海陆内部的水分交换称为小循环。增加陆地小循环的频率，以改善干旱地区的气候，是正在探索中的课题。

1.2.2 地质循环

发生于大气圈到地幔之间的水分交换称为水的地质循环（图 1.2）。

一种水的地质循环随火山喷发及洋脊热液"烟囱"将水从地幔带到大气和海洋（图 1.2 中的 1），地壳浅表的水通过板块俯冲带进入地幔（图 1.2 中的 2），是最直观的水分地质循环。来自地幔的水称为初生水，据估计，每年逸出的初生水量约为 2×10^8 t（区永和等，1988）。

另一种水的地质循环发生在成岩、变质和风化作用过程中。矿物中的水脱出，转化为自由水（图 1.2 中的 3），称为再生水；自由水可转化为矿物结晶水或结构水。沉积成岩时，也将排出水（图 1.2 中的 4）或埋存在沉积物中（图 1.2 中的 5），后者称为埋藏水（沈照理和许绍悼，1985；区永和等，1988）。

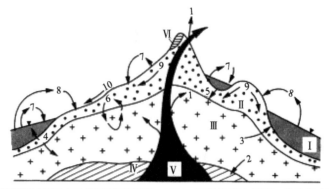

图 1.2　水的地质循环（转引自沈照理和许绍悼，1985，阿勃拉莫夫原图，经沈照理和许绍悼修改）
Ⅰ-海洋水；Ⅱ-沉积盖层；Ⅲ-地壳结晶岩；Ⅳ-地幔；Ⅴ-岩浆源；Ⅵ-大陆冰盖。1-来自地幔的初生水；2-返回地幔的水；3-岩体重结晶脱出水（再生水）；4-沉积成岩排出的水；5-封存于沉积物中的埋藏水；6-热重力和化学对流造成的地壳内循环；7-海陆内部的蒸发和降水（小循环）；8-海陆之间的蒸发和降水（大循环）；9-地下径流；10-地表径流

研究水的地质循环，有助于分析地壳浅表和深部各种地质作用，对于寻找矿产资源、预测大尺度环境变化和深部地质灾害等，均有重大意义。

1.3　中国水资源

1.3.1　中国水资源概况

我国地势西高东低，自西至东形成 3 个阶梯：西部分为两部分，西南为海拔高于 4000m 的青藏高原，西北部为高山和大型盆地；中部由山地、高原和盆地组成；东部为海拔低于 500m 的平原丘陵。

我国位于地球最大陆地——欧亚大陆东南部，东临最大水体太平洋，幅员辽阔，东西横跨东经 73°～136°，南北纵穿北纬 3°～54°，包括了不同的纬度气候带。由北至南跨越寒温带、温带、亚热带及热带。青藏高原是世界第一高原，气候呈垂直变化，由高原寒带至高原温带。

在特殊地理格局控制下，我国绝大部分地区为季风气候。冬季，亚洲大陆腹地形成冷高压，带来干冷气流。夏季，陆地形成热低压，周边暖湿气流入侵。冬夏不同的盛行气流带来明显气候季节变化：空间上，北冷南热，降水自东南向西北减少；时间上，四季冷暖干湿分明。

我国年降水量从东南沿海向西北内陆逐渐递减：华南 1500～2000mm；长江流域 1000～1500mm；华北 500mm 左右；东北大部分为 500～600mm；西南高原地区为 1000～1500mm；西北内陆在 400mm 以下。降水量最多的是台湾省火烧寮，年平均降水量高达 6489mm；降水量最少的是吐鲁番盆地的托克逊，年平均降水量仅为 6.3mm。

来自海洋的暖湿气流和来自大陆腹地的干冷气流相遇，产生锋面降水。通常，每年 4 月,锋面相遇于我国东南沿海,该地带雨季开始。6 月,锋面稳定于长江沿线,形成连绵的"黄梅雨"。7 月和 8 月,锋面推进到华北、东北南部及西部,出现大范围雨季。青藏高原南部及云南高原,受西南季风及印度洋季风影响,6~9月为雨季。不受季风影响的新疆西北部,受大西洋气流控制,5 月和 6 月出现雨季。

暖湿气流和干冷气流的强度对比变化导致季节降水及年际降水的时空变差。例如,北京年际降水量最大与最小相差 5 倍以上。越是干旱地区,年际降水量变差越大(《中国大百科全书》总编辑委员会《大气科学·海洋科学·水文科学》编辑委员会,1987)。

我国多年平均降水量为 628mm,约 $6×10^{12}$ m^3。地表水资源量为 $2.64×10^{12}$ m^3,地下水资源量(不含土壤水)约为 $8×10^{11}$ m^3,扣除地下水与地表水重复部分(约占地下水资源量的 87%),我国每年可更新的水资源量为 $2.73×10^{12}m^3$(《中国大百科全书》总编辑委员会《大气科学·海洋科学·水文科学》编辑委员会,1987;中华人民共和国水利部,2008)。

我国人均水资源量低于全球均值。人均年江河径流量为 $2670m^3$,亩[①]均 $1750m^3$,分别为全球均值的 25% 及 74%(《中国大百科全书》总编辑委员会《大气科学·海洋科学·水文科学》编辑委员会,1987)。

2015 年,全国总用水量 $61.03×10^{10}$ m^3,其中生活用水占 13.0%,工业用水占 21.9%,农业用水占 63.1%,人工生态环境补水(仅包括人为措施供给的城镇环境用水和部分河湖、湿地补水)占 2.0%。地表水源供水量占 81.4%,地下水源供水量占 17.5%。在 $10.69×10^{10}$ m^3 地下水供水量中,浅层地下水占 91.1%,深层承压水占 8.5%,微咸水占 0.4%(中华人民共和国水利部,2015)。江湖水质受到污染,不良水质(Ⅳ类、Ⅴ类水)占 23.7%,劣质水(劣Ⅴ类水)占 6.9%(中国环境保护部,2017)。

综上所述,我国水资源具有以下特点:

(1)降水偏少,年总降水量比全球平均降水量少 22%;

(2)人均水资源量偏低;

(3)空间分布不均匀,东部丰富,西部贫乏;

(4)季节及年际变化大,旱涝灾害频繁;

(5)水质污染较严重。

合理有效地利用和保护水资源,是中国具有战略意义的头等大事。

1.3.2 中国地下水资源

1.3.2.1 中国地下水资源概况

我国地下水资源分布广泛,受气候、地貌单元及大地构造背景的影响,各地

---

① 1 亩≈666.7 m^2。

区水文地质条件差异很大，地下水资源贫富相差悬殊。淮河流域以北地区加上西北内陆流域总面积 $534.55×10^4$ km²，占全国总计算面积的 61.2%，年均地下水资源量 $2610.47×10^8$ m³，占全国年均地下水资源量的 31.89%；长江以南地区面积 $339.33×10^4$ km²，占全国总面积的 38.8%，年均地下水资源量 $5575.96×10^8$ m³，占全国年均地下水资源量的 68.11%。南方地区年均地下水资源量远高于北方，但南方平原区地下水资源量远低于北方。北方平原区计算面积为 $179.98×10^4$ km²，占全国平原区计算面积的 91.3%，年均地下水资源量 $1558.38×10^8$ m³，占全国平原区年均地下水资源量的 80.6%；南方平原区计算面积 $17.18×10^4$ km²，占全国总面积的 8.7%，年均地下水资源量为 $375.77×10^8$ m³，占全国平原区年均地下水资源量的 19.4%，但是，从平原区单位面积地下水产水量上看，南方平原区远大于北方平原区。据 2015 年水利部门核算，全国多年平均地下水资源量（可更新的地下水资源）为 $8064.48×10^8$ m³（不包括港、澳、台地区）。

我国按流域分区多年平均地下水资源量见表 1.2。全国各类地下水资源量分布见表 1.3。因提供资料的部门不同，表 1.3 中地下水资源总量与表 1.2 中的数据略有差异。

表 1.2　我国流域分区多年平均地下水资源量及可开采量

流域分区		北方各流域						南方各流域					全国合计
		松辽流域	海滦河流域	黄河流域	淮河流域	内陆河流域	合计	长江流域	珠江流域	东南诸河流域	西南诸河流域	合计	
计算面积 /10^4 km²	总面积	123.15	27.78	77.54	29.79	276.29	534.55	175.82	58.05	20.32	85.14	339.33	873.88
	平原区面积	40.79	10.64	16.70	16.99	94.86	179.98	13.29	3.05	0.84	0	17.18	197.16
山丘区/ (10^8 m³/a)	河川基流量	286.55	79.21	244.5	93.97	473.37	1177.60	2197.66	1003.94	458.13	1529.59	5189.32	6366.92
	其他排泄量	37.23	37.10	43.46	3.15	108.83	229.77	20.18	16.79	0	0.23	37.2	266.97
	资源量	323.78	116.31	287.96	97.12	582.20	1407.37	2217.84	1020.73	458.13	1529.82	5226.52	6633.89
	可开采量	70.65	48.43	61.97	47.34	6.50	234.89	139.56	50.60	22.91	36.47	249.54	484.43
平原区/ (10^8 m³/a)	降雨入渗量	284.54	116.56	84.96	264.56	57.50	808.12	157.68	66.58	14.99	0	239.25	1047.37
	地表水体渗漏补给量	57.56	33.03	78.92	38.51	390.23	598.25	101.26	31.26	1.88	0	134.40	732.65
	其他补给量	13.69	32.76	7.64	6.35	91.57	152.01	2.12	0	0	0	2.12	154.13
	资源量	355.79	182.35	171.52	309.42	539.30	1558.38	261.06	97.84	16.87	0	375.77	1934.15
	可开采量	241.19	166.35	123.92	215.32	321.63	1068.41	181.07	64.27	10.12	0	255.46	1323.87
山丘区与平原区重复量 / (10^8 m³/a)		42.93	25.24	36.29	8.8	242.02	355.28	20.17	5.23	0.93	0	26.33	381.61
分区地下水资源量 / (10^8 m³/a)		636.64	273.42	423.19	397.74	879.48	2610.47	2458.7	1113.3	474.07	1529.8	5575.96	8186.43

注：引自水利部水资源司，南京水利科学研究院，2004。

表 1.3　我国地下水资源量分布简表

地区	孔隙水资源/ $(10^8\,m^3/a)$	比例/%	裂隙水资源/ $(10^8\,m^3/a)$	比例/%	岩溶水资源/ $(10^8\,m^3/a)$	比例/%	地下水资源/ $(10^8\,m^3/a)$	比例/%
北方	1773.17	71	1139.55	27	192.64	9	3105.36	36
南方	730.37	29	3034.08	73	1847.03	91	5611.48	64
总计	2503.54	100	4173.63	100	2039.67	100	8716.84	100

注：引自陈梦熊和马凤山，2002。

2016 年，以地下水含水系统为单元，以潜水为主的浅层地下水和承压水为主的中深层地下水为对象，国土资源部门对全国 31 个省（区、市）225 个地市级行政区的 6124 个监测点（其中国家级监测点 1000 个）开展了地下水水质监测。评价结果显示：水质为优良级、良好级、较好级、较差级和极差级的监测点分别占 10.1%、25.4%、4.4%、45.4%和 14.7%。主要超标指标为锰、铁、总硬度、溶解性总固体、"三氮"（亚硝酸盐氮、硝酸盐氮和氨氮）、硫酸盐、氟化物等，个别监测点存在砷、铅、汞、六价铬、镉等重（类）金属超标现象（中国环境保护部，2017）。

1.3.2.2　中国地下水分区

我国地下水资源分布的主要特点是：①时空分布极不均匀，与降水量和地表水分布趋势相似，南方多、北方少，东部多、西部少；②松散岩类孔隙水主要分布在北方，岩溶水和裂隙水主要分布在南方；③在北方地区，东部的松辽地区和华北地区地下水资源总量约占北方地下水总量的 50%，补给模数远大于西部；④北方地区中部的黄河流域，包括黄土高原及其相邻地区是我国地下水资源相对贫乏的地区；⑤西部的内陆盆地处于干旱的沙漠地区，年降水量小于 100mm，但由于获得盆地四周高山的降水及冰雪融水的补给，50%～80%的地表水自山区进入盆地后便转化为地下水，地下水资源量较丰富，但地表水与地下水应统一规划和开采利用。

陈梦熊（1986）曾对我国地下水进行分区。在此基础上根据气候及地形地貌等因素，划分为 4 个大区。

1. 东部湿润半湿润平原丘陵区

东部湿润半湿润平原丘陵区处于我国最低一级地形阶梯，第四纪以来，构造沉降及部分微弱隆起，形成平原与丘陵。年降水量大于 500mm，南部增加到 1600mm 以上。地质结构、地势及气候均有利于发育地下水，山前平原、冲积平原以及滨海平原松散沉积物中的孔隙水，是我国应用最为广泛的地下水。本区人口密集、工农业发达，地下水开采强度大，水污染最为严重。

东北平原，气温低，蒸发较弱，湿润度高，多沼泽，滨海地带局部发育盐渍地；土地肥沃，干湿适宜，是我国主要产粮区之一。

黄淮海平原是我国最大的平原，也是我国粮食主产区之一。大部分地区在浅层地下水和深层地下水之间存在咸水；雨季和旱季分明，春季蒸发强烈，干旱缺水，容易发生盐渍化，夏季雨量集中，多发涝渍，呈现旱涝碱咸综合危害。该区域作为我国主要缺水区，数十年来强烈地开采地下水，不少地区已经超量开采，引起地面沉降、地裂缝、海水入侵等地质灾害。

长江三角洲和珠江三角洲，是我国人口最为密集、工业生产最为发达的地区。由于地表水丰富以及含水层渗透性不及北部平原，地表水为主要供水水源。局部地区开采地下水，导致地面沉降、地裂缝、海水入侵等地质灾害。地下水污染较为严重。

南海诸岛属于本区。海岛上，地下淡水稀缺，零星分布于海水形成的地下咸水之上。

2. 中部气候复杂高原山地盆地区

本区气候、地形及地质结构变化复杂。自北而南，气候由干旱、半干旱转为半湿润、湿润；地形由高原转为山地及条块状盆地，再转为高原、山地，间有盆地。受特定自然地理地质背景控制，地下水分布很不均匀。

北部的内蒙古高原，气候干旱半干旱，主要为玄武岩组成的波状高原，其南为沙漠覆盖下的裂隙岩溶水，为我国主要牧区。

中部的高原、山地及山间盆地，气候半干旱半湿润。黄土高原土质疏松，沟壑纵横，不利于松散沉积物中地下水的汇聚，黄土覆盖下的基岩发育裂隙岩溶水。主要山间盆地——汾渭盆地呈条块状，赋存松散沉积物孔隙水，接受来自周围山区裂隙岩溶水补给，地下水较为丰富。本区为我国主要煤炭产区，也是人口集中地带，由于地表水缺乏，地下水供不应求，是我国主要缺水区之一。

南部的地形起伏大，降水丰富，是我国水能集中区，长江及其支流修建有众多水电站。大部分地区为岩溶高原，地下水入渗强烈，流动迅速。岩溶水汇集的谷地，成为人口密集与经济较发达地区。山区土壤层薄或缺乏，岩溶水深埋，缺水成为贫困的主要原因。四川盆地，地表水和地下水都比较丰富，人口密集，经济发达，有"天府之国"之称。

3. 西北干旱山地盆地荒漠区

除西北部外，均为降水量小于 200 mm 的干旱区。在构造控制下，高山和大型盆地相间分布。垂向上，高山降水较多，形成冰雪覆盖；冰雪融水形成河流，山前地带转为地下水，中游再次溢出地表，形成绿洲，地表水及地下水最终汇入荒漠中的盐湖。本区人口密度较低，耕地有限，人均及亩均水资源量较高。昼夜温差大，是我国优质棉花及瓜果产地。本区地表水和地下水交替转换过程复杂，气候干热，易于盐渍化，若水盐调控不当，往往导致土壤盐化，损害生态环境。

4. 青藏半干旱冻土高原区

青藏半干旱冻土高原区长期构造隆升，海拔一般高于 3000m，西部高于 5000m，构成半干旱冻土高原。雪山湖泊相映，沼泽湿地发育。降水及高山雪水共同补给地表水和地下水，最终汇入湖泊。湖泊及河谷地带多发育孔隙水，物理风化强烈使基岩裂隙水普遍发育，局部为岩溶水，地热资源比较丰富。本区西北部降水稀少，地下水贫乏；东南部为半湿润高山峡谷，较为湿润温暖，宜牧宜农宜林，也是潜在的水能开发区。本区人口稀少，城镇主要分布于河谷地带，如河谷地带的拉萨，年降水量可达 500mm。随着经济的发展和矿产资源的开发，需要特别关注供水水源的合理开发及脆弱生态环境的保护。

1.3.2.3 地下水的供水意义

作为供水水源，地下水较之地表水具有以下一系列优点。

（1）分布广泛：河湖分布范围有限，而地下水几乎随处都有。

（2）变化稳定：季风气候下，我国河流流量季节及年际变化明显，而地下水的变化相对稳定。

（3）具有天然调节性：地表水需要修建水库进行丰枯调节；而赋存地下水的含水岩系本身就是天然地下水库，以丰补歉，便于季节性和年际调节。

（4）水质良好：地表水易于污染，而地下水因地层过滤而保持良好水质。

（5）易于开发利用：地表水开发利用需要比较复杂的工程措施，花费大；而以井及钻孔开发地下水，简便易行，成本较低。

虽然地下水作为供水水源有一系列优点，但也有其缺点：地下水隐藏于地下，须查明分布规律才能利用；另外，虽然地下水不易污染，但一旦污染，不像地表水那样容易自净修复，需要花费相当长时间和耗费昂贵成本进行净化处理。因此，地下水的保护十分重要。

传统的水资源估算不包括土壤水（非饱和带地下水），这是一个重大误区（靳孟贵和方连育，2006）。我国年降水总量 $6 \times 10^{12} m^3$，年产流 $2.73 \times 10^{12} m^3$，两者差值为 $3.27 \times 10^{12} m^3$，相当大的部分为滞留于土壤中的水。土壤水只能被植物吸收利用，而我国农业用水占 60%以上。因此，可利用的土壤水资源量十分巨大。将土壤水包括在内，则地下水支撑生态、生活与生产的重要性，远比目前公认的大。

1.4 地下水的赋存

地下水是指赋存于地面以下岩土空隙中的水。地表以下一定深度，岩土中的空隙被重力水所充满，形成地下水面（water table）。地表到地下水面这一部分，称为非饱和带（unsaturated zone）或包气带（vadose zone）；地下水面以下称为饱和带或饱水带（saturated zone）。下面分别介绍非饱和带地下水、饱和带地下水的赋存。

1.4.1 岩土的空隙和水分

地下水存在于地面以下岩土的空隙之中。地壳表层 10km 范围内三大类岩石（沉积岩、岩浆岩、变质岩）都不同程度地存在一定的空隙，特别是浅部 1.2km 范围内，空隙分布较为普遍，这就为地下水的形成、储存、运动和发展提供了必要的空间条件。因此，研究岩土骨架空隙分布及特征是研究地下水的重要基础。

1.4.1.1 岩土的空隙

岩土的空隙是地下水的储存场所和运动通道。空隙的多少、大小、形状、连通情况和分布规律，都对地下水的分布和运动有重要影响。

由于岩石性质和受力作用的不同，岩土土体中各种空隙的形状、多少及其连通与分布有很大的差别。根据岩土空隙的成因不同，可把空隙分为三大类（图 1.3）：① 松散岩石中的孔隙；② 坚硬岩石中的裂隙；③ 可溶岩石中的溶隙。

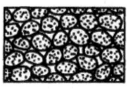 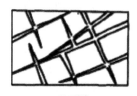 

(a) 孔隙　　　　　　　　(b) 裂隙　　　　　　　　(c) 溶隙

图 1.3　空隙的分类（钱家忠，2009）

1. 孔隙

松散岩土由大小不等的颗粒组成，颗粒或颗粒集合体之间的空隙呈小孔状，故称为孔隙。岩土中孔隙体积的大小是影响其储容地下水能力大小的重要因素。孔隙体积的大小可用孔隙度表示。孔隙度是指某一体积岩土体（包括孔隙在内）中孔隙体积所占的比例。

若以 n 表示岩土体的孔隙度，V 表示包括孔隙在内的岩土体体积，V_n 表示岩土中孔隙的体积，则

$$n = \frac{V_n}{V} \quad 或 \quad n = \frac{V_n}{V} \times 100\% \quad\quad (1\text{-}1)$$

孔隙度（n）是一个比值，可用百分数表示。

孔隙比（ε）是指某一体积岩土内孔隙的体积（V_n）与固体颗粒体积（V_s）之比。两者之间的关系为

$$\varepsilon = \frac{n}{1-n} \quad\quad (1\text{-}2)$$

影响孔隙度大小的主要因素包括：① 颗粒排列情况；② 颗粒分选程度；③ 颗粒形状；④ 胶结充填程度。对于黏性土，结构及次生孔隙也常常是影响孔隙度的一个重要因素。其一般规律是：岩土越松散，分选越好，浑圆度和胶结程度越差时，孔隙度就越大；反之，孔隙度就越小（图 1.4）。表 1.4 为自然界中主要松散岩土孔隙度的参考数值。

(a) 分选良好、排列疏松的砂

(b) 分选良好、排列紧密的砂

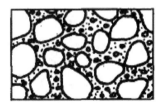

(c) 分选不良、含泥、砂的砾石

(d) 部分胶结的砂岩

图 1.4　不同的孔隙度（钱家忠，2009）

表 1.4　松散岩土孔隙度的参考数值

岩土名称	孔隙度变化范围/%	岩土名称	孔隙度变化范围/%
砾石	25～40	粉砂	35～50
砂	25～50	黏土	40～70

为了说明颗粒排列对孔隙度的影响程度，不妨假设两种理想的情况，即构成松散岩土的颗粒均为等粒圆球。当其为立方体排列时，如图 1.5（a）所示，可算

得孔隙度为 47.64%；当其为四面体排列时，如图 1.5(b)所示，孔隙度仅为 25.95%。由几何学可知，立方体排列为最松散，四面体排列为最紧密，自然界中松散岩土的孔隙度大多介于此两者之间。

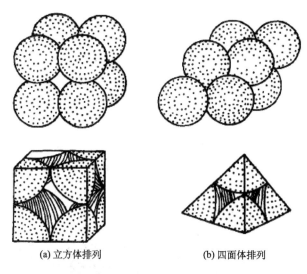

(a) 立方体排列　　　　　　　　　(b) 四面体排列

图 1.5　颗粒的排列形式（钱家忠，2009）

应当注意，上述讨论并未涉及圆球的大小。如图 1.6 所示，三种颗粒直径不同的等粒岩石，排列方式相同时，孔隙度完全相同。

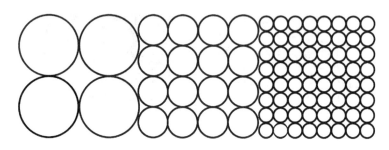

图 1.6　不同粒度等粒岩石的孔隙度与孔隙大小

自然界中并不存在完全等粒的松散岩土。分选程度越差，颗粒大小越悬殊的松散岩土，孔隙度便越小。细小颗粒充填于粗大颗粒之间的孔隙中，自然会大大降低孔隙度。当某种岩土由两种大小不等的颗粒组成，且粗大颗粒之间的孔隙完全被细小颗粒充填时，则岩土的孔隙度等于由粗粒和细粒单独组成岩土时的孔隙度的乘积。

自然界中岩土的颗粒形状多是不规则的。组成岩土的颗粒形状越不规则，棱角越明显，通常排列就越松散，孔隙度也越大。

黏土的孔隙度往往会超过上述理论中的最大孔隙度值，这是因为黏土颗粒表面常带有电荷，在沉积过程中黏粒聚合，构成颗粒聚合体，可形成直径比颗粒还大的结构孔隙。此外，黏性土中往往还发育有虫孔、根孔、干裂缝等次生空隙。

孔隙度大小对地下水运动影响很大。孔隙通道最细小的部分称作孔喉，最宽大的部分称作孔腹，如图 1.7 所示。孔喉对水流动的影响更大，讨论孔隙大小时可以用孔喉直径进行比较。

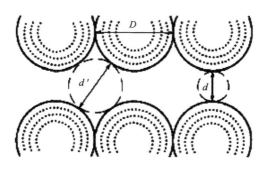

图 1.7　孔喉（直径为 d）与孔腹（直径为 d'）通过孔隙通道中心切面图

假定颗粒为等粒球体（直径为 D）作立方体排列

孔隙大小取决于颗粒大小。对于颗粒大小悬殊的松散岩土，由于粗大颗粒形成的孔隙被细小颗粒所充填，孔隙大小取决于实际构成孔隙的细小颗粒的直径。

颗粒排列方式也影响孔隙的大小（图 1.8）。仍以理想等粒圆球状颗粒为例，设颗粒直径为 D，孔喉直径为 d，则作立方体排列时，$d=0.414D$，如图 1.7 和图 1.8（a）所示；作四面体排列时，$d=0.155D$，如图 1.8（b）所示。

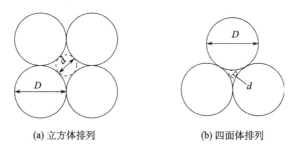

(a) 立方体排列　　　　　　(b) 四面体排列

图 1.8　排列方式与孔隙大小的关系

显然，对于黏性土，决定孔隙大小的不仅仅是颗粒的大小及排列，结构孔隙及次生空隙的影响也是不可忽视的。

2. 裂隙

固结的坚硬岩石，包括沉积岩、岩浆岩和变质岩，基本上不存在或只保留一部分颗粒之间的孔隙，而主要发育由地壳运动及内、外地质营力作用使得岩石破裂变形产生的空隙，称为裂隙。岩石的裂隙一般呈裂缝状，其长度、宽度、数量、分布及连通性等在空间上差异很大，与孔隙相比，具有明显的不均匀性。

裂隙按成因可分为：①成岩裂隙；②构造裂隙；③风化裂隙。

成岩裂隙是岩石在成岩过程中由于冷凝收缩（岩浆岩）或固结干缩（沉积岩）而产生的。岩浆岩中成岩裂隙比较发育，如玄武岩中的柱状节理。

构造裂隙是岩石在构造运动中受力而产生的。这种裂隙具有方向性、大小悬殊（由隐蔽的节理到大断层）、分布不均的特点。

风化裂隙是在风化营力作用下，岩石破坏产生的裂隙，主要分布在地表附近。

裂隙的多少以裂隙率表示。裂隙率（K_t）是裂隙体积（V_t）与包括裂隙在内的岩石体积（V）的比值，即

$$K_t = \frac{V_t}{V} \tag{1-3}$$

除了这种体积裂隙率，实际应用时还会用到面裂隙率或线裂隙率的概念。野外研究裂隙时，应注意测定裂隙的方向、宽度、延伸长度、充填情况等对水的运动具有重要影响的因素。

常见岩石的裂隙率见表 1.5。需要注意的是，表中所列各值是指岩石的平均值，对局部岩石来说裂隙发育可能有很大的差别，如同一种岩石，有的部位裂隙率可能小于 1%，而有的部位可达到百分之几十。

表 1.5　常见岩石裂隙率的参考值

岩石名称	裂隙率/%	岩石名称	裂隙率/%
砂岩	3.2～15.2	正长岩	0.5～2.8
石英岩	0.008～3.4	辉长岩	0.6～2.0
片岩	0.5～1.0	玢岩	0.4～6.7
片麻岩	0.3～2.4	玄武岩	0.6～1.3
花岗岩	0.02～1.9	玄武岩流	4.4～5.6

3. 溶隙

可溶的沉积岩，如石灰岩、白云岩、盐岩和石膏等，在地下水溶蚀下产生空隙，这种空隙称为溶隙（穴）。溶隙的体积（V_k）与包括溶隙在内的岩石体积（V）

的比值即为溶隙率（K_k），即

$$K_k = \frac{V_k}{V} \tag{1-4}$$

溶隙的规模相差悬殊，大的溶洞可宽达数十米，高数十米乃至百余米，长达几千米至几十千米，而小的溶孔直径仅几毫米。因此溶隙率的变化范围极大，有的溶隙率可能小于 1% ，有的可达百分之几十，而且在相邻很近处溶隙的发育程度可能完全不同，也可能在同一地点的不同深度上有很大的变化。在地下水的长期作用下，溶隙可发展为溶洞、暗河、竖井、落水洞等多种形式。可见溶隙与裂隙相比，在形状、大小等方面显得更加千变万化。因此，赋存于可溶岩石中的地下水分布与流动极不均匀。

自然界岩土中空隙的发育状况远较上述复杂。例如，松散岩土固然以孔隙为主，但某些黏土干缩后可产生裂隙，而这些裂隙的水文地质意义，甚至远远超过其原有的孔隙。固结程度不高的沉积岩，往往既有孔隙，又有裂隙。可溶岩石，由于溶蚀不均一，有的部分发育溶隙，而有的部分则为裂隙，有时还可保留原生的孔隙与裂缝。因此，在研究岩石空隙时，必须注意观察、收集实际资料，在事实的基础上分析空隙的形成原因及控制因素，并查明其发育规律。

岩石中的空隙，必须以一定方式连接起来构成空隙网络，才能成为地下水有效的储容空间和运移通道。松散岩石、坚硬基岩和可溶岩石中的空隙网络具有不同的特点。

松散岩石中的孔隙分布于颗粒之间，连通良好，分布均匀，在不同方向上，孔隙通道的大小和多少都很接近，赋存于其中的地下水分布与流动一般比较均匀。

坚硬基岩的裂隙是宽窄不等、长度有限的线状缝隙，往往具有一定的方向性。只有当不同方向的裂隙相互穿切连通时，才在某一范围内构成彼此连通的裂隙网格。就连通性而言，裂隙远比孔隙差。因此，赋存于裂隙基岩中的地下水相互联系较差，分布与流动往往不均匀。

可溶岩石的溶隙是一部分原有裂隙与原生孔缝溶蚀扩大而成的，空隙大小悬殊且分布极不均匀。因此，赋存于可溶岩石中的地下水分布与流动通常极不均匀。

因此，研究岩石的空隙时，不仅要研究空隙的多少，还要研究空隙的大小、空隙间的连通性和分布规律。松散岩土孔隙的大小和分布一般都比较均匀，且连通性好，所以孔隙度可表征一定范围内孔隙的发育情况；岩石裂隙无论其宽度、长度还是连通性差异均很大，分布也不均匀，因此裂隙率只能代表被测定范围内裂隙的发育程度；溶隙大小相差悬殊，分布很不均匀，连通性更差，所以溶隙率的代表性更差。

赋存于不同岩层中的地下水，由于其含水介质特征不同，具有不同的分布规律与运动特点。因此，按岩层的空隙类型，人们常把存在于松散砂、砾、卵石及砂岩等孔隙中的地下水称为孔隙水；把存在于坚硬岩石裂隙中的地下水称为裂隙水；把存在于可溶岩溶隙中的地下水称为岩溶水。

1.4.1.2　岩土中的水分

岩土中的地下水有气态、液态和固态三种形态。根据水在空隙中的物理状态，水与岩土颗粒的相互作用等特征，可将地下水存在的形式分为五种：气态水、结合水、重力水、毛细水、固态水，如图 1.9 所示。

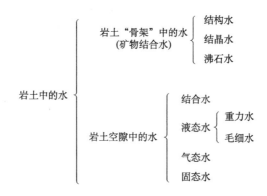

图 1.9　岩土中水的存在形式

1. 结合水

松散岩土的颗粒表面及坚硬岩石空隙表面均带有电荷，水分子又是偶极体，由于静电吸引，固相表面具有吸附水分子的能力（图 1.10）。根据库仑定律，电场强度与距离的平方成反比。因此，离固相表面很近的水分子受到的静电引力很大。随着距离增大，吸引力减弱，而水分子受自身压力的影响就越显著。受固相表面的引力大于水分子自身重力的那部分水，称为结合水。此部分水束缚于固相表面，不能在自身重力影响下运动。

由于固相表面对水分子的吸引力自内向外逐渐减弱，结合水的物理性质也随之发生变化。因此，将最接近固相表面的结合水称为强结合水，其外层称为弱结合水（图 1.10）。

1）强结合水（吸着水）

由于受分子引力和静电引力的影响，紧密地吸附在岩石颗粒表面、不受重力影响、不被植物吸收的水称为吸着水，也称强结合水。对于它的厚度，不同研究者说法不一，一般认为相当于几个水分子的厚度；也有人认为，可达几百个水分子的厚度。它所受到的引力可相当于 $101325 \times 10^4 Pa$，水分子排列紧密，其密度平均达 $2g/cm^3$ 左右。

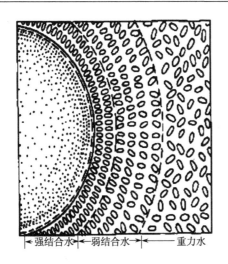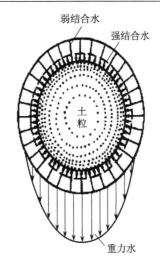

图 1.10　结合水与重力水（钱家忠，2009）

由于这种水处在非常强大的压力下，它的许多性质起了变化。例如，吸着水形成时放出湿润热，密度大于 1 g/cm³，在-78℃时不结冻，无导电性且不能溶解盐分，不受重力作用，不传递静水压力等。吸着水在一般情况下不能运动，只有当土壤为干燥或在 105～110℃的高温下，加热数小时后，使它变成气态水时才能移动。因此它是植物生理上不能利用的水。

吸着水的数量和空气湿度有关。在完全干燥的空气中，吸着水数量等于零，在湿度饱和的空气中，吸着水的数量达到最大。此时表明土粒不能再由空气中吸取水分，但它还有力量从液态水中吸取水分子，增厚水膜。这种在吸着水层以外的液态水膜即为弱结合水或薄膜水。

2）弱结合水（薄膜水）

包围在吸着水外层，受到固相表面的引力比吸着水弱，但仍受范德瓦耳斯力与吸着水最外层水分子静电引力合力影响的结合水，称为薄膜水，又称弱结合水。不同学者认为其厚度为几十、几百或几千个水分子厚度。其水分子排列不如强结合水规则和紧密，溶解盐类的能力较低。弱结合水的外层能被植物吸收利用。

这种水的形成是由于颗粒吸引水分子到达最大吸着含水量以后，虽然消耗了颗粒大部分的分子引力，但是分子引力并没有完全消失，因此当液体水分子和含有最大吸着含水量的颗粒接触时，剩余的分子引力将继续吸附水分子形成薄膜水。显然当水分子距离颗粒表面越远时，静电引力场的强度越小，且分子引力越小，水分子的自由活动能力增大。所以，水分子在颗粒表面上的排列就比较疏松，不整齐，仅有轻微的动向。薄膜水并不受重力作用的影响，又因它未充满整个空隙，所以也不能传递静水压力，但薄膜水可以在分子力的作用下，由薄膜较厚的地方向薄膜较薄的地方运动。

当薄膜水达到最大厚度时的土壤含水量，称为最大薄膜水量。此时表明土粒对水分子的引力已基本消失，多余的水分子在重力和毛细管力的作用下运动，形成毛细管水和重力水。

结合水区别于普通液态水的最大特征是具有抗剪强度，即必须施以一定的力方能使其发生变形。结合水的抗剪强度由内层向外层逐渐减弱。当施加的外力超过其抗剪强度时，外层结合水发生流动，施加的外力越大，发生流动的水层厚度也越大。

2. 重力水

距离固体表面更远的那部分水分子，重力对它的影响大于固体表面对它的吸引力，因而能在自身重力作用下运动。这种赋存于岩土非毛管孔隙中，能在重力作用下自由运动的水称为重力水。通常见到的井水、泉水都是重力水。

重力水中靠近固体表面的那一部分，仍然受到固体引力的影响，水分子的排列较为整齐，这部分水在流动时呈层流状态，而不做紊流运动；远离固体表面的重力水，不受固体引力影响，只受重力控制，这部分水在流速较大时容易转为紊流运动。

岩土空隙中的重力水能够自由流动。当降水或其他水体渗入岩土空隙中并达到饱和状态，渗入的水在重力作用下做自上而下的垂直运动，称为渗入的重力水。饱和带地下水因重力作用自高处向低处运动，并传递静水压力，这时的重力水称为地下径流。

3. 毛细水

将一根玻璃毛细管插入水中，毛细管内的水面会上升到一定高度，这便是发生在固、液、气三相界面上的毛细现象。松散岩土中细小的孔隙通道构成毛细管，毛细水即是指受毛细管力支配存在于毛细管孔隙中的水分，其广泛存在于地下水面以上的非饱和带中。

毛细水根据它的形成和存在的形式，可以分成三类：支持毛细水（毛细上升水）、悬挂毛细水和孔角毛细水。

1）支持毛细水（毛细上升水）

由于毛细管力的作用，水从地下水面沿着小孔隙上升到一定高度，形成一个毛细水带，此带中的毛细水下部有地下水面支持。这种赋存于饱和带地下水面以上的岩土毛细管孔隙中的毛细水，称为支持毛细水或毛细上升水，如图1.11（a）所示。它与饱和带的地下水直接相连。当地下水面上升或下降时，毛细水的位置也相应变动，这一特点在农业生产上有重要意义。赋存支持毛细水的地带称为毛细边缘带。松散岩石毛细管上升高度值见表 1.6。

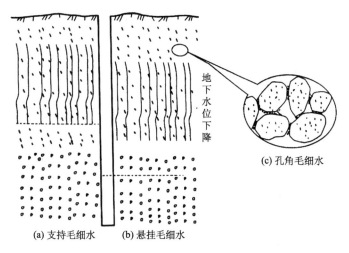

图 1.11　土壤中的毛细水示意图（钱家忠，2009）

表 1.6　松散岩石毛细管上升高度

岩石名称	颗粒尺度/mm	毛细管上升高度/mm
细砂砾岩	2～5	2.5
极粗砂	1～2	10.65
粗砂	0.5～1	13.5
中砂	0.2～0.5	24.6
细砂	0.1～0.2	42.8
淤泥	0.05～0.1	105.5

注：用几乎相同孔隙度（40%）的样品，全部测定于 72 天完成（据 Bowen，1986）。

2）悬挂毛细水

如图 1.11（b）所示，细粒层次与粗粒层次交互成层时，在一定条件下，由于上下弯液面毛细力的作用，在细土层中会保留与地下水面不相连接的毛细水。这种赋存在非饱和带岩土毛细管中，并与饱和带的地下水没有水力联系，呈"悬挂"状态的毛细水，称为悬挂毛细水。

3）孔角毛细水

在非饱和带中颗粒接触点上还可以悬留孔角毛细水（触点毛细水），即使是粗大的卵砾石，颗粒接触处孔隙大小也总可以达到毛细管的程度而形成弯液面，将水滞留在孔角上。这种赋存于岩土毛细管和岩石颗粒接触处的许多孔角狭窄的地方，呈个别的点滴状态，与孔壁形成弯液面，结合紧密又很难移动的毛细水，称为孔角毛细水, 如图 1.11 (c) 所示。

4. 气态水、固态水及矿物中的水

气态水指呈水汽状态贮存和运动于未被饱和的岩土空隙中的水。它可以随空气流动而运动, 即使空气不流动, 它也能从水汽压力 (绝对湿度) 高的地方向低的地方迁移, 具有很强的活动性。气态水很容易被吸附在岩石颗粒表面, 形成结合水。在一定温度、压力条件下, 气态水与液态水相互转化, 两者之间保持动态平衡。

以固体冰的形式存在于岩土空隙中的水称为固态水。当岩土的温度低于 0℃时, 空隙中的液态水便冻结成固态水, 一般分布于多年冻结区或季节冻结区。例如, 我国北方冬季常形成冻土; 东北及青藏高原有一部分岩土, 赋存于其中的地下水多年保持固态, 这就是所谓的多年冻土。

除了存在于岩土空隙中的水, 还有存在于矿物结晶内部及其间的水, 这就是沸石水、结晶水及结构水。如方沸石 ($Na_2Al_2Si_4O_{12} \cdot nH_2O$) 中就含有沸石水, 这种水在加热时可以从矿物中分离出去。

1.4.1.3 岩土的水理性质

岩土空隙大小、多少、连通程度及分布的均匀程度, 都对其储存、滞留、释出及透水能力有影响。岩土的水理性质是指岩土与水作用时所具有的特征, 主要有含水量、容水性、持水性、给水性和透水性。

1. 含水量 (含水率)

含水量常用来说明松散岩土实际保留水分的状况, 可分别用重量和体积来表征。

松散岩土孔隙中所含水的重量 (G_w) 与干燥岩土重量 (G_s) 的比值, 称为重量含水量 (W_g), 即

$$W_g = \frac{G_w}{G_s} \times 100\% \tag{1-5}$$

松散岩土孔隙中所含水的体积 (V_v) 与包括孔隙在内的岩土总体积 (V) 之比, 称为体积含水量 (W_v), 即

$$W_v = \frac{V_v}{V} \times 100\% \tag{1-6}$$

当水的比重为 1, 岩土的干容重 (单位体积干燥岩土的重量) 为 γ_α 时, 重量含水量与体积含水量的关系为

$$W_v = W_g \cdot \gamma_\alpha \tag{1-7}$$

孔隙充分饱水时的含水量称作饱和含水量（W_s）。饱和含水量与实际含水量之间的差值称作饱和差。实际含水量与饱和含水量之比称为饱和度。

2. 容水性

岩土的容水性是指岩土能够容纳一定水量的性能。容水性用容水度（K_r）来表示，容水度是指岩土空隙完全被水充满时的含水量，可表示为岩土所能容纳的水的体积（V_r）与岩土总体积（V）之比：

$$K_r = \frac{V_r}{V} \times 100\% \tag{1-8}$$

显然，当岩土中空隙全部被水饱和时，水的体积就等于岩土中空隙的体积，容水度在数量上与孔隙度、裂隙率和岩溶率相当。但当具有膨胀性的黏土饱水后，其体积增大，此时容水度大于孔隙度。容水性较强的岩土是黏土，较差的是卵石。

3. 持水性

岩土的持水性是指重力释水后，岩土依靠分子力和毛细力，能够保持一定液态水量的性能。常用持水度（S_r）来表示，持水度是地下水位下降时，滞留于岩土中而不释出的水的体积（V_c）与岩土总体积（V）之比，即

$$S_r = \frac{V_c}{V} \tag{1-9}$$

前已述及，存在于岩土空隙中的结合水（包括吸着水和薄膜水）是不受重力作用影响的。因此，受重力作用时，岩土空隙中所保持的主要是结合水，持水度实际上说明了岩土中结合水含量的多少。当用岩土能够保持的最大结合水的体积或重量和岩土总体积或重量之比来表示时，则称最大分子持水度，其大小取决于颗粒大小。颗粒越小，其表面积越大，表面吸附的结合水越多，持水度也越大。非饱和带充分重力释水而又未受到蒸发、蒸腾消耗时的含水量称作残留含水量（W_0），数值上相当于最大持水度。松散岩土最大分子持水度数值见表 1.7。

表 1.7　松散岩土持水度数值表

参数	粗砂	中砂	细砂	极细砂	亚黏土	黏土
颗粒大小/mm	2～0.5	0.5～0.25	0.25～0.1	0.1～0.05	0.05～0.002	<0.002
最大分子持水度/%	1.57	1.6	2.73	4.75	10.8	44.85

若以吸着水、薄膜水、部分孔角水和悬着水的体积或重量与岩土总体积或重量之比来表示时，则称田间持水度。田间持水度在农业生产上很有意义，在水文

学上也有一定意义。表 1.8 给出了不同土质田间持水度的数据。

表 1.8 不同土质田间持水度数据表（陈晓燕等，2004）

质地	地区和土壤	<0.01mm 颗粒/%	田间持水度
细砂土	辽西风砂土	2.8	4.5
面砂土	辽西风砂土	2.7	11.7
砂粉土	嫩江黑土	12.8	12.0
粉土	晋西黄绵土	25.0	17.4
粉壤土	蒲城垆蝼土	—	20.7
黏壤土	武功油土	50.8	19.4
黏壤土	武功油土	57.2	20.0
粉黏土	嫩江黑土	67.8	23.8

4. 给水性

岩土的给水性指岩土中保持的水在重力作用下能够自由流出一定数量的性能，用给水度（μ）表示。给水度是指岩土给出的水量与岩土体积之比：

$$\mu = \frac{V_g}{V} \times 100\% \tag{1-10}$$

给水度在数值上等于容水度减去持水度。岩土的给水性和持水性显然与岩土的容水性直接相关，在容水性相同的岩土中，如果重力作用超过岩土对水的引力，则给水性强，持水性弱；反之，则给水性弱，持水性强。给水性还与岩土颗粒直径成正比，如卵石给水度大，黏土给水度小。

给水度是指地下水位下降一个单位，从地下水面延伸到地表面的单位水平面积的岩土柱体，在重力作用下所释放出水的体积。饱和差（自由孔隙率）是指当水位上升一个单位时，单位面积的含水层柱体中，所需补充水的体积。或者说，给水度是指单位面积的潜水含水层柱体中，当潜水位下降一个单位时，所排出的重力水的体积。饱和差是指单位面积的潜水含水层柱体中，当潜水位上升一个单位时，所需补充水的体积。

显然给水度和饱和差的概念，一个适用于水位下降的情况，一个适用于水位上升的情况。当求降水入渗补给量时要用饱和差，而求地下水的蒸发时应该用给水度。但在一般情况下，两者在数值上是相同的，所以并不加以区分。

国内外许多学者研究表明，给水度不仅与非饱和带的岩性有关，而且随着排水时间的长短、潜水面埋深和水位变化幅度的大小而变化，如图 1.12 所示。

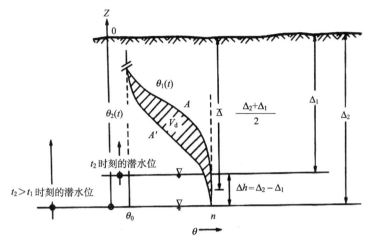

(a) 地下水面埋藏深度足够大时对给水度的影响

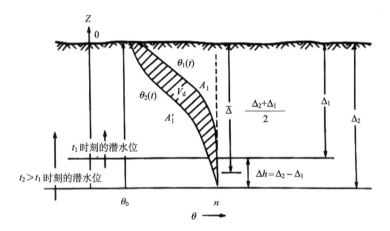

(b) 地下水面埋藏深度较小时对给水度的影响

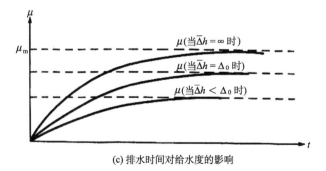

(c) 排水时间对给水度的影响

图 1.12 不同条件影响下的给水度（钱家忠，2009）

在图 1.12（a）中，初始潜水面埋深为 Δ_1，此时埋深足够大，潜水面以上的毛管边缘带影响不到地面，非饱和带的水分分布为曲线 A。当水位下降时，潜水面埋深为 Δ_2，其非饱和带水分分布曲线为 A'，毛管边缘带也影响不到地面，故排出的水体积为图 1.12（a）中曲线 A 和 A' 之间所夹的阴影部分的面积 V_d。

图 1.12（b）是潜水面较浅的情况。当初始潜水面埋深为 Δ_1 时，潜水面以上的毛管边缘带已影响到地面，此时包气带水分分布的曲线 A_1 的上部被地面截断。当潜水面下降 Δh 时，潜水面埋深为 Δ_2，水分分布曲线为 A_1'，A 和 A_1' 两条曲线的形状不再相同。A_1 和 A_1' 所夹的阴影部分仍为所排出的水的体积 V_d，显然图 1.12（a）和图 1.12（b）的给水度是不同的。

由于重力排水的滞后，给水度 μ 也是时间 t 的函数，长时间排水后趋近于某一水平渐近线，见图 1.12（c）。实践证明，随排水时间长短不同，测出的给水度值也不同，这种给水度称为瞬时给水度，它不是常数。排水时间越长，给水度越大，并逐渐趋于一个固定值，它是重力疏干时期终了时的给水度值，当地下水埋深充分大时，这一给水度称为完全给水度（μ_m）。它就是我们通常定义的用作参数的给水度，也就是说我们通常用作参数的给水度 μ 指的是 μ_m。常见松散岩土的给水度见表 1.9。

表 1.9　常见松散岩土的给水度

岩石名称	给水度/%		
	最大	最小	平均
黏土	5	0	2
亚黏土	12	3	7
粉砂	19	3	18
细砂	28	10	21
中砂	32	15	26
粗砂	35	20	27
砾砂	35	20	25
细砾	35	21	25
中砾	26	13	23
粗砾	26	12	22

由以上介绍可知，给水度（μ）、持水度（S_r）与孔隙度（n）的关系可表示为 $n = \mu + S_r$。显然，它们三者是相互影响的。任何影响其中一个指标的因素必定同时影响其他两个因素。

5. 透水性

岩土透水性是指岩土能使水下渗、允许水透过的能力。表征岩土透水性的定量指标是渗透系数。岩土透水性的好坏，首先取决于岩土空隙的大小和连通程度，其次与空隙的多少和空隙的形状有关。孔隙度与透水性并没有直接的关系。

岩土空隙越小，结合水所占据的空间比例越大，实际透水断面就越小。而且，由于结合水对于重力水，以及重力水质点之间存在着摩擦阻力，最靠近边缘的重力水，流速趋近于零，向中心流速逐渐变大，中心部分流速最大。因此，空隙越小，重力水所能达到的最大流速便越小，透水性也越差。当空隙直径小于两倍结合水的厚度，在通常条件下便不透水。另外，在空隙透水、空隙大小相等的前提下，孔隙度越大，能够透过的水量越多，岩土层的透水性也越好。

总之，空隙的大小和多少决定着岩土透水性的好坏，但两者的影响并不相等，空隙大小经常起主要作用。例如，黏土的孔隙小，不易透水；砂土的孔隙大，透水性好；砂岩、砂砾岩等的孔隙较大，透水性好；而板岩、页岩和辉长岩的透水性能很差，属不透水岩石。砂土的孔隙度（30%左右）小于黏土的孔隙度（30%～60%），但其透水性大大超过黏土的透水性。

1.4.2　非饱和带

非饱和带是饱和带与大气圈、地表水圈联系并进行水分与能量交换的枢纽。饱和带地下水通过非饱和带获得大气降水和地表水的入渗补给，同时又通过非饱和带的蒸发与蒸腾作用，排泄到大气圈参与水循环。非饱和带还是地表污染物进入饱和地下水的通道（图 1.13）。

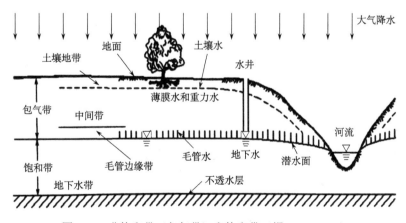

图 1.13　非饱和带（包气带）和饱和带（据 Bear, 1985）

非饱和带中，因为岩土空隙没有充满液态水，还包含有空气及气态水。在该带主要分布有气态水、结合水、毛管水以及过路或下渗的重力水。非饱和带中空隙壁面吸附有结合水，细小空隙中含有毛细水，未被液态水占据的空隙中包含空气及气态水。空隙中的水超过吸附力和毛细力所能支持的量时，空隙中的水便以过路重力水的形式向下运动。上述以各种形式存在于非饱和带中的水统称为非饱和带水。当有局部隔水层存在时，也可能形成暂时的饱和含水层。

非饱和带按不同的水文地质情况，可分为以下三种情况。

其一，当地下水面埋藏很浅时，即使地下水面变动较大，毛管上升水总能达到地面，地下水面和地面之间有毛管作用存在。

其二，当地下水面埋藏足够深时，即使地下水面变动很大，毛管上升高度总不能达到地表。这样从地面到潜水面之间，自上而下可分为：

1）含水量强烈变化带（土壤水带）

非饱和带顶部为植物根系发育与微生物活动的区域为土壤层，其中含有土壤水构成土壤水带。土壤富含有机质，具有团粒结构，能以毛细水形式大量保持水分。该带土壤含水量随深度和时间急剧变化，其变化主要取决于气温、水汽压力，同时也取决于降水和土壤蒸发之间的对比关系。

2）含水量稳定带（中间带）

非饱和带底部由地下水面支持的毛细水构成毛细水带。毛细水带的高度与岩性有关。毛细水带的下部也是饱水的，但因受毛细负压的作用，压强小于大气压强，故毛细饱水带的水不能进入井中。此带一般保持最大薄膜水量。当有悬挂毛细水时，一般保持土壤极限含水量，即田间持水量。

3）毛细上升水带（毛细边缘带）

非饱和带厚度较大时，在土壤水带与毛细水带之间还存在中间带。若中间带由粗细不同的岩性构成时，在细粒层中可含有成层的悬挂毛细水。细粒层之上部还可以滞留重力水。此带土壤含水量相当于毛细含水量。

其三，当地下水面的埋深介于以上两者之间时，随着地下水面的变动，毛细上升水有时能到达地表，有时则不能到达地表。这种情况属于一种过渡类型。

1.4.3　饱和带

饱和带中岩土空隙全部为液态水充满，有重力水，也有结合水。饱和带中的水体是连续分布的，能够传递静水压力，并且在水头差的作用下，能够发生连续运动。饱和带中的重力水是开发利用或疏干的主要对象。

1.4.3.1　含水层、隔水层与弱透水层

饱和带的岩（土）层，按其传输及给出水的性质，划分为含水层、隔水层及

弱透水层（图 1.14）（张人权等，2011）。

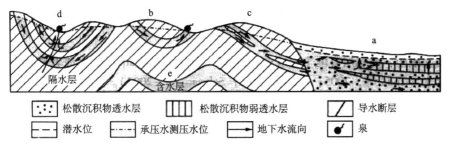

图 1.14　含水层、隔水层、弱透水层及含水系统

含水层（aquifer）是饱水并能传输与给出相当数量水的岩层。松散沉积物中的砂砾层、裂隙发育的砂岩及岩溶发育的碳酸岩等是常见的含水层。

隔水层（aquiclude，impermeable stratum）是不能传输与给出相当数量水的岩层。裂隙不发育的岩浆岩及泥质沉积岩是常见的隔水层。

弱透水层（aquitard）是本身不能给出水量，但垂直层面方向能够传输水量的岩层。黏土、重亚黏土等是典型的弱透水层。

上述定义中，并没有给出区分含水层及隔水层的定性指标，而采用了"相当数量"这一模糊的说法，原因在于，含水层与隔水层都具有相对性，取决于应用的场合以及涉及的时间尺度。

同一岩层，在不同场合下，可以归为含水层，也可以归为隔水层。例如，作为大型供水水源，供水能力强的岩层，才是含水层；渗透性较差的岩层，只能看作相对隔水层。但是，对于小型供水水源，渗透性较差的岩层可以看作含水层。再如，裂隙极不发育的基岩，无论对于供水还是矿坑排水，都是典型的隔水层；但是，对于核废料处置，就必须看作含水层。核废料放射性衰减达到无害，需要上万年时间，渗透性很差的岩层，在如此漫长的时间里，也有可能导致核泄漏。某些核废料储存场所岩层的渗透性非常低，坑道里见不到渗水，需要测定坑道排出气体的湿度，来评价岩层的渗透性。

在相当长一段时期内，人们曾经将隔水层看作是绝对不发生渗透的。20 世纪40 年代以来，雅各布（C. E. Jacob）及汉图施（M. S. Hantush）等提出越流（leakage）概念后，开始将一部分原先看作隔水层的岩层归为弱透水层。越流是指相邻含水层通过其间的相对隔水层发生水量交换。缺乏次生空隙的黏土、亚黏土等，渗透能力相当低，顺层方向不发生水量传输，在其中打井无法获得水量；但是，在垂直层面方向上，由于渗透断面大，水流驱动力强（水力梯度大），通过垂直层面方向越流，两侧相邻的含水层可以发生水量交换。这种本身不能给出水量、垂直层面方向能够传输水量的岩层，便是弱透水层（图 1.14）。

某些岩层，特别是沉积岩，经常出现渗透性差别很大的岩性交互成层（如砂岩和泥质岩互层、碳酸盐岩和泥质岩互层）。此类岩层，顺层透水而垂向隔水，集含水层和隔水层于一身，具有独特的水文地质意义。

外文文献中，隔水层有两个对应的术语——aquiclude 及 aquifuge，前者储存水而后者不储存水（Todd and Mays，2005；Fetter，2001；Schwartz and Zhang，2003）。实际上，完全不储存水的岩层并不存在。因此，外文文献现在很少使用aquifuge 这一术语指代隔水层，常用的是 aquiclude，confining stratum（layer）或impermeable stratum（layer）。

1.4.3.2　潜水、承压水和上层滞水

饱和带的地下水，按其埋藏条件，可以划分为潜水（unconfined groundwater）、承压水（confined groundwater）和上层滞水（perched groundwater），如图 1.15 所示；按其含水介质，可以划分为孔隙水（pore water）、裂隙水（fissure water，fracture water）和岩溶水（喀斯特水，karst water）（王大纯等，1995）。

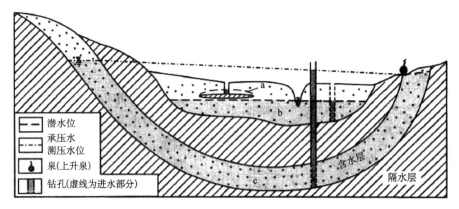

图 1.15　潜水、承压水和上层滞水

a 为上层滞水；b 为潜水；c 为承压水

1. 潜水

饱和带中第一个具有自由表面且有一点规模的含水层中的重力水，称为潜水。

潜水面（地下水面）到隔水底板的垂直距离为潜水含水层厚度（M）。潜水面到地表的垂直距离为潜水埋藏深度（water table depth）（D）。潜水含水层厚度和潜水埋藏深度随着潜水面的升降而变化（图 1.16）（张人权等，2011）。

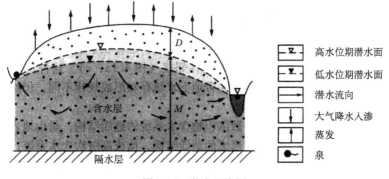

图 1.16　潜水示意图

潜水面以上不存在（连续性）隔水层，因此，潜水与大气水及地表水联系紧密，积极参与水文循环，对气象、水文因素响应敏感，水位、水量和水质发生季节性和多年性变化。

潜水的全部分布范围都可以接受大气降水的补给，在地表水分布处可以接受地表水的补给，还可以接受下伏含水层的越流补给或其他方式的补给，另外还接受（有意识或无意识的）人工补给。

潜水以多种方式排泄：以泉的形式溢流于地表，直接泄流于地表水，通过包气带向大气蒸发以及通过植物蒸腾；以越流或其他方式向相邻或下伏含水层排泄，通过水井、钻孔、坑道等人工排泄。

潜水以腾发（蒸发及植物蒸腾）方式排泄时，水量耗失，盐分留存，在干旱半干旱地区，会导致水土盐化。潜水的其他排泄方式可统称为径流排泄。径流排泄时，水量和盐分同时耗失，不会导致水土盐化。

潜水水质主要取决于气候及地形。湿润气候以及地形切割强烈的地区，潜水主要以径流方式排泄，水交替迅速，形成含盐量低的淡水；干旱半干旱气候的地势低下处，腾发成为主要排泄方式，形成含盐量高的微咸水或咸水。

除了降水稀少的干旱气候区以外，潜水积极参与水文循环，水交替迅速，补给资源丰富，有良好再生性。

潜水缺乏上覆隔水层，容易受到污染；与此同时，由于交替循环迅速，自净修复的能力也强。

潜水面的形状受地形控制，通常为缓于地形坡度的曲面。潜水面上任意一点的高程，为该点的潜水位。潜水位相等的各点连线，可得到潜水等水位线图（图1.17）（张人权等，2011）。等水位线图可以说明潜水流向以及与地表水的补给排泄关系等。

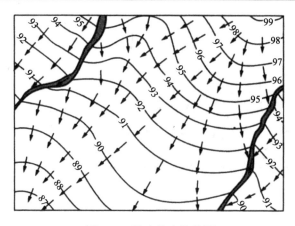

图 1.17　潜水等水位线图

数字为地下水位高程（m）

2. 承压水

充满于两个隔水层之间的含水层中的水，称为承压水（图 1.15 和图 1.18）。承压含水层上部的隔水层称为隔水顶板，下部的隔水层称为隔水底板。顶、底板之间的垂直距离为承压含水层厚度。

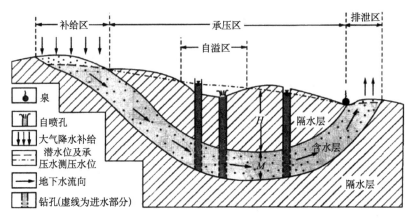

图 1.18　基岩自流盆地中的承压水（张人权等，2011）

H 为承压高度；M 为含水层厚度

井孔揭露承压含水层隔水顶板的底面时，瞬间测得的是初见水位，随之，水位升到顶板底面以上一定高度后稳定，此时测得的水位称为稳定水位。稳定水位的高程便是该点承压水的测压水位。稳定水位与隔水顶板高程之间的差值为承压高度，即该点承压水的测压高度。

　　隔水顶板的存在，不仅使承压水具有承压性，还限制了其补给和排泄范围，阻碍承压水与大气及地表水的联系。承压含水层的地质结构越是封闭，承压水参与水文循环的程度越低，水交替循环越是缓慢。因此，地质结构对于承压水的水量和水质起着控制作用。

　　在同一地方，只有一层潜水，却可以有多层承压水。总体来说，越是深部的承压水，与大气及地表水的联系越差，水交替循环越缓慢。

　　承压水的补给，可能直接来自大气降水和地表水，也可能来自相邻的潜水或承压水。承压水也有多种排泄方式，但都是径流排泄，不存在腾发方式排泄。

　　承压水的水质，取决于形成时的初始水质以及水交替条件。地质结构越开放，水交替循环越充分，水质越接近于大气水及地表水。例如，海相沉积物构成的承压含水层，如果后期水交替循环差，便赋存含盐量很高的咸水；如果后期水交替循环较好，可赋存含盐量中等到较低的水。由陆相河流及淡水湖相沉积构成的承压含水层，即使后期水交替缓慢，也可以赋存含盐量很低的淡水。

　　承压水的水位、水量及水质没有明显的季节及年际变化。承压水的水交替缓慢，补给资源贫乏，再生能力较差。承压水不容易被污染，但是，一旦污染，难以自净修复。

　　将某一承压含水层测压水位相等的各点连线，可得到等测压水位线图。等测压水位线表示的是一个虚拟水面，只有当井孔揭穿某点隔水顶板，井孔水位才能达到所示高程。因此，为了实际应用，还需要编绘承压含水层顶板等高线图（图 1.19）。

　　开采承压水时，承压含水层的测压水位会发生显著下降。原因在于：开采潜水时，随着地下水位下降，含水层厚度减小，释出的是孔隙中的重力水；开采承压水时，只要水位没有降低到隔水顶板以下，含水层厚度并不减小，只是测压水位下降。开采承压含水层时释出的水量主要来自两方面：由于减压而发生水体积弹性膨胀和由于有效应力增大而导致含水层微量压密。单位面积含水层柱体单位水位（测压水位）下降时，承压含水层释出的水量要比潜水含水层小 1~3 个数量级。

　　由弱透水层和含水层组成的承压含水系统，含水层之间可通过越流发生联系，外文文献中将其称之为越流含水层（leakage aquifer）或半承压含水层（semi-confined aquifer）。"半承压"这一术语很合适：一方面，此类含水层具有承压性；另一方面，此类含水层通过弱透水层能够与相邻含水层以及外界（大气、地表水）发生联系。

　　开采半承压含水层时，释出的水量来自几个方面：①水体积弹性膨胀；②含水层压密；③相邻弱透水层（黏性土层）压密释水；④相邻含水层通过弱透水层越流补给；⑤含水层接受侧向补给。其中，③、④两项占有主要份额。

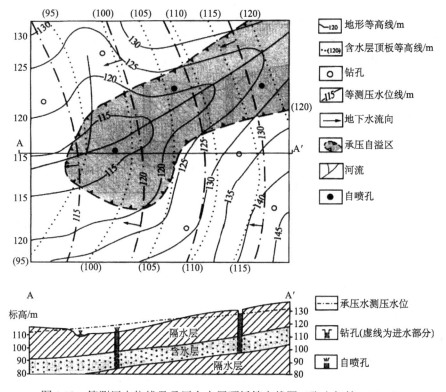

图 1.19　等测压水位线及承压含水层顶板等高线图（张人权等，2011）

3. 上层滞水

非饱和带局部隔水层（弱透水层）之上积聚的具有自由表面的重力水，称为上层滞水（图 1.15）。

上层滞水分布局限，接受大气降水补给，通过蒸发排泄，或通过隔水（弱透水）底板的边缘下渗排泄，补给下伏的潜水。上层滞水水位水量有明显季节变化，有时雨季有水而旱季无水。松散沉积物的黏性土透镜体、裂隙岩层局部风化壳和浅表岩溶发育带，都可以形成上层滞水。上层滞水水量有限而不稳定，易被污染，只能作为缺水地区的小型供水水源。

上述人为的概括难以涵盖丰富多彩的水文地质现象，且自然界中存在着某些特殊的地下水和含水介质。

在一定条件下，赋存于两个隔水层之间的地下水，并不充满含水层，既不是承压水，也不是潜水。

通常情况下，承压水总是分布于潜水之下，但是，在特定条件下，局部性承压水可赋存于潜水之上。

特定构造条件下形成小型盆地时，受隔水底板控制，会出现一系列跌水式水位突变的局部饱和带，不能归为上层滞水或潜水。

玄武岩冷凝后期，部分尚未固结的熔岩流流走，留下规模巨大的熔岩管道（隧道），成为地下水赋存空间（贾福海等，1993；贾福海和秦志学，1993），此类特殊含水介质，不能简单地归为孔隙、裂隙及溶穴。

在多年冻土区，以固态水形式出现的多年冻土，构成隔水层；浅表部分季节性融化形成冻土层上水，具有与潜水或上层滞水类似的特征；赋存于多年冻土层以下的冻土层下水，具有与承压水类似的特征（王大纯等，1986；毕焕军，2003）。

1.5　地下水含水系统与地下水流动系统

地下水的质和量都在不断地变化着。影响其变化的因素有天然和人为两种。天然因素引起的变化往往是缓慢的、长期的；而人为因素造成的地下水质和量的变化随社会生产力的发展越来越突出，地下水污染即为人为因素影响下的地下水水质变化。

流动性这一基本特征，决定了地下水不会孤立赋存于某一空间之中，其内部各要素之间存在着相互作用，而且还与外部环境发生联系。所以研究地下水质和量的变化，研究污染物在地下水系统中的迁移，就必须用系统论的思想与方法把地下水及其环境看作一个整体，即以地下水系统的观点，从整体的角度去考察、分析与处理。

地下水含水系统与流动系统是内涵不同的两类地下水系统，但也有共同之处。两者都不再以含水层作为基本的功能单元，前者超越单个含水层而将包含若干含水层与相对隔水层的整体作为研究的系统；后者摆脱了传统的地质边界制约，而以地下水水流作为研究实体。两者的共同之处在于：力求用系统论的观点去考察、分析与处理地下水问题。

将含水系统与流动系统都划归地下水系统，是因为两者虽然从不同的角度出发，但都揭示了地下水赋存与运动的系统性（整体性）。

1.5.1　地下水含水系统

地下水含水系统是指由隔水或相对隔水岩层圈闭的，具有统一水力联系的岩系。显然，一个含水系统往往由若干含水层和相对隔水层（弱透水层）组成。然而，其中的相对隔水层并不影响含水系统中的地下水呈现统一水力联系。因此，含水系统是一个独立而统一的水均衡单元，可用于研究水量乃至盐量与热量的均衡。含水系统的圈划，通常以隔水或相对隔水的岩层作为系统边界，它的边界属于地质零通量面，系统的边界是不变的。

根据地质结构的不同，地下水含水系统可分为基岩构成的含水系统与以松散沉积物为主构成的含水系统。

松散沉积物构成的含水系统发育于近代构造沉降的堆积盆地之中，其边界通常为不透水的坚硬基岩。含水系统内部一般不存在完全隔水的岩层，仅有黏土、亚黏土层等构成的相对隔水层，并包含若干由相对隔水层分隔开的含水层。含水层之间既可以通过"天窗"，也可以通过相对隔水层越流产生广泛的水力联系。不过，在同一含水系统中，各部分的水力联系程度有所不同。例如，山前洪积平原多由粗颗粒的卵砾石组成，极少有黏性土层，水力联系很好；远离沉积物源的沉积湖积平原，黏性土层比例较大，水力联系减弱，并且越往深部，水流途径越长，需要穿越的黏性土层越多，水力联系更为减弱[图1.14（a）]。

基岩构成的含水系统总是发育于一定的地质构造之中，由固结成岩的地层组成，岩层的透（含）水性主要取决于构造裂隙的发育程度。脆性岩石（如灰岩、白云岩、钙质或硅质胶结的砂岩）因受力后多形成张开性裂隙，且连通性好，常常成为良好的含水层。而柔性的岩层，如厚而稳定的泥质岩层，则构成隔水层。有时，一个独立的含水层就构成一个含水系统[图1.14（b）]。岩相变化导致隔水层尖灭[图1.14（c）]，或者导水断层使若干含水层发生水力联系时[图1.14（d）]，则数个含水层构成一个含水系统。显然，这种情况下，含水系统各部分的水力联系是不同的。因此，只有通过各种途径查明含水层之间的水力联系状况后，才可能正确地圈划含水系统。

我们说地下水含水系统是由隔水或相对隔水层圈闭的，并不是说它的全部边界都是隔水或相对隔水的。除了极少数构造封闭的含水层[图1.14（e）]以外，通常含水系统总有某些向环境开放的边界，以接受补给与进行排泄。这种开放边界既可出露于地表，也可存在于地下。例如，不同地质结构的含水系统以透水边界邻接是常见的。这时，相邻含水系统之间的水力联系可能相当密切，从概念上可以视为一个含水系统。但是，由于两者地下水的赋存与运动规律不同，仍然有必要分为不同的含水系统[图1.14（a）和（c）]。

含水系统存在级次性。例如，松散沉积物含水系统的地质结构，是由地表水流系统搬运堆积泥沙形成。不同地表水流系统形成的地质结构，构成高级次含水系统；同一地表水流系统的沉积物，在时间和空间上发生变化，形成低级次地质结构，构成低级次含水系统。显然，同一含水系统中不同级次单元之间存在不同程度的水力联系。

1.5.2 地下水流动系统

地下水流动系统是指由源到汇的流面群构成的，具有统一时空演变过程的地下水体。它具有统一的水流，沿着水流方向，盐量、热量与水量发生有规律的演变，呈现统一、有序的时空结构。因此，流动系统是研究水质、水量时空演变的理想框架与工具。流动系统以流面为边界，属于水力零通面边界，其边界是可变的。

地下水从补给区向排泄区的运动，由连接源与汇的流面反映出来。流面有方向，且长度不一，流面群有疏有密。根据这些特点可以判断地下水质点的运移方向、径流途径和程度。源有等级的差别，区域的源对应于区域的补给区，局部的源对应于局部的补给区。汇包括天然的地下水渗出带、泉和人工抽水井，也有相应的等级差别。在一个结构较为复杂的地下水流动系统中，存在着不同流面群外包面圈闭的局部流动子系统、中间流动子系统和区域流动子系统。区域流动系统中嵌套着中间流动系统，中间流动系统又嵌套着局部流动系统，从而表现出地下水系统结构的嵌套（层次）特点（图 1.20）。

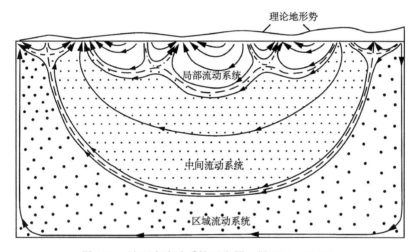

图 1.20　地下水流动系统示意图（据 Tóth，2009）

1.6　地下水资源特点

地下水资源是整个地球水资源的一部分，既具有水资源的一般特征，又有其特殊的特征，地下水资源有如下特点。

1.6.1　系统性和整体性

一切物质均具有系统的属性，一切系统也均具有整体性。地下水资源的系统性和整体性表现在：地下水赋存在复杂的含水地质体（水文地质实体）中，受各种天然因素和人为因素控制；依据地下水赋存的地质环境及地下水循环径流特征，可划分出含水系统和流动系统，也可称之为地下水系统。地下水系统拥有不同级次的单元，这些单元相互联系、相互影响。地下水系统与外界环境相互作用、相互制约，进行能量、数量、质量和热量的交换；系统中各级次的单元既各自独立，又相互联系，即各个单元既拥有自己的组成特征及行为方式，又彼此联系、相互作用。如由若干个含水层组成的含水系统，每个含水层可视为一个独立单元，有各自的结构特征及补给、径流、排泄方式。若一个含水层受到外界影响（如降水补给、人工抽水等）会引起其他含水层水量、质量、能量的变化，从而引起整个含水系统的储存、释放、传导、调节等功能的改变。因此，不能离开含水系统整体研究某个单元，也不能脱离含水系统整体，单独研究各级次单元之间的联系，必须以含水系统整体目的性为准则，研究各单元之间的联系。当开发利用地下水资源时，必须从含水系统整体上考虑取水方案，寻求整体开发利用地下水资源的最优方案，而不是单独追求某一部分（如一个含水层）的最优化，否则，就会引起一系列负效应。

1.6.2 流动性

地下水是流体，在补给、径流、排泄过程中不断循环流动，因此地下水资源又是动态资源，地下水的数量、质量和热量随着外界环境的变化，在时空领域变化明显。这种流动着的动态资源，不及时利用就会浪费，同时也可利用其动态特性，改善地下水资源的赋存环境。

1.6.3 循环再生性

地下水资源的循环再生性，又称可恢复性，其再生性是通过水文循环实现的。天然条件下，地下水资源随着年际和年内气候与季节的变化而变化。在丰水年或丰水季节获得补给，在枯水年或枯水季节，以径流或蒸发的方式排泄，从而构成周而复始、年复一年的地下水循环。开采时，只要开采量不超过总补给量，就可以通过外界补给获得补偿。地下水资源的再生性与地下水系统的开放性是分不开的，浅层地下水系统与大气圈和地表水系统发生密切联系，积极参与水循环，地下水资源具有良好的可再生性；深层承压水系统与外界水力联系相对较弱，水的循环交替速度缓慢，地下水资源可再生能力差。地下水资源的可再生性是地下水资源可持续利用的保证。

1.7 地下水环境

1.7.1 地下水环境因子

地下水不仅是宝贵的资源，还是普遍而活跃的环境因子。

地下水之所以成为普遍而活跃的环境因子，是由地下水的一系列特性决定的：普遍分布于地壳表层，易于流动并发生变化；以含水系统为单元赋存的地下水，以特定的水流模式构成时空有序的水流系统；地下水与地表水体、岩土体、湿地以及生物群落之间，通过物质（水分、盐分、有机养分等）循环及能量交换，相互作用、相互依存，构成动态平衡系统（图 1.21）。

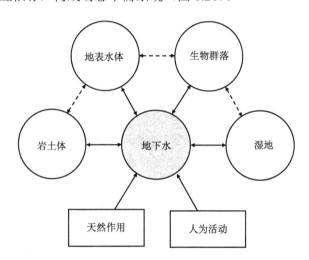

图 1.21　作为环境因子的地下水与相关系统的相互作用

实线为与地下水体发生相互作用的系统（或子系统）；虚线是与地下水有关的系统（子系统）之间的相互作用

地下水是陆地、湿地及地表水体生态系统的支撑者。

遵循自然规律，合理调度地下水，可以构建优化的人工-自然复合系统。例如，干旱半干旱地区的井灌农业便是由地下水支撑的人工-自然复合生态系统。再如，岩溶地区通过修筑地下堤坝，调度水资源的时空分布，可以构建优化的人工-自然复合水文系统。

在特定的自然条件下，地下水引发地质灾害、形成不良环境与不利的生态条件，导致天然地下水环境问题。人类不适当的活动则干扰地下水，打破原有的动态平衡，导致由人为活动引发的各种地下水环境问题。

采取合理的地下水调控措施，可以消减地质灾害、改善地质环境、保障生态系统正常运行。例如，通过合理布置排水系统，降低空隙水压力，疏干或部分疏干潜在滑移面，可以避免发生滑坡或降低滑坡发生概率。合理控制地下水水位，可以消减土地沙化、沼泽化及盐碱化。有控制的合理开发地下水，保持必要的河流基流及湿地供水，能够维护有关生态系统正常运行。

缺乏对地下水功能的全面认识，在局部及短期利益驱动下，人类活动不合理地干扰地下水，会引发各种环境负效应。正确认识地下水的环境效应，兼顾地下水的资源功能和环境功能，发挥地下水的积极作用，尽可能避免其消极效应，为保障可持续发展提供管理地下水的科学依据，是水文地质工作者不可推卸的社会责任。

1.7.2 地下水环境定义

"地下水环境"作为水环境的重要组成部分，虽然在国内外被广泛使用，但目前尚没有统一明确的定义。在实际工作当中，常常将地下水环境等同于地下水水质，有时也将地下水水位以及地下水不合理开发利用导致的地质环境灾害包括在地下水环境当中。《建设项目地下水环境影响评价规范》（DZ0225—2004）中指出，地下水环境是地质环境的组成部分，指地下水的物理性质、化学成分和赋存空间及其由于自然地质作用和人类工程、经济活动作用所形成的状态总和。

国内使用"地下水环境"术语相当普遍，但是不同使用者赋予的内涵不尽一致。考虑到地下水环境是水环境的重要组成部分，应当具有和水环境相同的内涵。水环境是指以自然界中由水集合而成的水体为主体，同时包括与水体密切相关的各种自然因素和社会因素的综合体。相应的，地下水环境不仅包括地下水体本身的自然属性，如地下水水质、水量（位）、水温、地下水动态等，还应包括与地下水体密切相关的其他各种自然因素和社会因素（如地下水资源管理政策等）。根据侧重内容的不同，可将地下水环境分为地下水物理环境、地下水化学环境和地下水生物环境。地下水物理环境是指地下水的形成、运动和变化的物理条件，如地下水的补给、径流和排泄等水文地质条件；地下水化学环境是指自然界地下水的形成、运动和变化的化学条件，如地下水水质成分、pH、氧化还原电位等；地下水生物环境则是指自然界地下水的生物条件，如地下水中微生物群落的分布状况、群落结构等。综合以上内容，本书给出"地下水环境"的定义为"包括地下水的物理性质、化学成分与贮存空间以及直接或间接作用于地下水的自然地质作用、生物作用和人类活动（开发利用、管理保护）等因素在内的综合体"。

1.7.3 地下水环境效应

地下水的环境功能体现在以下方面（Tóth, 2009；陈德基, 2004）：①重力驱动的地下水流系统，控制着由补给区至排泄区水分状况有规律的空间分布。②流动的地下水，从补给区移除各种组分，经由传输，积聚于排泄区，控制地下水组分有规律的空间分布。③流动的地下水，传输热量，对热量进行空间再分配，控制地下水温度有规律的空间分布。④地下水向地面、湿地及地表水体输送水分、盐分、有机养分及热量，支持生态系统健康运行。⑤饱和岩土体中，水与岩土体共同构成力学平衡体系，作为中间应力的孔隙水压力改变，有效应力随之改变，导致岩土体变形、位移及破坏；非饱和带岩土，随着含水量变化，力学性质也有所改变。⑥地下水滑润岩土体的不连续面，降低摩擦阻力，触发岩土体位移。⑦流动的地下水，带走松散的细小颗粒及（或）溶解胶结物，破坏土体结构，发生渗透变形。

　　近年来，在自然环境变化与人类活动共同影响下，地下水环境出现了一系列问题，严重地限制着区域经济的可持续发展，也给人类生存带来了巨大的风险。地下水的环境效应，大致可分为以下几大类。

　　（1）地下水水质危害：包括天然水质有害地下水、地下水污染、海水及咸水入侵淡水含水层。

　　（2）岩土体变形与位移：包括地面沉降、地裂缝、岩溶塌陷、滑坡、水库诱发地震、潜蚀与管涌、黄土湿陷、黄土喀斯特、膨胀土、冻土融冻变形等。

　　（3）地下及地面开挖引起的涌水。

　　（4）岩溶地区的干旱与洪涝。

　　（5）地下水对土壤的正负效应。

　　（6）地下水对生态系统的支撑作用。

参 考 文 献

毕焕军. 2003. 青藏高原多年冻土地下水特征及开发利用前景分析[J]. 冰川冻土, 25 (增刊 1): 17-19.

陈德基. 2004. 中国水利百科全书·水利工程勘测分册[M]. 北京: 中国水利水电出版社: 424.

陈梦熊. 1986. 中国地下水资源的区域特征与初步评价[J]. 自然资源学报, 1(1): 18-27.

陈梦熊, 马凤山. 2002. 中国地下水资源与环境[M]. 北京: 地质出版社.

陈晓燕, 叶建春, 陆桂华, 等. 2004. 全国土壤田间持水量分布探讨[J]. 水利水电技术, 35(9): 113-116.

贾福海, 秦志学. 1993. 中国玄武岩地下水类型初探[J]. 大自然探索, 12(45): 30-32.

贾福海, 秦志学, 韩子夜. 1993. 我国玄武岩地下水的基本特征[J]. 水文地质工程地质, 20(4): 30-32.

靳孟贵, 方连育. 2006. 土壤水资源及其有效利用——以华北平原为例[M]. 武汉: 中国地质大学出版社.

钱家忠. 2009. 地下水污染控制[M].合肥：合肥工业大学出版社.

区永和, 陈爱光, 王恒纯. 1988. 水文地质学概论[M]. 武汉: 中国地质大学出版社.

沈照理, 许绍悼. 1985. 关于地下水地质作用[J]. 地球科学—武汉地质学院学报, 10(1): 99-106.

汪品先. 2003. 我国的地球系统科学研究向何去[J]. 地球科学进展, 18(6): 837-851.

王大纯, 张人权, 史毅虹, 等. 1986. 水文地质学基础[M]. 北京: 地质出版社.

王大纯, 张人权, 史毅虹, 等. 1995. 水文地质学基础[M]. 北京: 地质出版社.

谢鸿森, 侯渭, 周文戈. 2005. 地幔中水的存在形式和含水量[J]. 地学前缘, 12(l): 55-60.

徐有生, 侯渭, 郑海飞, 等. 1995. 超临界水的特性及其对地球深部物质研究的意义[J]. 地球科学进展, 10(5): 445-449.

张人权, 梁杏, 靳孟贵, 等. 2011. 水文地质学基础[M]. 6 版. 北京: 地质出版社.

《中国大百科全书》总编辑委员会《大气科学·海洋科学·水文科学》编辑委员会. 1987. 中国

大百科全书·大气科学·海洋科学·水文科学[M]. 上海: 中国大百科全书出版社.

中国生态环境部. 2017. 中国环境状况公报[R/OL]. http: //www. mee. gov. cn/xxgk/xxgk_1/xgwj/.

中华人民共和国水利部. 2008, 2015. 中国水资源公报[R/OL]. http: //www. mwr. gov. cn/zw/slbgb/.

Bear J. 1985. 地下水动力学[M]. 许涓铭, 等译. 北京: 地质出版社.

Bowen R. 1986. Groundwater[M]. 2nd edn. London and New York: Elsevier Applied Science Publishers.

Fetter C W. 2001. Applied Hydrogeology[M]. 4th edn. Upper Saddle River, New Jersey: Prentice - Hall Inc.

Schwartz T W, Zhang H. 2003. Fundamentals of Groundwater[M]. New York: John Wiley & Sons Inc.

Takashi Y, Geeth M, Takuya M, et al. 2007. Dry mantle transition zone inferred from the conductivity of wadsleyite and ringwoodite[J]. Nature, 451: 326-329.

Todd D K, Mays L W. 2005. Groundwater Hydrology[M]. 3rd edn. New York: John Wiley & Sons Inc.

Tóth J. 2009. Gravitational System of Groundwater: Theory, Evaluation, Utilization[M]. New York: Cambridge University Press.

第 2 章　地下水的化学成分及其演变

2.1　地下水的化学成分

地下水是多组分的溶液，化学成分相当复杂。地下水的化学成分是地下水与其周围环境长期相互作用的产物。赋存于岩石圈中的地下水，不断与岩土发生化学反应，在与大气圈、水圈和生物圈进行水量交换的同时，也交换化学成分。一个地区地下水的化学面貌，反映了该地区地下水的历史演变过程。研究地下水的化学成分，可以帮助阐明地下水的起源与形成。

2.1.1　无机物

组成地下水无机物的化学元素，根据它们在地下水中的分布和含量，可划分为主要组分（major constituent）、微量组分（minor constituent）和痕量组分（trace constituent），见表 2.1。

表 2.1　地下水中溶解的无机物组分（Kehew，2001）

组分类别	浓度范围/（mg/L）	组分
主要组分	>5.0	HCO_3^-、Cl^-、SO_4^{2-}、Na^+、K^+、Ca^{2+}、Mg^{2+}
微量组分	0.01~10.0	B、NO_3^-、CO_3^{2-}、F^-、Sr、Fe
痕量组分	<0.1	Al、Sb、As、Ba、Be、Bi、Br、Cd、Ce、Cs、Cr、Co、Cu、Ga、Ge、Au、In、I、La、Pb、Li、Mn、Mo、Ni、Nb、P、Pt、Ra、Rb、Ru、Sc、Se、Ag、Tl、Th、Sn、Ti、W、U、V、Yb、Y、Zn、Zr

主要组分是指在地下水中经常出现、分布较广、含量较多的化学元素或化合物，其在地下水中的含量一般大于 5.0 mg/L。这些组分主要包括重碳酸根离子、氯离子、硫酸根离子、钙离子、镁离子、钠离子和钾离子等。它们构成了地下水中的主要离子，占地下水中无机物成分含量的 90%~95%，决定地下水的化学类型。

一般情况下，随着溶解性总固体（total dissolved solids, TDS）的变化，地下水中占主要地位的离子成分也随之发生变化。低 TDS 水中常以 HCO_3^- 及 Ca^{2+}、Mg^{2+} 为主；高 TDS 水则以 Cl^- 及 Na^+ 为主；中等 TDS 的地下水中，阴离子常以 SO_4^{2-} 为主，主要阳离子则可以是 Na^+，也可以是 Ca^{2+}。

微量组分是指在地下水中出现较少、分布局限和含量较低的化学元素和化合物。微量组分在地下水中的含量在 $0.01\sim10.0$ mg/L，主要包括硼、碳酸根、氟、铁、硝酸根和锶等。

痕量组分在地下水中的含量一般低于 0.1 mg/L，包括铝、锑、砷、钡等。

微量组分和痕量组分虽然不决定地下水的化学类型，但却赋予了地下水一些特殊的性质和功能。例如，我们所知道的含锶矿泉水、含锂矿泉水等，就是因为这些矿泉水中的锶、锂含量较高，从而对人体有一定的医疗作用。当然，有些微量和痕量组分的含量过高对人体也会造成一定的危害，如镉、砷、汞等。

主要组分、微量组分及痕量组分的含量界限并不是绝对的，有时微量组分在地下水中的含量可能超过主要组分。例如，在人类长期活动的农业区，地下水中的硝酸根离子含量可能很高；在湖泊周围、湿地区以及某些受污染物影响的地区，地下水中的铁含量可能会明显升高。

2.1.1.1　氯离子（Cl^-）

氯离子在地下水中分布广泛，其含量随地下水溶解性总固体的增加而升高。在低溶解性总固体水中，一般含量仅数毫克/升到数十毫克/升；高溶解性总固体水中可达数克/升乃至 100 克/升以上。

地下水中的 Cl^- 主要有以下几种来源：①沉积岩中岩盐或其他氯化物的溶解；②岩浆岩中含氯矿物［氯磷灰石 $Ca_5(PO_4)_3Cl$、方钠石 $Na_4(Al_3Si_3O_{12})Cl$］的风化溶解；③海水补给地下水，或者海风将细滴的海水带到陆地，使地下水中 Cl^- 增多；④来自火山喷发物的溶滤；⑤人为污染，如生活污水及粪便中含有大量 Cl^-，因此，居民点附近的地下水溶解性总固体不高，但是 Cl^- 含量相对较高。

氯盐溶解度大，不易沉淀析出，且氯离子不被植物及细菌所摄取，不被土粒表面吸附，因此，氯离子是地下水中最稳定的离子。它的含量随着溶解性总固体升高而不断增加，Cl^- 的含量常可用来说明地下水的 TDS 程度，当然必须排除某些特殊因素，如生活污水污染等。

2.1.1.2　硫酸根离子（SO_4^{2-}）

在高溶解性总固体水中，硫酸根离子的含量仅次于 Cl^-，可达数克/升，个别达数十克/升；在低溶解性总固体水中，一般含量仅数毫克/升到数百毫克/升；在中等溶解性总固体水中，SO_4^{2-} 常成为含量最大的阴离子。

地下水中 SO_4^{2-} 的来源主要有：①石膏、硬石膏或其他硫酸盐沉积岩的溶解；②硫化物的氧化，使本来难溶于水的 S 以 SO_4^{2-} 形式大量进入地下水中。金属硫化

物矿床附近的地下水也常含大量 SO_4^{2-}，如

$$2FeS_2(黄铁矿) + 7O_2 + 2H_2O \longrightarrow 2FeSO_4 + 4H^+ + 2SO_4^{2-} \tag{2-1}$$

煤系地层常含有很多黄铁矿，因此流经这类地层的地下水化学成分中阴离子往往以 SO_4^{2-} 为主。③化石燃料的应用提供了人为产生的 SO_2、NO_2，氧化并与水分作用形成富含硫酸及硝酸的降水——酸雨，从而使地下水中 SO_4^{2-} 增加。

由于 $CaSO_4$ 的溶解度较小，限制了 SO_4^{2-} 在水中的含量，所以，地下水中的 SO_4^{2-} 远不如 Cl^- 稳定，最高含量也远低于 Cl^-。

2.1.1.3　重碳酸根离子（HCO_3^-）

地下水中的重碳酸根离子有几个来源。首先来自含碳酸盐的沉积岩与变质岩（如大理岩）：

$$CaCO_3 + H_2O + CO_2 \longrightarrow 2HCO_3^- + Ca^{2+} \tag{2-2}$$

$$MgCO_3 + H_2O + CO_2 \longrightarrow 2HCO_3^- + Mg^{2+} \tag{2-3}$$

$CaCO_3$ 和 $MgCO_3$ 难溶于水，当水中有 CO_2 存在时，才有一定数量溶解于水。岩浆岩与变质岩地区，HCO_3^- 主要来自铝硅酸盐矿物的风化溶解，如

$$2NaAlSi_3O_8 + 2CO_2 + 3H_2O \longrightarrow 2HCO_3^- + 2Na^+ + H_4Al_2Si_2O_9 + 4SiO_2 \tag{2-4}$$

（钠长石）

$$CaO \cdot Al_2O_3 \cdot 2SiO_2 + 2CO_2 + 3H_2O \longrightarrow 2HCO_3^- + Ca^{2+} + H_4Al_2Si_2O_9 \tag{2-5}$$

（钙长石）

地下水中 HCO_3^- 的含量一般不超过数百毫克/升，HCO_3^- 几乎总是低 TDS 水的主要阴离子成分。

2.1.1.4　钠离子（Na^+）

钠离子在低 TDS 水中的含量一般很低，仅数毫克/升到数十毫克/升；但在高 TDS 水中则是主要的阳离子，其含量最高可达数十克/升。

Na^+ 来自沉积岩中岩盐及其他钠盐的溶解，还可来自海水。在岩浆岩和变质岩地区，则来自含钠矿物的风化溶解。酸性岩浆岩中有大量含钠矿物，如钠长石，因此，在 CO_2 和 H_2O 的参与下，将形成低 TDS 以 Na^+ 及 HCO_3^- 为主的地下水。由于 Na_2CO_3 的溶解度比较大，故当阳离子以 Na^+ 为主时，水中 HCO_3^- 的含量可超过与 Ca^{2+} 伴生时的上限。

2.1.1.5　钾离子（K^+）

钾离子的来源及其在地下水中的分布特点与钠相近。它来自含钾盐类沉积岩的溶解，以及岩浆岩、变质岩中含钾矿物的风化溶解。在低 TDS 水中含量甚微，而在高 TDS 水中较多。虽然在地壳中钾的含量与钠相近，钾盐的溶解度也相当大，但是，在地下水中 K^+ 的含量要比 Na^+ 少得多。原因是 K^+ 大量地参与形成不溶于水的次生矿物（水云母、蒙脱石、绢云母），并易被植物摄取。由于 K^+ 的性质与 Na^+ 相近，含量又少，所以，在水化学分类时，多将 K^+ 归并到 Na^+ 中，不另区分。

2.1.1.6　钙离子（Ca^{2+}）

钙离子是低 TDS 地下水中的主要阳离子，其含量一般不超过数百毫克每升。在高 TDS 水中，当阴离子主要是 Cl^- 时，因 $CaCl_2$ 的溶解度相当大，故 Ca^{2+} 的绝对含量显著增大，但通常仍远低于 Na^+。

地下水中的 Ca^{2+} 来源于碳酸盐类沉积物和含石膏沉积物的溶解及岩浆岩、变质岩中含钙矿物的风化溶解。

2.1.1.7　镁离子（Mg^{2+}）

镁离子的来源及其在地下水中的分布与钙离子相近，主要来源于含镁的碳酸盐类沉积（白云岩、泥灰岩）；此外，还来自岩浆岩、变质岩中含镁矿物的风化溶解：

$$(Mg \cdot Fe)SiO_4 + 2CO_2 + 2H_2O \longrightarrow MgCO_3 + FeCO_3 + Si(OH)_4 \qquad (2\text{-}6)$$

$$CaMg(CO_3)_2 + 2H_2O + 2CO_2 \longrightarrow Mg^{2+} + Ca^{2+} + 4HCO_3^- \qquad (2\text{-}7)$$

Mg^{2+} 在低 TDS 水中含量通常较 Ca^{2+} 少，不构成地下水中的主要离子，部分原因是地壳组成中 Mg^{2+} 比 Ca^{2+} 少；碱性岩浆岩中的地下水，Mg^{2+} 含量较高。

2.1.2　有机物

各种不同形式的有机物主要由 C、H、O 组成，这三种元素约占全部有机物的 98.5 %，另外还存在少量的 N、S、P 等元素。有机物种类繁多，主要有氨基酸、蛋白质、葡萄糖、有机酸、烃类、醇类、醚类、羧酸、苯酚衍生物、胺等。

天然地下水中溶解性有机物含量通常不高，溶解有机碳（dissolved organic carbon，DOC）含量通常低于 2 mg/L，均值为 0.7 mg/L。与沼泽、泥炭、淤泥、煤以及石油等松散及固结的沉积物有关时，地下水中 DOC 含量大大增加，甚至超过 1000 mg/L。微生物通过将有机物氧化为 CO_2 获得能量维持生存及繁殖。微生物及有机质的存在，可促进多种生物地球化学作用。

近年来，随着分析技术的发展，人们对地下水微量有机物的污染日益关注。尤其是最近数十年中，各种有机废水的排放、生活污水管道滴漏、垃圾填埋场垃圾渗滤液下渗、地下输油管道的破裂以及农业生产过程中农药和化肥的大量使用等，都导致了地下水严重的有机污染。在我国，地下水有机污染研究起步较晚，但已在一些地区发生严重的地下水有机污染事件（刘兆昌等，1991；徐绍辉和朱学愚，1999；李铎等，2000）。据中国科学院环境化学研究所对京津地区地下水有机污染的初步研究结果，该地区地下水中有机污染物种类达 130 种（魏爱雪等，1986）。对珠江三角洲地区浅层地下水调查发现，地下水中的单环芳烃、卤代烃、有机氯农药污染已不容忽视（郭秀红等，2006）。中国地质环境监测院于 2008～2010 年对全国 31 个省的 69 个城市 791 个地下水污染采样点开展了调查，表明我国城市地下水受到不同程度的有机物污染，其中有 64 个城市的地下水样品中检测到至少有一项有机污染物，占检测城市总数的 92.75%，在检测的 791 个样品中有 383 个至少有一项有机污染组分被检出，检出率为 48.42%，且城市潜水的污染程度高于承压水（高存荣和王俊桃，2011）。

有机污染物不仅种类繁多，而且由于其在水中的浓度一般很小，不易被察觉，例行的水质分析不易检出。许多有机污染物对人体健康有严重影响，具有"三致"作用。地下水中到底有多少种有机污染物，目前还不完全清楚。对地下水中有机物质的研究已成为地下水环境化学越来越重要的研究内容。

2.1.3 气体

地下水中都含有一定量的气体。地下水中常见的气体成分有 O_2、N_2、CO_2、CH_4 及 H_2S 等，以前三种为主。通常，地下水中气体含量不高，每升水中只有几毫克到几十毫克，但它们的存在有重要意义。一方面，气体成分能够说明地下水所处的地球化学环境；另一方面，有些气体会增加地下水溶解某些矿物组分的能力。

2.1.3.1 氧气（O_2）、氮气（N_2）

地下水中的氧气和氮气主要来源于大气。它们随大气降水及地表水补给地下水，与大气圈关系密切的地下水中 O_2、N_2 含量较多。溶解氧含量多，说明地下水处于氧化环境。O_2 的化学性质远较 N_2 活泼，在相对封闭的环境中，O_2 将耗尽而只留下 N_2。因此，N_2 的单独存在通常可说明地下水起源于大气并处于还原环境。大气中的惰性气体（Ar、Kr、Xe）与 N_2 的比例恒定，即（Ar+Kr+Xe)/N_2=0.0118。比值等于此数，说明 N_2 是大气起源的；小于此数，则表明水中含有生物起源或变质起源的 N_2。

2.1.3.2　二氧化碳（CO_2）

降水和地表水补给地下水时带来 CO_2，但含量通常较低。地下水中的 CO_2 主要来源于土壤。有机质残骸的发酵作用与植物的呼吸作用使土壤中源源不断地产生 CO_2，并进入地下水。

含碳酸盐的岩石，在深部高温下，也可以变质生成 CO_2：

$$CaCO_3 \xrightarrow{400℃} CaO + CO_2 \qquad\qquad (2\text{-}8)$$

这种情况下，地下水中富含 CO_2，其浓度可高达 1 g/L 以上。

地下水中含 CO_2 越多，溶解某些矿物组分的能力越强。

2.1.3.3　硫化氢（H_2S）、甲烷（CH_4）

在与大气比较隔绝的还原环境中，地下水中出现 H_2S 与 CH_4，这是微生物参与的生物化学作用的结果。

2.1.4　微生物

地下水中普遍分布有微生物。微生物既能在潜水中繁殖，也可在深循环的地下水（深达 1000 m 或更深）中繁衍。微生物所适应的温度范围也很宽，可在零下几摄氏度到 85～90℃ 的温度范围内生存。地下水中还存在嗜极微生物（extremophiles），包含嗜热菌、嗜盐菌、嗜碱菌、嗜酸菌、嗜压菌、嗜冷菌以及抗辐射、耐干燥、抗高浓度金属离子和极端厌氧的微生物。

未经污染的饱和含水系统中，微生物每克干重的细胞数为 $10^5 \sim 10^7$，低于非饱和带（包括土壤）及地表水。地下水中的微生物以细菌为主，常见的还有单细胞原生动物（protozoa）及真菌（fungus）；在可溶岩中还可有藻类。地下水的溶解性总固体一般对微生物的繁殖影响不明显，但溶解性总固体过高会抑制微生物的活动能力。

微生物在地下水化学成分的形成和演变过程中起着重要的作用。地下水中有各种不同的细菌存在，其中有适合在氧化环境中生存和繁殖的硝化菌、硫细菌、铁细菌等喜氧细菌，也有适合在还原环境中生存和繁殖的脱氮菌、脱硫菌、甲烷生成菌、氨生成菌等。这些细菌的生命活动可出现脱硝酸作用、脱硫酸作用、甲烷生成作用和氨生成作用等，也可出现与此相反的作用，如硫酸根生成作用、硝酸根生成作用和铁的氧化作用等，从而导致地下水化学成分的相应变化。

应当指出，到目前为止，对地下水中微生物的成分和分布以及它们的生命活动机制研究尚不成熟。但微生物在地下水化学成分形成和演变过程中所起的重要作用已越来越多地被人们所认识。

2.2　地下水化学成分形成作用

地下水主要来源于大气降水，其次是地表水。这些水在进入含水层之前，已经含有某些物质。

内陆的大气降水混入尘埃，一般以 Ca^{2+} 与 HCO_3^- 为主。靠近海岸处的大气降水，Na^+ 和 Cl^- 含量较高（这时可出现低 TDS 的以氯化物为主的水）。初降雨水或干旱区雨水中杂质较多，而雨季后期与湿润地区的雨水杂质较少。大气降水的 TDS 一般为 0.02～0.059 g/L，海边与干旱区较高，分别可达 0.1 g/L 及($n×0.1$)g/L（沈照理，1986）。

2.2.1　溶滤作用

水与岩土相互作用，使岩土中一部分物质转入地下水中，便是溶滤作用。溶滤作用的结果是岩土失去一部分可溶物质，地下水则补充了新的组分。

水分子是由一个带负电的氧离子和两个带正电的氢离子组成的。由于氢和氧分布不对称（图 2.1），在接近氧原子一端形成负极，氢原子一端形成正极，成为偶极分子。岩土与水接触时，组成结晶格架的盐类离子被水分子带相反电荷的一端所吸引；当水分子对离子的引力足以克服结晶格架中离子间的引力时，离子脱离晶架，被水分子所包围，溶入水中（图 2.2）。

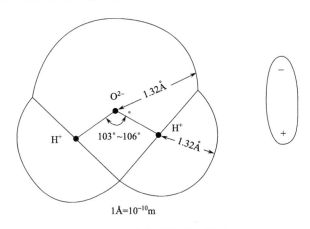

$1Å=10^{-10}m$

图 2.1　水分子结构示意图

实际上，当矿物盐类与水溶液接触时，同时发生两种方向相反的作用：溶解作用与结晶作用，前者使离子由结晶格架转入水中，后者使离子由溶液中固着于结晶格架上。随着溶液中盐类离子增加，结晶作用加强，溶解作用减弱。当同一时间内溶解与析出的盐量相等时，溶液达到饱和。此时，溶液中某种盐类的含量即为其溶解度。

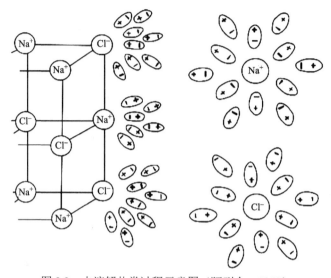

图 2.2　水溶解盐类过程示意图（阿列金，1960）

左侧表示水的极化分子吸引结晶格架中的离子；右侧表示结晶格架破坏，离子溶入水中

　　不同盐类，结晶格架中离子间的吸引力不同，因而具有不同的溶解度。随着温度上升，结晶格架内离子的振荡运动加剧，离子间引力削弱，水的极化分子易于将离子从结晶格架上拉出。因此，盐类溶解度通常随温度上升而增大（图2.3）。

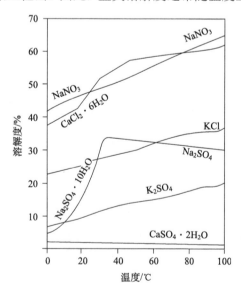

图2.3　盐类溶解度与温度的关系（阿列金，1960）

但是，某些盐类例外，如 $Na_2SO_4 \cdot 10H_2O$ 在温度上升时，由于矿物结晶中的水分子逸出，转化为 Na_2SO_4，离子间引力增大，溶解度反而降低；$CaCO_3$ 及 $MgCO_3$ 的溶解度也随温度上升而降低，这与下面提及的脱碳酸作用有关。

岩土的组分转入水中，取决于一系列因素：

首先，取决于组成岩土的矿物的溶解度。例如，含岩盐沉积物中的 NaCl 将迅速转入地下水中，而以 SiO_2 为主要成分的石英岩却很难溶于水。

其次，岩土的空隙特征是影响溶滤作用的另一因素。缺乏裂隙的基岩，水难与矿物盐类接触，溶滤作用很难发生。

第三，水的溶解能力决定着溶滤作用的强度。水对某种盐类的溶解能力随此盐类浓度的增加而减弱。某一盐类的浓度达到其溶解度时，水对此盐类便失去溶解能力。因此，总的来说，TDS 低的水溶解能力强，而 TDS 高的水溶解能力弱。

第四，水中溶解气体 CO_2、O_2 等的含量决定着某些盐类的溶解能力。水中 CO_2 含量越高，溶解碳酸盐及硅酸盐的能力越强；水中 O_2 的含量越高，溶解硫化物的能力越强。

最后，水的流动状况是影响其溶解能力的关键因素。停滞流动的地下水，随着时间推移，水中溶解盐类增多，CO_2、O_2 等气体耗失，最终将失去溶解能力，溶滤作用便告终。地下水流动迅速时，含有大量 CO_2 和 O_2 的低 TDS 的大气降水和地表水不断入渗更新含水层中原有的溶解能力降低的水，地下水便经常保持强的溶解能力，岩土中的组分不断地向水中转移，溶滤作用持续进行。

由此可知，地下水的径流与交替强度是决定溶滤作用最活跃、最关键的因素。那么，是否溶滤作用越强烈，地下水中的化学组分含量就越多呢？实际情况恰恰与此相反。

溶滤作用是一定自然地理与地质环境下的历史过程。剥蚀出露的岩层，接受降水及地表水的入渗补给而开始其溶滤过程。设想岩层中原来含有包括氯化物、硫酸盐、碳酸盐及硅酸盐等各种矿物盐类。开始阶段，氯化物最容易由岩层转入水中而成为地下水中主要化学组分。随着溶滤作用的延续，岩层含有的氯化物因不断转入水中而贫化，相对易溶的硫酸盐成为迁入水中的主要组分。溶滤作用长期持续，岩层中保留下来的几乎只是难溶的碳酸盐及硅酸盐，地下水的化学成分当然也就以碳酸盐及硅酸盐为主了。因此，一个地区经受溶滤作用越强烈，持续时间越长久，地下水的 TDS 越低，越是以难溶离子为其主要成分。

除了时间变化，溶滤作用还呈现空间差异性。气候越是潮湿多雨，地形切割越强烈，地质构造的开启性越好，岩层的导水能力越强，地下径流与水交替越迅速，岩层经受的溶滤便越充分，易溶盐类越贫乏，地下水的 TDS 越低，难溶离子的相对含量越高。

2.2.2 浓缩作用

地下水通过流动将溶滤获得的组分从补给区输运到排泄区。干旱半干旱地区的平原与盆地的低洼处，地下水埋藏不深，蒸发成为地下水的主要排泄去路。蒸发作用只排走水分，盐分仍保留在地下水中，随着时间延续，地下水溶液逐渐浓缩，TDS 不断增大。与此同时，随着浓度增加，溶解度较小的盐类在水中达到饱和而相继沉淀析出，易溶盐类的离子逐渐成为主要成分。

设想未经蒸发浓缩以前，地下水为低 TDS 水，阴离子以重碳酸盐为主，居第二位的是 SO_4^{2-}，Cl^- 的含量很少，阳离子以 Ca^{2+} 与 Mg^{2+} 为主。随着蒸发浓缩，溶解度小的钙、镁的重碳酸盐部分析出，SO_4^{2-} 及 Na^+ 逐渐成为主要成分。继续浓缩，水中硫酸盐达到饱和并开始析出，便将形成以 Cl^-、Na^+ 为主的高 TDS 水。

浓缩作用必须同时具备下述条件：干旱或半干旱的气候，有利于毛细作用的颗粒细小的松散岩土；低平地势下地下水埋深较浅的排泄区。如此，水流源源不断地带来盐分，使地下水及含水介质累积盐分。浓缩作用的规模取决于地下水流系统的空间尺度及其持续的时间尺度。

当上述条件都具备时，浓缩作用十分强烈，有时可以形成卤水。例如，准噶尔盆地西部的艾比湖，湖水由地下水补给再经蒸发浓缩，形成 TDS 为 92～137 g/L 的卤水，阴离子以 SO_4^{2-} 及 Cl^- 为主，阳离子以 Na^+ 为主（李涛，1993）。

2.2.3 脱碳酸作用

水中 CO_2 的溶解度随温度升高及（或）压力降低而减小。升温及（或）降压时，一部分 CO_2 便成为游离 CO_2 从水中逸出，这便是脱碳酸作用。脱碳酸的结果是 $CaCO_3$ 及 $MgCO_3$ 沉淀析出，地下水中 HCO_3^- 及 Ca^{2+}、Mg^{2+} 减少，TDS 降低：

$$Ca^{2+}+2HCO_3^- \longrightarrow CO_2\uparrow +H_2O+CaCO_3\downarrow \tag{2-9}$$

$$Mg^{2+}+2HCO_3^- \longrightarrow CO_2\uparrow +H_2O+MgCO_3\downarrow \tag{2-10}$$

深部地下水上升成泉，泉口往往形成钙华，便是脱碳酸作用的结果。温度及压力较高的深层地下水，上升排泄时发生脱碳酸作用，Ca^{2+}、Mg^{2+} 从水中析出，阳离子通常转变为以 Na^+ 为主。

2.2.4 脱硫酸作用

在还原环境中，当有机质存在时，脱硫酸细菌促使 SO_4^{2-} 还原为 H_2S：

$$SO_4^{2-}+2C+2H_2O \longrightarrow H_2S+2HCO_3^- \tag{2-11}$$

结果使地下水中 SO_4^{2-} 减少以至消失，HCO_3^- 增加，pH 变大。

封闭的地质构造，如储油构造，是产生脱硫酸作用的有利环境。因此，某些油田水中出现 H_2S，而 SO_4^{2-} 含量很低。这一特征可以作为寻找油田的辅助标志。

2.2.5　阳离子交替吸附作用

黏性土颗粒表面带有负电荷，将吸附地下水中某些阳离子，而将其原来吸附的部分阳离子转为地下水中的组分，这便是阳离子交替吸附作用。

不同的阳离子吸附于岩土表面的能力不同。按吸附能力，自大而小的顺序为 $H^+ > Fe^{3+} > Al^{3+} > Ca^{2+} > Mg^{2+} > K^+ > Na^+$。离子价越高，离子半径越大，水化离子半径越小，则吸附能力越大。H^+ 则是例外。

当含 Ca^{2+} 为主的地下水，进入主要吸附有 Na^+ 的岩土时，水中的 Ca^{2+} 便置换岩土所吸附的一部分 Na^+，使地下水中 Na^+ 增多，而 Ca^{2+} 减少。

地下水中某种离子的相对浓度增大，则该种离子的交替吸附能力（置换岩土所吸附的离子的能力）也随之增大。例如，当地下水中以 Na^+ 为主，而岩土中原来吸附有较多的 Ca^{2+}，那么，水中的 Na^+ 将反过来置换岩土吸附的部分 Ca^{2+}。海水侵入陆相沉积物时，便是如此。

显然，阳离子交替吸附作用的规模取决于岩土的吸附能力；而后者决定于颗粒的比表面积。颗粒越细，比表面积越大，交替吸附作用越强。因此，黏土及黏土岩类最容易发生交替吸附作用，而在致密的结晶岩中，一般不会发生这种作用。

2.2.6　混合作用

成分不同的两种水汇合在一起，形成化学成分不同的地下水，便是混合作用。混合作用有化学混合及物理混合两类：前者是两种成分发生化学反应，形成化学类型不同的地下水；后者只是机械混合，并不发生化学反应（章至洁等，1995）。

海滨、湖畔或河边，地表水往往混入地下水中；深层地下水补给浅部含水层时，则发生两种地下水的混合。

混合作用的结果，可能发生化学反应而形成化学类型完全不同的地下水。例如，当以 SO_4^{2-}、Na^+ 为主的地下水与以 HCO_3^-、Ca^{2+} 为主的水混合时：

$$Ca(HCO_3)_2 + Na_2SO_4 \longrightarrow CaSO_4 \downarrow + 2NaHCO_3 \qquad (2\text{-}12)$$

石膏沉淀析出，便形成以 HCO_3^- 及 Na^+ 为主的地下水。

两种水的混合也可能不产生化学反应，例如，高 TDS 氯化钠型海水混入低 TDS 重碳酸钙镁型地下水便是如此。此时，可以根据混合水的 TDS 及某种组分含量，求取两种水的混合比例。当混合水的温度及（或）同位素组分不同时，也可求取其混合比例。

2.2.7　人类活动对地下水化学成分的影响

随着社会生产力与人口的增长，人类活动对地下水化学成分的影响越来越大。一方面，人类生活与生产活动产生的废弃物污染地下水；另一方面，人为作用大规模地改变了地下水的形成条件，从而使地下水化学成分发生变化。

工业生产产生的废气、废水与废渣以及农业上大量使用的化肥农药，使天然地下水富集了原来含量很低的有害成分，如酚、氰、汞、砷、铬、亚硝酸等。

人为作用通过改变形成条件而使地下水水质变化表现在以下方面：滨海地区过量开采地下水引起海水入侵，不合理的打井采水使咸水运移，这两种情况都会使淡含水层变咸。干旱半干旱地区不合理地引入地表水灌溉，会使浅层地下水水位上升，引起大面积次生盐碱化，并使浅层地下水变咸。原来分布有地下咸水的地区，通过挖渠打井，降低地下水位，使原来主要排泄去路由蒸发改为径流排泄，从而逐步使地下水水质淡化。在这些地区，通过引来区外淡的地表水，以合理的方式补给地下水，也可使地下水变淡。在人类工业化和城市化进程中，各种有机废水的排放、生活污水管道滴漏、垃圾填埋场垃圾渗滤液下渗、地下输油管道的破裂以及农业生产过程中农药和化肥的大量使用等，都导致了地下水出现有机污染物。

人类干预自然的能力正在迅速增强，因此，防止人类活动对地下水的水质产生不利影响，采用人为措施使地下水水质向有利方向演变，已越来越重要。

2.3　地下水基本成因类型及其化学特征

不同领域的学者，目前得出了比较一致的结论：地球上的水圈是原始地壳生成后，氢和氧随其他易挥发组分从地球内部层圈逸出而形成的。因此，地下水起源于地球深部层圈。

从形成地下水化学成分的基本组分出发，可将地下水分为3个主要成因类型：溶滤水、沉积水和内生水。

2.3.1　溶滤水

富含 CO_2 与 O_2 的渗入成因地下水，溶滤它所流经的岩土而获得其主要化学成分，这种水称为溶滤水，实际上乃是直接源自大气的地下水。

溶滤水的成分受岩性、气候、地貌等因素的影响。

岩性对溶滤水的影响是显而易见的。石灰岩、白云岩分布区的地下水，HCO_3^-、Ca^{2+}、Mg^{2+} 为其主要成分。含石膏的沉积岩地区，地下水中 SO_4^{2-} 与 Ca^{2+} 均较多。

酸性岩浆岩中的地下水，大都为 HCO_3-Na 型水。基性岩浆岩地区，地下水中常富含 Mg^{2+}。煤系地层与金属矿床分布区多形成硫酸盐水。

但是，如果认为地下水流经什么岩土，必定具有何种化学成分，那就把问题过分简单化了。岩土的各种组分，其迁移能力各不相同。在潮湿气候下，原来含有大量易溶盐类（如 NaCl、$CaSO_4$）的沉积物，经过长时期充分溶滤，易迁移的离子淋洗比较充分，地下水能溶滤的主要是难以迁移的组分（如 $CaCO_3$、$MgCO_3$、SiO_2 等）。潮湿气候区，尽管岩层组分很不相同，经过丰沛降水充分淋滤，地下水很可能都是低 TDS 的重碳酸水，难溶的 SiO_2 在水中占到相当比重。干旱气候下平原盆地的排泄区，地下水将盐类不断携来，水分不断蒸发，浅部地下水中盐分不断积累，不论其岩性有何差异，最终都将形成高 TDS 的氯化物水。从大范围来说，溶滤作用主要受控于气候，显示受气候控制的分带性。

地形因素往往会干扰气候控制的分带性。这是因为在切割强烈的山区，流动迅速、流程短的局部地下水流系统发育。地下水径流条件好，水交替迅速，即使在干旱地区也不会发生浓缩作用，常形成低 TDS 以难溶离子为主的地下水。地势低平的平原与盆地，地下水径流微弱，水交替缓慢，地下水的 TDS 则略高。

干旱地区的山间堆积盆地，气候、岩性、地形表现为统一的分带性，地下水化学分带也最为典型。山前地区气候相对湿润，颗粒比较粗大，地形坡度也大；向盆地中心，气候转为十分干旱，颗粒细小，地势低平。因此，在溶滤-浓缩共同作用下，可形成典型水化学分带；从盆地边缘洪积扇顶部的低 TDS 重碳酸盐水带到过渡地带的中等 TDS 硫酸盐水，盆地中心则是高 TDS 的氯化物水。

绝大部分地下水属于溶滤水。这不仅包括潜水，也包括大部分承压水。位置较浅或构造开启性好的含水系统，由于其径流途径短，流动相对较快，溶滤作用发育，多形成低 TDS 的重碳酸盐水。构造较为封闭，位置较深的含水系统，则形成 TDS 较高，以易溶离子为主的地下水。同一含水系统的不同部位，在地下水流系统控制下，会出现水平的或垂向的水化学分带。

2.3.2　沉积水

沉积水是指与沉积物大体同时生成的、由古地表水演变而成的古地下水。

河、湖、海相沉积物中的水具有不同的原始成分，在漫长的地质年代中又经历一系列复杂的演变。下面以海相淤泥沉积水为例进行说明。

海相淤泥通常含有大量有机质和多种微生物，处于缺氧环境，有利于生物化学作用。

海水是含盐量接近 35 g/L 的氯化钠型水（$M_{35}\dfrac{Cl_{90}}{Na_{77}Mg_{18}}$，$\dfrac{\gamma_{Na}}{\gamma_{Cl}}$[①]=0.85，$\dfrac{m_{Cl}}{m_{Br}}$=29.3）。经历一系列变化后，海相淤泥沉积水有以下特点：①含盐量很高，最高可达 300 g/L；②硫酸根离子减少乃至消失；③钙的相对含量增大，钠的相对含量减少（$\dfrac{\gamma_{Na}}{\gamma_{Cl}}$<0.85）；④富集溴化物、碘化物，碘化物的含量升高尤为显著，$\dfrac{m_{Cl}}{m_{Br}}$变小；⑤出现硫化氢、甲烷、铵、氮；⑥pH 升高。这也是海相淤泥沉积水与海水的区别。

海相沉积水含盐量的增大，一般认为是海水在潟湖中蒸发浓缩所致。

脱硫酸作用使原始海水中的 SO_4^{2-} 减少以至消失，出现 H_2S，水中 HCO_3^- 增加，pH 升高。

HCO_3^- 增加与 pH 升高，使一部分 Ca^{2+}、Mg^{2+} 与 HCO_3^- 作用生成 $CaCO_3$ 与 $MgCO_3$ 沉淀析出，Ca^{2+} 与 Mg^{2+} 减少。

水中 Ca^{2+} 与 Mg^{2+} 减少，水与淤泥间阳离子吸附平衡被破坏，淤泥吸附的部分 Ca^{2+} 转入水中，水中部分 Na^+ 被淤泥吸附。

甲烷、铵、氮等是细胞与蛋白质分解以及脱硝酸作用的产物。

溴与碘的增加是生物富集并在其遗骸分解时进入水中所致。

海相淤泥在成岩过程中受到上覆岩层压力而密实时，其中所含的水，一部分被挤压进入颗粒较粗且不易压密的岩层，构成后生沉积水；另一部分仍保留于淤泥层中，便是同生沉积水。

埋藏在地层中的海相淤泥沉积水，在一定时期以后，因地壳隆升剥蚀而出露地表，或者由于开启性构造断裂使其与外界连通。经过长期入渗淋滤，沉积水有可能完全排走，被溶滤水所替换。在构造开启性不十分好时，则在补给区分布低 TDS 以难溶离子为主的溶滤水，较深处则出现溶滤水和沉积水的混合，而在深部仍为较高 TDS 以易溶离子为主的沉积水。

2.3.3　内生水

早在 20 世纪初，人们曾把温热地下水看作岩浆分异的产物。后来发现，在大多数情况下，温泉是大气降水渗入深部加热后重新升到地表形成的。近些年来，有些学者通过对地热系统的热均衡分析得出，仅靠水渗入深部获得的热量无法解

---

① γ 为毫克当量的代号，非法定，$\dfrac{\gamma_{Na}}{\gamma_{Cl}}$ 即 Na 与 Cl 毫克当量比值，1 毫克当量=1 毫摩尔×原子价；其后的 $\dfrac{m_{Cl}}{m_{Br}}$ 为质量比值。

释某些高温水的出现,认为应有 10%～30%来自地球深部圈层的高热流体的加入。这样,源自地球深部层圈的内生水说又逐渐为人们所重视。有人认为,深部高 TDS 卤水的化学成分也显示了内生水的影响。

内生水的典型化学特征至今并不完全清楚。俄罗斯某些花岗岩中包裹体溶液为 TDS 高达 $100～200$ g/L 的氯化钠型水。冰岛玄武岩区的热蒸汽凝成的水,是 TDS 为 $1～2$ g/L 的 $HS \cdot HCO_3\text{-}Na$ 水,含有大量 SiO_2 与 CO_2。

2.4　地下水化学成分分析及其图示

2.4.1　地下水化学分析内容

地下水化学成分分析是研究地下水的基础。研究工作的目的与要求不同,分析的项目与精度也不相同。在一般调查中,分为简分析和全分析,为了配合专门任务,则进行专项分析。

简分析用于了解区域地下水化学成分的概貌,分析项目少,精度要求低,简便快速,成本不高,技术上容易掌握。分析项目除物理性质(温度、颜色、透明度、嗅味、味道等)外,还应定量分析以下各项:HCO_3^-、SO_4^{2-}、Cl^-、Ca^{2+}、总硬度、pH。通过计算可求得水中各主要离子的含量及 TDS。定性分析的项目则不固定,较经常分析的有 NO_3^-、NO_2^-、NH_4^+、Fe^{2+}、Fe^{3+}、H_2S、耗氧量等。分析这些项目是为了初步了解水质是否适于饮用。

全分析项目较多,精度要求高。通常在简分析的基础上,选择有代表性的水样进行全分析,以较全面地了解地下水化学成分,并对简分析结果进行检核。全分析并非分析水中的全部成分,目前实验室利用离子色谱法可以一次性分析以下阴离子:SO_4^{2-}、Cl^-、F^-、Br^-、NO_2^-、NO_3^-;利用 ICP-AES(电感耦合等离子体原子发射光谱法)可以分析 Al、As、B、Ba、Ca、Cd、Co、Cr、Cu、Fe、K、Li、Mg、Mn、Mo、Na、Ni、P、Pb、Se、Si、Sr、V、Zn 等二十多种常量及微量元素;而利用 ICP-MS(电感耦合等离子体质谱仪)可以分析包括稀土元素在内大多微量和痕量元素;另外还可测定碱度(游离性 CO_2、侵蚀性 CO_2、HCO_3^-、CO_3^{2-})、硬度、耗氧量、pH 及 TDS。

不同用水目的分析测试项目也不同,以饮用水要求为例,分析测试项目还包括细菌指标、对身体有毒有害的重金属和有机污染组分等特殊指标。

在进行地下水化学分析的同时,必须对研究区的大气降水和地表水体同时取样分析。因为地表水体可能是地下水的补给来源,或者是排泄去路。前一种情况下,地表水的成分将影响地下水;后一种情况下,地表水反映了地下水化学变化的最终结果。了解作为地下水主要补给来源的大气降水的化学成分,能够正确阐明地下水化学成分的形成。

地下水化学分析的结果，将离子含量以毫克/升与毫克当量/升表示。这样，水中离子含量可以用毫克当量/升及毫克当量百分数表示。后者分别以阴、阳离子的毫克当量为 100%，求取各阴、阳离子所占的毫克当量百分比。

2.4.2　地下水化学成分的库尔洛夫表示式

为了简明反映水的化学成分特点，可采用库尔洛夫式表示。将阴阳离子分别表示在分式横线的上下，按离子含量的毫克当量百分数自大而小顺序排列，小于 10%的离子不予表示。横线前依次表示特殊成分、气体成分及 TDS（以字母 M 为代号），三者单位均为 g/L。横线之后以字母 t 表示水温（℃），如

$$H^2SiO^3_{0.07}H^2S_{0.021}CO^2_{0.031}M_{3.27}\frac{Cl^4_{84.8}SO^4_{14.3}}{Na_{71.6}Ca_{27.8}}t_{52}$$

2.4.3　地下水化学特征分类与图示

根据地下水化学组分类别，可以利用地下水温度、酸碱度、TDS 和水化学特征等进行分类。

地下水按其化学成分具有不同的分类方法，大多利用主要阴、阳离子之间的相对含量与关系进行划分。分类方法与图示方法多种多样，国内常用的有舒卡列夫分类和派珀（Piper）三线图等。

1. 水化学类型——舒卡列夫分类

我国常用的水化学分类法是苏联学者舒卡列夫的分类（表 2.2）。根据地下水中 6 种主要离子（K^+ 合并于 Na^+ 中）及 TDS 划分。含量大于 25%毫克当量的阴离子和阳离子进行组合，共分成 49 型水，每型以一个阿拉伯数字作为代号。按 TDS 又划分为 4 组，A 组 TDS<1.5 g/L，B 组 TDS 为 1.5~10 g/L，C 组 TDS 为 10~40 g/L，D 组 TDS>40 g/L。

表 2.2　舒卡列夫分类表（数字为类型代表）

超 25%毫克当量的离子	HCO₃	HCO₃+SO₄	HCO₃+SO₄+Cl	HCO₃+Cl	SO₄	SO₄+Cl	Cl
Ca	1	8	15	22	29	36	43
Ca+Mg	2	9	16	23	30	37	44
Mg	3	10	17	24	31	38	45
Na+Ca	4	11	18	25	32	39	46
Na+Ca+Mg	5	12	19	26	33	40	47
Na+Mg	6	13	20	27	34	41	48
Na	7	14	21	28	35	42	49

不同化学成分的水都可以用一个简单的符号代替，并赋以一定的成因特征。例如，1-A 型即 TDS 小于 1.5 g/L 的 HCO_3-Ca 型水，是沉积岩地区典型的溶滤水；而 49-D 型则是 TDS 大于 40 g/L 的 Cl-Na 型水，可能是与海水及海相沉积有关的地下水，或者是大陆盐化潜水。

这种分类简明易懂，适合水化学资料的初步分析。利用此表系统整理水化学分析资料时，从表的左上角向右下角大体与地下水的 TDS 作用过程一致。缺点是以 25% 毫克当量为划分水型的依据带有人为性。其次，在分类中，对大于 25% 毫克当量的离子未反映其大小的次序，水质变化反映不够细致。

2. 地下水化学特征的派珀三线图

派珀三线图由两个三角形和一个菱形组成（图 2.4）。左下角三角形的三条边线分别代表阳离子中 $Na^+ + K^+$、Ca^{2+} 及 Mg^{2+} 的毫克当量百分数。右下角三角形表示阴离子 Cl^-、SO_4^{2-} 及 HCO_3^-（CO_3^{2-}）的毫克当量百分数。任一水样的阴阳离子的相对含量分别在两个三角形中以标号的圆圈表示；引线相交于菱形中的交点上，以圆圈位置表示此水样的阴阳离子相对含量，以圆圈大小表示 TDS。

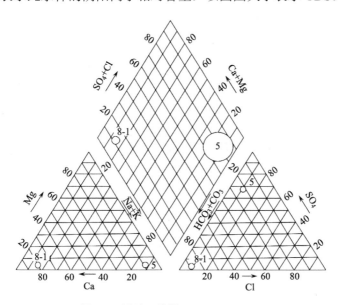

图 2.4　派珀三线图（Piper，1953）

派珀三线图把菱形分成 9 个区（图 2.5），落在菱形中不同区域的水样具有不同的化学特征（表 2.3）。1 区碱土金属离子超过碱金属离子，2 区碱金属离子大于碱土金属离子，3 区弱酸根超过强酸根，4 区强酸根大于弱酸根，5 区碳酸盐硬度超过 50%，6 区非碳酸盐硬度超过 50%，7 区非碳酸碱金属超过 50%，地下水化学性质以碱金属和强酸为主，8 区碳酸碱金属超过 50%，9 区任一对阴阳离子含量均不超过 50%毫克当量百分数。

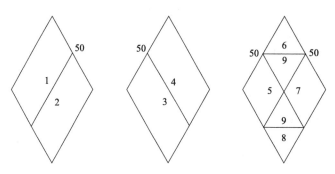

图 2.5　派珀三线图分区（Piper，1953）

图 2.5 中的数字代号表示的分区特征见表 2.3。

表 2.3　派珀三线图分区水化学特征说明

分区代号	化学特征	分区代号	化学特征
1	碱土金属离子大于碱金属离子	6	非碳酸盐硬度>50%
2	碱金属离子大于碱土金属离子	7	非碳酸盐碱度>50%
3	弱酸根大于强酸根	8	碳酸盐碱度>50%
4	强酸根大于弱酸根	9	无一对阴阳离子>50%
5	碳酸盐硬度>50%		

派珀三线图的优点是不受人为影响，从菱形中可以看出水样的一般化学特征，在三角形中可以看出各种离子的相对含量。将一个地区的水样标在图上，结合地质、水文地质条件，可以分析地下水化学成分的演变规律等一系列问题。

参 考 文 献

阿列金 O A．1960. 水文化学原理[M]. 张卓元，等译. 北京: 地质出版社.

高存荣，王俊桃.2011. 我国 69 个城市地下水有机污染特征研究[J]. 地球学报, 32(5): 581-591.

郭秀红，陈玺，黄冠星，等. 2006. 珠江三角洲地区浅层地下水中有机氯农药的污染特征[J]. 环境化学, 25(6): 798-799.

李铎，宋雪琳，张燕君. 2000. 傍河地下水水源地污染模式研究[J]. 地球学报, 21(2): 202-206.

李涛. 1993. 艾比湖水化学演化的初步研究[J]. 湖泊科学, 5(3): 234-243.

沈照理. 1986. 水文地球化学基础[M]. 北京: 地质出版社.

魏爱雪，赵国栋，刘晓榜，等. 1986. 京津地区地下水中有机物的研究[J]. 环境科学学报, 6(3):

293-305.

徐绍辉, 朱学愚. 1999. 地下水石油污染的水力截获技术及其数值模拟[J]. 水利学报, 1(1): 71-76.

章至洁, 韩宝平, 张月华. 1995. 水文地质学基础[M]. 徐州: 中国矿业大学出版社.

Kehew A E. 2001. Applied Chemical Hydrogeology[M]. Englewood Cliffs, New Jersey: Prentice-Hall.

Piper A M A. 1953. Graphic Procedure in the Geochemical Interpretation of Water Analyses [M]. U. S. Geol. Survey, Groundwater. No. 12.

第3章 地下水污染及其主要污染物

3.1 地下水污染及来源

3.1.1 地下水污染的概念

在天然地质环境及人类活动影响下，地下水中的某些组分可能产生相对富集或相对贫化，都可能产生不合格的水质。在漫长的地质历史中形成的地下水水质不合格现象是无法预防的；而在人类活动影响下引起的地下水水质不合格现象是在相对较短的人类历史中形成的，只要查清其原因及途径，采取相应措施，是可以防治的。

德国马特斯（Matthess, 1982）对地下水污染给出如下的定义：所谓污染地下水是指地下水由于人类活动的影响使其溶解的或悬浮的有害成分的浓度超过了国家或国际规定的饮用水最大允许浓度。但这种定义是有缺陷的，在人类活动的影响下，地下水某些组分浓度的变化总是由小到大的量变过程，在其浓度尚未超标之前，实际污染已经产生。因此，把浓度变化超标以后才视为污染，实际上是不科学的，而且也失去了预防的意义。当然，在判别地下水是否受污染时，应该参考水质标准，但其目的并不是把它作为地下水污染的标准，而是根据它判别地下水水质是否朝着恶化的方向发展。如朝着恶化方向发展，则视为"地下水污染"，反之则不然。

因此，地下水污染的定义应该是：凡是在人类活动的影响下，地下水水质变化朝着水质恶化方向发展的现象，统称为"地下水污染"。不管此种现象是否使水质恶化达到影响其使用的程度，只要这种现象一发生，就应称为污染。至于在天然地质环境中所产生的地下水某些组分相对富集及贫化而使水质不合格的现象，不应视为污染，而应称为"地质成因异常"。所以，判别地下水是否污染必须具备两个条件：第一，水质朝着恶化的方面发展；第二，这种变化是人类活动引起的。

当然，在实际工作中要判别地下水是否受污染及其污染程度，往往是比较复杂的。首先要有一个判别标准。这个标准最好是地区背景值（或称本底值），但这个值通常很难获得。所以，有时也用历史水质数据，或用无明显污染来源的水质对照值来判别地下水是否受到污染。

3.1.2 地下水污染源

引起地下水污染的各种物质的来源称为地下水污染源。地下水污染源的种类繁多，从不同角度可将地下水污染源划分为不同的类型。按引起地下水污染的自然属性可划分为天然污染源（如地表污水体、地下高矿化水或其他劣质水体、含水层或非饱和带所含的某些矿物等）和人为污染源。人为污染源又根据产生各种污染物的部门和活动划分为工业污染源、农业污染源、生活污染源、矿业污染源、石油污染源等。

按污染源的空间分布特征可分为点污染源（如城市污水排放口、工矿企业污水排放口等）、线污染源（如污染的河流）、面污染源（如用污水灌溉的耕地）。按污染源发生污染作用的时间动态特征可分为连续性污染源、间断性污染源和瞬时性（偶然性）污染源。

3.1.2.1　工业污染源

工业污染源是地下水的主要污染来源，特别是其中未经处理的污水和固体废物的淋滤液，直接渗入地下水中，会对地下水造成严重污染。

工业污染源可以再细分为三类：居首位的是在生产产品和矿业开发过程中所产生的废水、废气和废渣，俗称"三废"，其数量大，危害严重；其次是储存装置和输运管道的渗漏，这往往是一种连续性污染源，经常不易被发现；第三种是由于事故而产生的偶然性污染源。

1. 工业"三废"

当前，造成我国地下水污染的工业"三废"主要来源于各工业部门所属的工厂、采矿及交通运输等活动。工业"三废"包含的各种污染物与工业生产活动的特点密切相关，不同的工业性质、工艺流程、管理水平、处理程度，其排放的污染物种类和浓度有较大的差别，对地下水产生的影响也各不相同（表 3.1）。

表 3.1　工业污染源分类表（据刘兆昌，1991 修改）

工业部门	污染源	主要污染物		
		气体	液体	固体
动力工业	火力发电 核电站	粉尘、SO_2、NO_x、CO 放射性尘	冷却系统排出的热水 放射性废水	粉煤灰 核废料
冶金工业	黑色冶金：选矿、烧结、炼焦、炼铁、炼钢、轧钢等 有色金属冶炼：选矿、烧结、冶炼、电解、精炼等	粉尘、SO_2、CO、CO_2、H_2S 及重金属 粉尘、SO_2、CO、NO_x 及重金属 Cu、Pb、Zn、Hg、Cd、As 等烟尘	酚、氰、多环芳烃类化合物、冷却水、酸性洗涤水含重金属 Cu、Pb、Zn、Hg、Cd、As 的废水、酸性废水、冷却水	矿石渣、炼钢废渣 冶炼废渣

续表

工业部门	污染源	主要污染物		
		气体	液体	固体
化学工业	化学肥料、有机和无机化工、化学纤维、合成橡胶、塑料、油漆、农药、医药等生产	CO、H_2S、NO_x、SO_2、F 等	各种盐类、Hg、As、Cd、酚、氰化物、苯类、醛类、醇类、油类、多芳烃化合物等	
石油化工工业	炼油、蒸馏、裂解、催化等工艺及合成有机化学产品等的生产	石油气、H_2S、烯烃、烷烃、苯类、醛、酮等各种有机气体	油类、酚类及各种有机物等	
纺织印染工业	棉纺、毛毯、丝纺、针织印染等		染料、酸、碱、硫化物、各种纤维状悬浮物	
制革工业	皮革、毛发的鞣制		含 Cr、S、NaCl、硫酸、有机物等	纤维废渣、Cr 渣
采矿工业	矿山剥离和掘进、采矿、选矿等生产		选矿水及矿坑排水，含大量悬浮物及重金属废水	废矿石及碎石
造纸工业	纸浆、造纸的生产	烟尘、硫酸、H_2S	碱、木质素、酸、悬浮物	
食品加工业	油类、肉类、乳制品、水产、水果、酿造等加工生产		营养元素有机物、微生物病原菌、病毒等	
机械制造工业	农机、交通工具及设备制造和修理、锻压及铸件、工业设备、金属制品加工制造	烟尘、SO_2	含酸废水、电镀废水、Cr、Cd、油类	金属加工碎屑
电子及仪器、仪表工业	电子元件、电讯器材、仪器仪表制造	少量有害气体、Hg、氰化物、铬酸	含重金属废水、电镀废水、酸等	
建材工业	石棉、玻璃、耐火材料、烧窑业及各种建筑材料加工	粉尘、SO_2、CO	悬浮物	炉渣
交通运输		CO、NO_x、乙烯、芳香族碳氢化合物		

1）工业废水

许多工业所排出的废水中含有各种有害的污染物，特别是未经处理的废水，直接流入或渗入地下水中，会造成地下水严重污染。不同工业所含的有害污染物不同，对地下水污染的影响不同。

工业废水是天然水体最主要的污染源之一，它们种类繁多、排放量大、所含污染物组成复杂。它们的毒性和危害较严重，且难于处理，不容易净化。

为了我国工业的可持续发展，国家各级主管部门已加大了管理的力度，采取了许多行之有效的对策和措施。但从整体看来，水污染仍呈恶化趋势，工业废水正是最重要的污染源。

2）工业废气

许多工厂生产过程中要排出大量有毒有害气体，如制酸工业主要排放二氧化硫、氮氧化物、砷化物、各种酸类废气；钢铁冶金企业和有色冶炼企业主要排出二氧化硫、氯化氢、氮氧化物以及铅、锰、锌等金属化合物；制铝工业和磷肥工业主要排出磷化氢、氟化物等；石油工业主要排放硫化氢、二氧化碳、二氧化硫等；氮肥工业排放氮氧化物；炼焦工业排出酚、苯、氰化物、硫化物等。

各种车辆所排出的气有一氧化碳、氮氧化物、臭氧、乙烯、芳香族碳氢化合物，以及废气经阳光照射后的光化学反应产物——过氧化乙酰硝酸酯等，对动植物都有严重危害。

以上所述这些废气不仅污染大气，直接影响农作物生长，腐蚀破坏金属和建筑材料，影响居民的生活卫生条件，危害人们的健康，而且废气中所含各种污染物还随着降雨、降雪落到地表，渗入地下，污染地下水。

3）工业废渣

工业废渣及污水处理厂的污泥中都含有多种有毒有害污染物，若露天堆放或填埋，会受到雨水淋滤而渗入地下水中。工业废渣成分相对简单，主要与生产性质有关，如采矿业的尾矿及冶炼废渣中主要的污染物为重金属。污水处理厂的污泥属于危险废物，污水中含有的重金属与有机污染物都会在污泥中聚积，从而使污泥中污染物成分复杂，且其含量一般高于污水。

2. 储存装置和输运管道的渗漏

储存罐或储存池常用来储存化学物品、石油、污水，特别是油罐、油库等，其渗漏与流失常常是污染地下水的重要污染源。渗漏可能是长期不被人发现的连续性污染源。但是，较多的实践表明，渗漏的管道和储存装置比较常见。如山西某农药厂管道的渗漏，使大量的三氯乙醛进入饮用水源的含水层中，迫使地下水饮用水源地报废。目前虽修复了管道，切断了污染源，但已进入含水层的三氯乙醛在对流弥散作用下不断扩大污染范围，尽管污染物浓度有所下降，但仍达4mg/L。石油勘探和开采时，如果钻井封闭得不严密，可使石油或盐卤水由地下深处进入浅部含水层而污染地下水，也可通过废弃的油井、气井、套管或腐蚀破坏了油、气井而成为地下水的污染源。

3. 事故类污染源

事故是偶然性的污染源，因此，往往没有防备，造成的污染就比较严重。例如，储罐爆炸造成的危险品突发性大量泄漏，输送石油的管道破裂以及江河湖海上的油船事故等造成的漏油，泄漏的污染物首先污染地表及地表水，进而污染地下水。例如，2005 年 1 月 26 日，美国肯塔基州的一条输油管道发生破裂，22 万多升原油从裂缝溢出。由于管道距肯塔基河岸仅 17m，原油全都流入河道内，形成了 20km 的浮油污染带，浮油蔓延到与肯塔基河交汇的俄亥俄河，威胁到饮用水源。泄漏的石油污染物还会随地表水和雨水进一步污染地下水。

3.1.2.2　农业污染源

农业污染源有牲畜和禽类的粪便、农药、化肥及农灌引来的污水等，这些都会随下渗水流污染地下水。农业污染源具有面广、分散、难以收集、难以治理的特点。

1. 农药

农药是用来控制、扑灭或减轻病虫害的物质，包括杀虫剂、杀菌剂和除草剂等。与地下水污染有关的三大重要杀虫剂是有机氯（滴滴涕和六六六）、有机磷（1605、1059、苯硫磷和马拉硫磷）及氨基甲酸酯。有机氯的特点是化学性质稳定，短期内不易分解，易溶于脂肪，可在脂肪内蓄积，它是目前造成地下水污染的主要农药。有机磷的特点是较活跃、能水解、残留性小，在动植物中不易蓄积。氨基甲酸酯是一种较新的物质，一般属于低残留的农药。上述农药对人体都有毒性。

从地下水污染角度看，大多数除草剂都是中低浓度时对植物有毒性，在高浓度时则对人类和牲畜产生毒性。农药的细粒、喷剂和团粒施用于农田，下渗进入地下水。

2. 化肥

化肥有氮肥、磷肥和钾肥。当化肥淋滤到地下水时，就成了严重的污染物，其中氮肥是引起地下水污染的主要物质。

3. 动物废物

动物废物是指与畜牧业有关的各种废物，包括动物粪便、垫草、洗涤剂、丢弃的饲料和动物尸体。动物废物中含有大量的细菌和病毒，同时含有大量的氮，因此，会引起地下水污染。

4. 植物残余物

植物残余物包括大田或场地上的农作物残余物、草场中的残余物以及森林中的伐木碎片等，这些残余物的需氧特性对地下水水质是一种危害。

5. 污水灌溉

污水灌溉目前已成为农业增产的重要措施之一，同时也是污水排放的途径之一。目前我国城市污水回用于农田灌溉的比例很高，其中约 50%～60%为工业废水，其余为生活污水。一方面，因城市污水中常含有氮、磷、钾及有机碳化物，故使用污水灌溉不仅可以节省肥料，而且使土壤变黑、发松、含氮量增加、土壤肥力大大提高；另一方面，因污水含有各种有毒有害物质，尤其是重金属与持久性有机污染物，它们会在土壤中累积并向下迁移，从而对地下水造成较严重的污染。

3.1.2.3　生活污染源

人类生活活动会产生各种废弃物和污水，污染环境。特别是城市，人口密集、面积狭小，相对来说生活污染比较严重。

排出的生活污水（包括粪便）造成地下水污染。城市生活污水包括城市居民生活污水、科研文教单位实验室排放的污水、医疗卫生单位排放的污水。城市居民生活废水中的物质来自人的排泄物、肥皂、洗涤剂、腐烂的食物等；从各种实验室排出的污水中成分复杂，常含有多种有毒物质，具体成分取决于实验室种类；医疗卫生单位的污水，以细菌、病毒污染物为主，是流行病、传染病的重要来源。

生活垃圾也对地下水的污染有重要影响，处理不当也是地下水的污染源之一。垃圾渗滤液中除含有低相对分子质量（相对分子质量≤500）的挥发性脂肪酸、中等相对分子质量的富里酸类物质（主要组分相对分子质量为 500～10000）与高相对分子质量的胡敏酸类（主要组分相对分子质量为 10000～100000）等主体有机物外，还含有很多微量有机物，如烃类化合物、卤代烃、邻苯二甲酸酯类、酚类、苯胺类化合物等。垃圾填埋场是生活垃圾集中的地方，如防渗结构不符合要求或垃圾渗滤液未经妥善处理排放，均可造成垃圾中的污染物进入地下水。

3.1.2.4　采矿活动

采矿活动引起的地下水污染表现在以下几个方面：

采矿时排出的矿坑水中，有的是 pH 小的酸水（如煤矿），有的是含有某些有毒金属元素或放射性元素的水（如钼矿、铅锌、放射性矿等），排出的这些矿坑水可以污染地表水，或下渗污染矿区附近的地下水。

由于矿坑疏干排水降低了地下水位，使原来处于饱和带的矿体岩石转化为非饱和带，有些难溶矿物可转变为易溶矿物，经过风化、雨水渗入淋滤或由于暂时停止抽水，水位回升时的溶解，可以使矿区地下水中增加某些成分，而使地下水水质恶化。

采矿时堆积的尾矿砂，经雨水淋滤也可造成地下水污染。

矿区废弃的坑道、废弃而未封死的钻孔，都可能成为未来污染的通道。

3.1.2.5　地表和地下污染水体

已经遭受污染的地表水体，包括河流、湖泊、水库等，如果直接补给地下水，将引起地下水的污染。在沿海地区，由于开采地下水可能引起海水倒灌、咸水入侵而污染地下水。地下水受地表污水体污染的程度与距地表污水体的距离及地质条件有关。

由于地下水的开采，还会导致不同含水层之间的污染转移。对潜水来说，有可能受到下部咸水的污染；对承压水来说，还有可能受到已被污染的潜水的污染。

3.2　地下水主要污染物

凡是因人类活动进入地下水环境并会引起水质恶化的溶解物或悬浮物，无论其浓度是否达到使水质明显恶化的程度，均称为地下水污染物。

地下水污染物种类繁多，按其性质可以分为三类，即化学污染物、生物污染物和放射性污染物。

3.2.1　化学污染物

化学污染物是地下水污染物的主要组成部分，种类多且分布广。为研究方便，按它们的性质可分为两类：无机污染物和有机污染物。

3.2.1.1　无机污染物

地下水中最常见的无机污染物是 NO_3^-、NO_2^-、NH_4^+、Cl^-、SO_4^{2-}、F^-、CN^-、总溶解固体物及微量重金属汞、镉、铬、铅和类金属砷等。

1. 无直接毒害作用的无机污染物

其中总溶解固体物、Cl^-（氯化物）、SO_4^{2-}（硫酸盐）、NO_3^-（硝酸盐）和 NH_4^+（铵盐）等为无直接毒害作用的无机污染物，当这些组分达到一定浓度后，会对环境甚至人类健康造成不同程度的影响或危害。

硝酸盐在人的胃中可能还原为亚硝酸盐，亚硝酸盐与仲胺作用会形成亚硝胺，而亚硝胺则是致癌、致变异和致畸的所谓"三致"物质。此外，饮用水中硝酸盐过高还会在婴儿体内产生变性血色蛋白症。

硫酸根主要来源于硫酸制造选矿场、矿坑水、钢铁酸洗厂、煤加工厂等。硫酸镁或硫酸钠盐对胃、肠有刺激作用，可引起肠道机能失调，也可以使水味变坏。硫酸盐含量过低，可能引起克山病。

2. 有直接毒害作用的无机污染物

NO_2^-（亚硝酸盐）、F^-（氟化物）、CN^-（氰化物）以及重金属汞、镉、铬、铅和类金属砷则是有直接毒害作用的一类。根据毒性发作的情况，此类污染物可分为两种：一种毒性作用快，易为人们所注意；另一种则通过在人体内逐渐富集，达到一定浓度后才显示出症状，不易被人们及时发现，但危害一旦形成，后果可能十分严重，例如在日本发现的水俣病和骨痛病。

1）NO_2^-（亚硝酸盐）

亚硝酸根被吸入血液后，能与血红蛋白结合形成失去输氧功能的变性血红蛋白，使组织缺氧而中毒，重者可因组织缺氧而导致呼吸循环衰弱。另外，亚硝酸盐在人体内还可与仲胺作用生成亚硝胺。亚硝胺有强烈的致癌作用，同时还有致畸胎和致遗传变异的可能。

2）F^-（氟化物）

氟及其化合物主要来源于磷肥工业、电解制铝、硫酸、冶炼及制造含氟农药、塑料等工业的废水。氟与人的牙齿及骨骼健康有关。人体需要适量的氟，水中含氟量过低（小于 0.3mg/L），饮用后人的牙齿失去防止龋齿的能力；过高（大于 1.5mg/L）又容易使牙齿釉质腐蚀，出现氟斑齿，甚至造成牙齿崩坏。长期饮用含氟量过高的水，还会引起骨骼改变等全身慢性疾病，称为氟骨症。氟中毒会致人残废。

3）CN^-（氰化物）

氰化物主要来源于含氰工业废水，包括电镀废水、焦炉和高炉的煤气洗涤废水及冷却水、有关化工废水和选矿废水等的排放。氰化物是剧毒物质，经消化道或呼吸道进入人体后，迅速被吸收，与高铁型细胞素氧化酶结合，变成氰化高铁型细胞色素氧化酶，失去传递氧的作用，引起组织缺氧而导致中毒。

有机氰化物称为腈，是化工产品的原料，如丙烯腈（C_2H_3CN）是制造合成纤维、聚烯腈的基本原料。有少数腈类化合物在水中能够解离为氰离子（CN^-）和氢氰酸（HCN），因此，其毒性与无机氰化物同样强烈。

世界卫生组织（WHO）《饮用水水质准则》中要求，饮用水中氰化物含量不得超过 0.07mg/L。美国国家环境保护局（EPA）《国家饮用水水质标准》中规定，饮用水中氰化物含量不得超过 0.02mg/L。我国《生活饮用水卫生标准》（GB 5749—2006）规定，氰化物含量不得超过 0.05mg/L；《农田灌溉水质标准》（GB 5084—2005）规定，氰化物含量不得超过 0.5mg/L；我国《地下水质量标准》（GB/T 14848—2017）规定，Ⅲ类水的氰化物含量不得超过 0.05mg/L。

4）类金属

砷是地下水中常见污染物之一，也是对人体毒性作用比较严重的无机有毒物质之一。三价砷的毒性大大高于五价砷，对人体来说，亚砷酸盐的毒性作用比砷酸盐大 60 倍。因为亚砷酸盐能够与蛋白质中的巯基反应，而三甲基胂的毒性比亚砷酸盐更大。砷也是累积性中毒的毒物，当饮用水中砷含量大于 0.05mg/L 时，就会导致累积。近年来发现砷还是致癌元素（主要是皮肤癌）。

工业排放含砷废水的有化工、有色冶金、炼焦、火电、造纸、皮革等，其中以冶金、化工排放砷量较高。

WHO《饮用水水质准则》中要求，饮用水中砷含量不得超过 0.01mg/L。EPA《国家饮用水水质标准》中规定，饮用水中砷含量不得超过 0.01mg/L。我国《生活饮用水卫生标准》（GB 5749—2006）规定，砷含量不应大于 0.01mg/L，《农田灌溉水质标准》（GB 5084—2005）为不大于 0.05mg/L；《地下水质量标准》（GB/T 14848—2017）规定，Ⅲ类水的砷含量不得超过 0.01mg/L。

5）重金属

从毒性和对生物体的危害方面来看，重金属污染物的特点在于：①在天然水中只要有微量浓度即可产生毒性效应，一般重金属产生毒性的浓度范围大致在 1～10mg/L，毒性较强的重金属如汞、镉等，产生毒性的浓度范围在 0.01～0.001mg/L。②微生物不仅不能降解重金属，相反的，某些重金属还可能在微生物作用下转化为金属有机化合物，产生更大的毒性。汞在厌氧微生物作用下的甲基化就是这方面的典型例子。③生物体从环境中摄取重金属，经过食物链的生物放大作用，逐级地在较高级的生物体内成千百倍的富集起来。这样，重金属能够通过多种途径（食物、饮水、呼吸）进入人体，甚至遗传和母乳也是重金属侵入人体的途径。④重金属进入人体后能够与生理高分子物质如蛋白质和酶等发生强烈的相互作用而使它们失去活性，也可能累积在人体的某些器官中造成慢性累积性中毒，最终造成危害，这种累积性危害有时需要一二十年才显现出来。

汞主要来源于化工、仪表、染料、农药、电镀等工厂的废水。汞进入水体后，通过生物化学过程转变为剧毒的甲基汞。汞及其化合物脂溶性很强，可在人体内蓄积，主要作用于神经系统、心脏、肾脏和胃肠。汞在神经系统积聚后，人先表现为头昏、饮食不振、牙根出血、脱发、视力障碍、疲乏等，后期表现为肢体末梢麻木、刺痛感、语言不清、视力模糊、耳聋、动作失调等，直至死亡。

镉主要来源于冶金、电镀、化学及纺织工业的废水。镉及其化合物均具有毒性，能在人体细胞中蓄积引起慢性中毒，慢性镉中毒可引起骨痛病，这种病开始时是腰、手和脚等关节疼痛，延续几年后，全身的神经痛和骨痛使人不能行动，甚至呼吸时都带来难以忍受的痛苦，随后骨骼软化萎缩，易发生病理性骨折，最后饮食不进，于虚弱疼痛中死亡。

铬主要来源于电镀工业、制革工业、化工工业等的废水。铬是变价元素，在废水中有六价铬和三价铬两种价态。六价铬的毒性比三价铬大 100 倍。铬对人体有很大的刺激性和腐蚀作用。铬及其化合物是一种常见的致敏物质。铬进入人体血液后，遇血中氧即形成氧化铬，夺取血液中部分氧气使血红蛋白变为高铁血红蛋白，致使血细胞携氧机能发生障碍，血中氧含量减少人就会发生窒息。铬盐对胃、肠黏膜有极强的刺激作用，对中枢神经有毒害作用。近年来，国外报道六价铬和三价铬都有致癌作用。

铅及其化合物来源于冶炼、机械加工、机器制造、化学、纺织、染料及其他工业部门。铅为积累性毒物，它很容易被胃肠道吸收，通过血液扩散到全身器官和组织，并能进入骨骼、肾中积累，影响神经系统的正常功能。

3.2.1.2　有机污染物

关于地下水中有机污染的研究，自 20 世纪 70 年代以来在发达国家已广泛开展。1977 年，美国缅因州 Gray 镇在饮用水井中发现 8 种以上人工合成有机物，从而导致 16 眼水井关闭。到 1986 年，美国饮用水井中至少检出 33 种有机化合物（Rail，1989）。从污染范围来看，美国 50 个州均有地下水微量有机污染的报道，且污染物的种类很多，远远大于无机污染物的种类。1987 年，美国地下水中已发现 175 种有机化合物（Namocatcat et al.，2003）。美国地质调查局（USGS）对全美农村地区 1926 眼生活饮用水井 1986~1999 年的检测资料进行了收集整理，其中至少有一种挥发性有机物（volatile organic compounds，VOCs）检出的井为 232 眼，检出率为 12%。其中检出率最高的有机污染物分别是三氯甲烷、四氯乙烯等。其他国家也有类似情况。20 世纪 80 年代，荷兰对 232 个地下水抽水站进行检测，共检出 113 种有机物，三氯乙烯检出率高达 67%（Zoftman，1981）。日本东京的地下水中于 1974 年首次发现有三氯乙烯存在。随后的调查表明，日本 15 个工业城市 30%的水井受到三氯乙烯和四氯乙烯的污染（Hirata et al.，1992）。欧盟是世界上最大的农药用户，在欧洲使用的农药有 600 多种，欧盟中有 6 个国家的农药使用量居世界前 10 位。欧洲的地下水中也广泛检出了农药，如莠去津（刘丰茂，1999）。

在我国，地下水有机污染研究起步较晚，但已在一些地区发现了严重的有机物污染。据中国科学院环境化学研究所对京津地区地下水有机污染的初步研究结果，该地区地下水中有机污染物种类达 130 种（魏爱雪等，1986）。对珠江三角洲地区浅层地下水调查发现，地下水中的单环芳烃、卤代烃、有机氯农药污染已不容忽视（郭秀红等，2006）。为初步掌握我国主要城市地下水有机污染状况，2008~2010 年，在国家财政专项——"国家级地质环境监测与预报"项目的资助下，在全国 31 个省的 69 个城市开展了有机污染检测，采集地下水样品 791 组，对 38 项有毒有害有机污染指标进行了分析测试。结果表明，在检测的 791 个样品中有

383 个至少有一项有机污染组分被检出,检出率为 48.42%;在检测的 38 项组分中,除氯乙烯一项在所有样品中均未检出外,其余 37 项都有检出,检出率较高的组分主要为挥发性卤代烃、单环芳烃和半挥发性有机氯农药以及一项多环芳烃(高存荣和王俊桃,2011)。近年来,全国各地,甚至新疆石河子、库尔勒、博斯腾湖区域地下水中都检出氯乙烷、氯乙烯、甲苯、氯苯、多环芳烃和有机氯农药等多种有毒有害有机物(范薇等,2018;孙英等,2018a,2018b)。

目前,地下水中已发现的有机污染物有几百种,主要包括芳香烃类、卤代烃类、有机农药类、多环芳烃类与邻苯二甲酸酯类等,且数量和种类仍在迅速增加,甚至还发现全氟化合物和抗生素。尽管有些有机污染物含量甚微,一般为 ng/L 级,但其对人类身体健康却造成了严重的威胁。因而,地下水有机污染问题越来越受到关注。

WHO《饮用水水质准则》中对来源于工业与居民生活的 19 种有机污染物、来源于农业活动的 30 种有机农药、来源于水处理中应用或与饮用水直接接触材料的 18 种有机消毒剂及其副产物给出了限值。EPA 现行《国家饮用水水质标准》88 项控制指标中,有机污染物控制指标占有 54 项。我国现行《地下水质量标准》(GB/T 14848—2017)的 93 项控制指标中,有机污染物控制指标占 49 项。

根据溶解于水的难易程度,有机污染物可以分为溶解相液体(aqueous phase liquids)和非水相液体(nonaqueous phase liquids,NAPLs)。对于 NAPLs,密度比水小的称为轻非水相液体(light nonaqueous phase liquids,LNAPLs),密度比水大的称为重非水相液体(dense nonaqueous phase liquids,DNAPLs)。

溶解相液体这类污染物的特点是易溶于水,污染地下水后会随着地下水流动而迁移,不会在污染源积累。LNAPLs 主要是难溶于水的汽油、煤油、柴油等轻质油品,以及苯、甲苯、邻二甲苯、间二甲苯、对二甲苯等单环芳烃。这类污染物进入地下水后,由于溶于水的部分较少,自身阻滞系数较高,因此不但会随地下水流一道迁移,还会在污染源处积累,造成长时间的污染。DNAPLs 包括如氯苯、三氯乙烯(TCE)、四氯乙烯(PCE)等密度比水大且不易溶于水的有机污染物。由于 DNAPLs 化学性质稳定且溶解度低,所以当 DNAPLs 进入含水层后,会滞留于含水层的孔隙中。此外,DNAPLs 的密度比水大,会一直向含水层深部迁移直到含水层的底部,并在含水层中的低渗透性透镜体的上部聚集形成污染池。因此,一旦 DNAPLs 进入地下水系统,残留在含水层中分散状态的 DNAPLs 和聚集成的污染池会成为地下水的长期污染源,对地下水源和地下生态系统造成巨大的危害。

此外,人们常常根据有机污染物是否有毒性而将其进一步分为无毒有机污染物和有毒有机污染物两类。

1. 无毒有机污染物

这一类污染物多属于碳水化合物、蛋白质、脂肪和油类等自然生成的有机物。这类物质是不稳定的，它们在微生物的作用下，借助于微生物的新陈代谢功能，能转化为稳定的无机物。如在有氧条件下，由好氧微生物作用转化，多产生 CO_2 和 H_2O 等稳定物质。这一分解过程要消耗氧气，因而称之为耗氧有机物。在耗氧条件下，则由厌氧微生物作用，最终转化形成 H_2O、CH_4、CO_2 等稳定物质，同时放出硫化氢、硫醇等具有恶臭味的气体。

耗氧有机污染物主要来源于生活污水以及屠宰、肉类加工、乳品、制革、制糖和食品等以动植物残体为原料加工生产的工业废水。

这一类污染物一般都无直接毒害作用，它们的主要危害是其降解过程中会消耗溶解氧（DO），从而使水体 DO 值下降，水质变差。在地下水中，此类污染物浓度一般都比较小，危害性不大。

2. 有毒有机污染物

根据有毒有机污染物是否易于微生物分解可进一步分为生物易降解物和生物难降解物两类。易降解有机毒物以酚类污染物为代表。难降解有机污染物主要包括有机氯农药、多环芳烃、合成洗涤剂、增塑剂、多氯联苯等。这一类污染物性质均比较稳定，不易为微生物所分解，能够在各种环境介质中长期存在。下面简要叙述具有代表性的有毒有机污染物的性质及环境化学行为。

1）酚类

酚在自然情况下也普遍存在，有 2000 多种。低浓度酚主要来自粪便和含氮有机物在分解过程中的产物；高浓度酚主要来自焦化厂、煤气站、炼油厂、化工厂、树脂厂、制药厂等的工业废水。酚类属高毒污染物，为细胞原浆毒物，低浓度就能使蛋白质变性，高浓度能使蛋白质沉淀，对各种细胞有直接损害，对皮肤和黏膜有强烈腐蚀作用。长期饮用被酚污染的水，可引起头昏、出疹、搔痒、贫血及各种神经系统症状，甚至中毒。

2）农药

1939 年，Paul Muller 发现了有机氯农药滴滴涕（DDT）有高效杀虫能力后，农药的使用便蓬勃发展，农药的分类方式很多，如果按主要用途可分为杀虫剂、杀螨剂、杀菌剂、杀线虫剂、除草剂、植物生长调节剂等。按来源可分为矿物源农药（无机化合物）、生物源农药（天然有机物、微生物等）以及化学合成农药。按有机合成农药的化学结构可分为有机氯农药、有机磷农药、氨基甲酸酯、拟除虫菊酯等数十种。

有机氯农药由于难以被化学降解和生物降解，在环境中的滞留时间很长，具有较低的水溶解性和高的辛醇–水分配系数，故很大一部分被分配到沉积物有机质和生物脂肪中。在世界各地区地表水、地下水、沉积物以及生物体内都已发现这类污染物。有机氯农药具有剧毒、高效、难分解、易残留等特性，可通过食物链进入人体和动物体，能在肝、肾、心脏等组织中蓄积。如 DDT 在人体内累积，造成慢性中毒，影响神经系统，破坏肝功能，造成生理障碍。目前，有机氯农药虽已被禁用多年，但仍备受关注。

与有机氯农药相比，有机磷农药和氨基甲酸酯类农药较易被生物降解，它们在环境中的滞留时间较短，在土壤和水中降解速率较快。

3）多环芳烃类

多环芳烃（polycyclic aromatic hydrocarbons, PAHs）是指两个以上的苯环连在一起的化合物。20 世纪初，沥青中存在的致癌物质被鉴定为多环芳烃后，PAHs 开始为世人所知。多环芳烃类化合物除含有很多致癌和致突变的成分外，还含有多种促进致癌的物质。目前，它们是已知环境中最大量的具有致癌性的系列性化学物质。

PAHs 大多是无色或黄色结晶，个别具深色，一般具荧光。其熔点及沸点较高，蒸气压较小，极不易溶于水，易溶于有机溶剂，化学性质稳定，某些 PAHs 属强致癌物质。表 3.2 给出了美国国家环境保护局优先控制的 16 种 PAHs 的物理和化学性质。

表 3.2　16 种 PAHs 的名称、结构和物理化学性质

PAHs	结构式	沸点/℃	熔点/℃	蒸气压（25℃）/Pa	$\lg K_{ow}$	有机碳吸附系数 $\lg K_{oc}$
萘 naphthalene		218	81	3.7×10	3.4	2.9
二氢苊 acenaphthylene		265～275	92	4.1	4.0	3.8
苊 acenaphthene		278	96	1.5	3.9	3.6
芴 fluorene		295	116	7.2×10^{-1}	4.2	3.7
菲 phenanthrene		339	101	1.1×10^{-1}	4.6	4.4

续表

PAHs	结构式	沸点/℃	熔点/℃	蒸气压（25℃）/Pa	$\lg K_{ow}$	有机碳吸附系数 $\lg K_{oc}$
蒽 anthracene		340	216	7.8×10^{-2}	4.5	4.3
荧蒽 fluoranthene		375	111	8.7×10^{-3}	5.2	4.8
芘 pyrene		360	156	1.2×10^{-2}	5.2	4.9
苯并[a]蒽 benzo[a]anthracene		435	160	6.1×10^{-4}	5.9	5.3
䓛 chrysene		448	255	1.1×10^{-4}	5.9	5.0
苯并[b]荧蒽 benzo[b]fluoranthene		481	168	7.6×10^{-6}	5.8	5.0
苯并[k]荧蒽 benzo[b]fluoranthene		481	217	4.1×10^{-6}	6.0	4.3
苯并[a]芘 benzo[a]pyrene		495	175	2.1×10^{-5}	6.0	6.0
二苯并[a, h]蒽 dibenz[a, h] anthracene		524	270	3.3×10^{-5}	6.5	6.3
茚并[1,2,3-cd]芘 indeno[1,2,3-cd] pyrene		536	164	4.4×10^{-7}	6.7	6.2

PAHs 的来源可分天然源和人为源。天然源包括火山爆发、森林植被和灌木燃烧等。人为源为其主要来源，包括石油、煤炭、天然气等化石燃料在不完全燃烧以及还原气氛下高温分解产生，其中煤燃烧时生成的量最高，石油次之，天然气最少。交通工具尾气排放、吸烟（尤其在室内）等过程也会产生 PAHs。在适当的环境和充分的时间及 100~150℃下，有机物的裂解也能产生 PAHs，如餐饮业烹调食物过程中，因燃烧条件差、排气不充分，就会产生非常严重的环境污染。

PAHs 的毒性主要表现在：①"三致"毒性。一些 PAHs，如苯并[a]蒽、苯并[b]荧蒽等具有很强的致癌性和致癌诱变性，长期接触可以诱发皮肤癌、阴囊癌、肺癌等。从煤油、焦油中提取的多环芳烃中有十多种对动物有致癌性，其中以苯并[a]芘的致癌性最强。PAHs 并不是直接致癌物质，必须经细胞微粒体中的混合功能氧化酶激活后，才具有致癌性。例如，苯并[a]芘进入机体后，除少部分以原形态随粪尿排出外，还有一部分经肝、肺细胞微粒体中混合功能氧化酶激活，转化为数十种代谢产物。其中 7,8-环氧化物再代谢产生的 7,8-二氢二醇-9 或一环氧化合物，可能成为最终致癌物。②对微生物有强烈的抑制作用。PAHs 因水溶性差及其稳定的环状结构而不易被生物所利用，它们对细胞有破坏作用，能够抑制普通微生物的生长。③光致毒性效应。某些 PAHs 经紫外线照射后毒性可能会增加。据报道，PAHs 吸收紫外线后，被激发成单线态或三线态分子，其中一部分能量传给氧，形成反应活性极高的单线态氧，能破坏生物膜。

4）多氯联苯

多氯联苯（polychlorinated biphenyls, PCBs）是一类由两个以共价键相连的苯环，氯在两个苯环上有不同位置和数量的取代的化合物（图3.1），其化学稳定性随氯原子数的增加而提高。PCBs 共有 209 种系列物，其中有 12 种毒性较大，都有 4 个或更多的氯取代，且不具有邻位取代或仅有一个邻位取代，因此两个苯环可以在同一平面旋转，故 PCBs 又被称为共平面 PCBs，因其与二噁英有类似的空间结构和相对其他同类物有较高的毒性，又被称为二噁英类多氯联苯，并被列入《斯德哥尔摩公约》加以控制。PCBs 有良好的热稳定性、低挥发性、低水溶性、较高的正辛醇/水分配系数和生物富集因子、高度的化学惰性和高介电常数，能耐强酸、强碱及腐蚀性，因而被广泛用作变压器和电容器内的绝缘介质以及热导系统和水力系统的隔热介质。另外，PCBs 还可以在油墨、农药、润滑油等生产过程中作为添加剂和塑料的增塑剂。多氯联苯主要来源于电机厂、化工厂、再生纸厂、造船厂。这些污染源的多氯联苯以废油、渣浆、涂料剥皮等形式进入水系污染地下水。

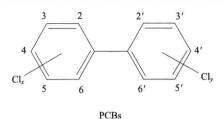

图 3.1　多氯联苯的结构式

　　多氯联苯不表现显著急性毒性，曾经被认为是无毒的。动物实验表明，PCBs 对皮肤、肝脏、胃肠系统、神经系统、生殖系统和免疫系统的病变甚至癌变都有诱导作用。一些 PCBs 同类物会影响哺乳动物和鸟类的繁殖，对人类健康也存在潜在危害。历史上曾经有过几次教训，尤以 1968 年日本北部九州县的米糠油事件最为严重，1600 人因误食被 PCBs 污染的米糠油而中毒，22 人死亡。患者轻则眼皮发肿、手掌出汗，全身起红疙瘩；重则恶心呕吐、肝功能下降，全身肌肉疼痛、咳嗽不止、四肢麻木、胃肠道功能紊乱，甚至医治无效而死亡。1979 年台湾也重演了类似的悲剧。

　　5）酞酸酯类

　　酞酸酯类化合物（phthalicacid esters，PAEs）为我国常用的增塑剂，如邻苯二甲酸二丁酯（DBP）和邻苯二甲酸二异辛酯（DEHP）（图 3.2）。它们是塑料制品生产中必不可少的添加剂。在涂料、润滑剂、药品、胶水、化妆品、化肥、农药等工农业产品中也广泛存在。所添加的 PAEs 化合物并没有与产品分子形成化学结合，因此在产品的生产、使用、废弃和后处理等过程中都能释放到环境中，大量使用含有 PAEs 的产品是导致 PAEs 全球性环境污染的重要原因。

　　现有研究表明，PAEs 具有致癌、致畸和致突变效应，还会导致男性生殖系统损伤和不育。为此，美国国家环境保护局已将邻苯二甲酸二甲酯（DMP）、邻苯二甲酸二乙酯（DEP）、邻苯二甲酸正二丁酯（DNBP）、邻苯二甲酸丁基苄基酯（BBP）、邻苯二甲酸二异辛酯（DEHP）和邻苯二甲酸正二辛酯（DNOP）等 6 种 PAEs 化合物列为优先控制污染物。我国政府也把 DMP、DNBP 和 DEHP 划入优先控制污染物。

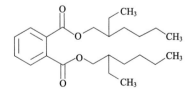

邻苯二甲酸二丁酯(DBP)　　　　　　　邻苯二甲酸二异辛酯(DEHP)

图 3.2　增塑剂结构式

6）全氟化合物

全氟化合物（perflucrinated compounds，PFCs）是一种新型含氟持久性有机污染物，主要包括全氟辛酸（PFOA）、全氟辛烷磺酸（PFOS）、全氟十烷酸（PFDA）、全氟十二烷酸（PFDO）等不同碳链长度的有机物，由于含有高能量的 C—F 共价键，因而具有优良的热稳定性、化学稳定性、高表面活性及疏水疏油性能，被大量应用于聚合物添加剂、表面活性剂、电子工业、电镀等多种工业生产和不粘锅、化妆品、日用洗涤剂等民用产品中。全氟辛酸（PFOA）和全氟辛烷磺酸（PFOS）是目前最受关注的两种典型全氟化合物。研究表明，PFCs 可在工业和消费品的生产、运输、使用和处理处置等过程中释放进入环境，并在不同的环境介质远距离传输（Prevedouros et al.，2006；Ahrens，2011；Liu et al.，2017）。目前已在世界各地甚至北极等边远地区和野生动物中检测到这些污染物的存在。更为令人担忧的是，在地下水中也相继检出 PFCs（Bao et al.，2011；Liu et al.，2016；Yao et al.，2014；Zhu et al.，2017）。

有关资料表明，PFCs 对动物和水生生物具有广泛的毒性。近年来的研究还发现，低剂量的 PFOA 就能引起肝脏、生殖、发育、遗传和免疫等毒性。美国国家环境保护局科学顾问委员会已将 PFOA 描述为可能的或疑似的致癌物，被视为是继有机氯农药、二噁英之后的一种新型持久性有机污染物，甚至被视为是"21世纪的 PCBs"。2009 年 5 月，联合国环境规划署（UNEP）正式将 PFOA 及其盐类列为新型持久性有机污染物（POPs），同意减少并最终禁止使用该类物质。目前，有关这类物质的来源、接触途径、在环境中的迁移转化规律以及在生物体内的积累、潜在危害及致毒机理均不清楚，必须在今后给予高度关注。

7）抗生素药物

抗生素药物（主要包括四环素类、酰胺类、大环内酯类以及磺胺类等）被长期大量地使用于人和动物的疾病治疗，同时作为饲料添加剂长期使用于畜牧业及水产养殖业。据统计，全世界每年抗生素的消费量多达 10 万～20 万 t（Kummerer，2009），而中国作为人口及农业生产大国，抗生素生产量和使用量更是位居世界首位（Hvistendahl，2012）。然而，30%～90%的抗生素不能完全被机体吸收，以原形或代谢物形式经不同途径进入环境（Carvalho and Santos，2016），导致环境污染日趋严重。最近的研究表明，地表残留的抗生素进入非饱和带土壤后，经历一系列复杂的物理、化学和生物作用（如吸附、光解和生物降解等）的同时，会通过淋溶、渗滤、地表水-地下水相互作用等途径最终进入地下水（Blackwell et al.，2009；Carvalho and Santos，2016；Sanford et al.，2009；Park and Huwe，2016）。全球许多地区的土壤、地表水甚至地下水中都检测到抗生素药物污染和抗性基因，种类较多，浓度也呈升高趋势（Kemper，2008；Ma et al.，2015；Sarmah et al.，2006；Tang et al.，2015；Wei et al.，2016；Wu et al.，2010；Yao et al.，2015）。

抗生素可改变环境中微生物的种类，破坏生态系统的平衡（Costanzo et al.，2005）；环境中抗生素残留的持续存在，将诱导出抗药菌株，通过食物等途径进入人体，对人类健康产生危害（Heberer，2002；Kemper，2008）。抗生素所导致的环境与健康问题引起世界各国政府和民众的高度关注，WHO 已将抗生素引起的细菌耐药问题列为 21 世纪威胁人类健康最大的挑战之一。

抗生素一旦进入环境，一般会经过吸附、水解、光解和微生物降解等一系列迁移转化过程，这些过程直接影响抗生素对环境的生态毒性。研究发现，抗生素在环境中可被光解、水解和生物降解，有些降解产物的生态毒性可能更大，而且有些产物在一定环境条件下能够再合成变回它们的母体化合物。由于抗生素在地下水系统中的环境十分复杂，其在地下水中的含量、分布特征、不同介质间的传输过程、迁移转化规律尚不清楚，人们对主要降解产物及抗生素与降解产物间的相互转化和作用了解甚少，因此，弄清地下水系统中抗生素污染的分布特征，阐明其迁移转化规律，为生态风险评估提供科学依据就显得尤为重要。

8）合成洗涤剂

合成洗涤剂主要来源于生活污水及造纸、纺织、金属处理等工业废水。合成洗涤剂种类较多，家庭常用的是烷基苯磺酸钠。在饮用水中其浓度过大时对人体有害，同时由于不易被氧化和被生物分解，易自生活污水或工业废水中进入水源地，故可作为水源受生活污染物污染的标志。

3.2.2　生物污染物

受生活污水、医院污水及生活垃圾等污染的地下水中，常含有各种病原菌（常见的有霍乱、伤寒、痢疾等）、病毒（常见的有肠道病毒、传染性肝炎病毒等）和寄生虫（常见的阿米巴、麦地那丝虫、蛔虫、鞭虫、血吸虫、肝吸虫等）。

病原微生物污染的特点是数量大、分布广、存活时间长、繁殖速度快、易产生抗药性。传统的二级生化污水处理及加氯清毒后，某些病原微生物仍能大量存活。因此，此类污染物实际上可通过多种途径进入人体，并在体内生活，一旦条件适合，就会引起疾病。

3.2.3　放射性污染物

水体中放射性物质主要来源于铀矿开采、选矿、冶炼、核电站及核试验以及放射性同位素的应用等。摄入人体内的放射性核素，通常会聚集在一些重要的机体组织中或进入蛋白质核酸等生命体内。它们可能损伤机体的功能，引起白血病、癌症并减少寿命，或作用于人类生殖细胞的染色体等，引起遗传疾病。

表 3.3 是地下水中的 6 种放射性核素的一些物理及健康数据，除 ^{226}Ra 主要是天然来源外，其余都是工业或生活污染源排放的。表中"标准器官"指接受来自

放射性核素的最高放射性剂量的人体部位。目前的饮用水标准中，还没有 U 和 Rn 的标准，但在某些矿泉水中 ^{222}Rn 的浓度很高，其放射性活度最高可达 500 万 pCi[①]/L。

表 3.3　某些放射性核素的物理及健康数据（刘兆昌，1991）

放射性核素	半衰期/a	MPC[*]/（pCi/mL）	标准器官	主要放射物	生物半衰期
^{3}H	12.26	3	全身	β 粒子	12d
^{90}Sr	28.1	3	骨骼	β 粒子	50d
^{129}I	1.7×10^7	6	甲状腺	β 粒子 γ 粒子	138d
^{137}Cs	30.2	2	全身	β 粒子 γ 粒子	70d
^{226}Ra	1600	3	骨骼	α 粒子 γ 粒子	45a
^{289}Pu	24 400	5	骨骼	α 粒子	200a

＊MPC 为 maximum permissible concentration 的英文缩写，即最高允许浓度。

3.3　地下水污染的特点与途径

3.3.1　地下水污染的特点

地下水污染与地表水污染有明显不同，其特点主要有以下两个。

（1）隐蔽性：即使地下水已受某些组分严重污染，但它往往还是无色、无味的，不易从颜色、气味、鱼类死亡等方面鉴别出来。即使人类饮用了受有毒或有害组分污染的地下水，对人体的影响也只是慢性的长期效应，不易被察觉。

（2）难以逆转性：地下水一旦受到污染，就很难治理和恢复。主要是因为其流速极其缓慢，切断污染源后，仅靠含水层本身的自然净化，所需时间长达十年、几十年甚至上百年。难以逆转的另一个原因是某些污染物被介质和有机质吸附之后，会在水环境特征的变化中发生解吸-再吸附的反复交替。

3.3.2　地下水污染的途径

地下水污染的途径是指污染物从污染源进入地下水中所经过的路径。研究地下水的污染途径有助于制定正确的地下水污染防治措施。但是，地下水污染途径

---

① 1Ci=3.7×10^{10}Bq。

是复杂多样的，有人根据污染源的种类分类，诸如污水渠道和污水坑的渗漏、固体废物堆的淋滤、化学液体的溢渗、农业活动的污染以及采矿活动的污染等，这显得过于繁杂。下面按照水力学上的特点分类介绍，便显得简单明了些。按此方法，地下水污染途径大致可分为四类：间歇入渗型、连续入渗型、越流型和径流型（表 3.4 和图 3.3）。

表 3.4　地下水污染途径分类（据林年丰，1990 修改）

类型		污染途径	污染来源	被污染的含水层	示意图
I	间歇入渗型	I_1　降雨对固体废物的淋滤	工业和生活固体废物	潜水	图 3.3（a）
		I_2　疏干地带矿物的淋滤和溶解	疏干地带的易溶矿物	潜水	
		I_3　灌溉水及降水对农田的淋滤	主要是农田表层土壤残留的农药、化肥及易溶盐类	潜水	
II	连续入渗型	II_1　渠、坑等污水的渗漏	各种污水及化学液体	潜水	图 3.3（b）
		II_2　受污染地表水的渗漏	受污染的地表水体	潜水	
		II_3　地下排污管道的渗漏	各种污水	潜水	
III	越流型	III_1　地下开采引起的层间越流	受污染含水层或天然咸水等	潜水或承压水	图 3.3（c）
		III_2　水文地质天窗的越流	受污染含水层或天然咸水等	潜水或承压水	
		III_3　经井管的越流	受污染含水层或天然咸水等	潜水或承压水	
IV	径流型	IV_1　通过岩溶发育通道的径流	各种污水或被污染的地表水	潜水或承压水	图 3.3（d）
		IV_2　通过废水处理井的径流	各种污水	潜水或承压水	
		IV_3　盐水入侵	海水或地下咸水	潜水或承压水	

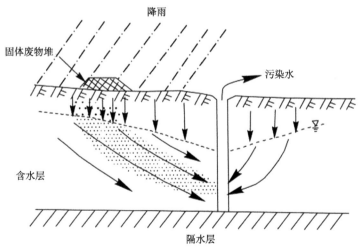

(a) 间歇入渗型

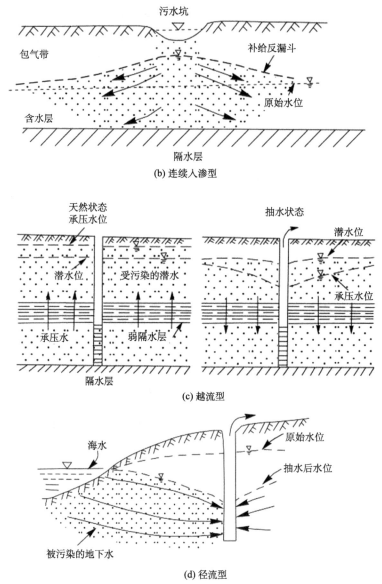

图 3.3　地下水污染途径（王焰新，2007）

1. 间歇入渗型

间歇入渗型的特点是污染物通过大气降水或灌溉水的淋滤，使固体废物、表层土壤或地层中的有毒或有害物质周期性（灌溉旱田、降雨时）从污染源经过非饱和带土层渗入含水层。这种渗入一般呈非饱和水状态的淋雨状渗流形式，或者呈短时间的饱水状态连续渗流形式。此种途径引起的地下水污染，其污染物是呈固体形式赋存于固体废物或土壤中的。当然，也包括用污水灌溉大田作物，其污染物则来自城市污水。因此，在进行该污染途径的研究时，首先要分析固体废物、土壤及污水的化学成分，最好是能取得通过非饱和带的淋滤液，这样才能查明地下水污染的来源。此类污染，无论在其范围还是浓度上，均可能有明显的季节性变化，受污染的对象主要是潜水。

2. 连续入渗型

连续入渗型的特点是污染物随各种液体废弃物不断地经非饱和带渗入含水层，这种情况下或者非饱和带完全饱水，呈连续入渗的形式，或者是非饱和带上部的表土层完全饱水呈连续渗流形式，而其下部（下包气带）呈非饱水的淋雨状的渗流形式渗入含水层。这种类型的污染物一般是液态的。最常见的是污水蓄积地段（污水池、污水渗坑、污水快速渗滤场、污水管道等）的渗漏，以及被污染的地表水体和污水渠的渗漏，当然污水灌溉的水田（水稻田等）更会造成大面积的连续入渗。这种类型的污染对象也主要是潜水。

上述两种污染途径的共同特点是污染物都是自上而下经过非饱和带进入含水层的。因此对地下水污染程度的大小，主要取决于非饱和带的地质结构、物质成分、厚度以及渗透性能等因素。

3. 越流型

越流型的特点是污染物通过层间越流的形式转入其他含水层。这种转移或者通过天然途径（水文地质天窗），或者通过人为途径（结构不合理的井管、破损的老井管等），或者因为人为开采引起的地下水动力条件的变化而改变了越流方向，使污染物通过大面积的弱隔水层越流转移到其他含水层。其污染来源可能是地下水环境本身的，也可能是外来的，它可能污染承压水或潜水。研究这一类型污染的困难之处是难以查清发生越流的具体地点及地质部位。

4. 径流型

径流型的特点是污染物通过地下水径流的形式进入含水层，或者通过废水处理井，或者通过岩溶发育的巨大岩溶通道，或者通过废液地下储存层的隔离层的破裂进入其他含水层。海水入侵是海岸地区地下淡水超量开采而造成海水向陆地流动的地下径流。此种形式的污染，其污染物可能是人为来源也可能是天然来源，可能污染潜水或承压水。其污染范围可能不很大，但污染程度往往由于缺乏自然净化作用而显得十分严重。

参 考 文 献

范薇, 周金龙, 曾妍妍, 等. 2018. 石河子地区地下水优先控制污染物的确定[J]. 人民黄河,

40(4): 69-71.

高存荣, 王俊桃. 2011. 我国 69 个城市地下水有机污染特征研究[J]. 地球学报, 32(5): 581-591.

郭秀红, 陈玺, 黄冠星, 等. 2006. 珠江三角洲地区浅层地下水中有机氯农药的污染特征[J]. 环境化学, 25(6): 798-799.

林年丰, 李昌静, 钟佐燊, 等. 1990. 环境水文地质学[M]. 北京: 地质出版社.

刘丰茂. 1999. 农药对地下水影响评价标准[J]. 世界农药, (5): 55-58.

刘兆昌, 张兰生, 聂永锋, 等. 1991. 地下水系统的污染与控制[M]. 北京: 中国环境科学出版社.

孙英, 周金龙, 曾妍妍, 等. 2018a. 环博斯腾湖地区地下水有机污染现状评价[J]. 干旱区资源与环境, 32(12): 183-189.

孙英, 周金龙, 曾妍妍, 等. 2018b. 新疆库尔勒市平原区地下水有机污染评价[J]. 环境化学, 37(7): 1501-1507.

王焰新.2007. 地下水污染与防治[M]. 北京: 高等教育出版社.

魏爱雪, 赵国栋, 刘晓榜, 等.1986. 京津地区地下水中有机物的研究[J]. 环境科学学报, 6(3): 293-305.

Ahrens L. 2011. Polyfluoroalkyl compounds in the aquatic environment: A review of their occurrence and fate [J]. Journal of Environment Monitor, 13(1): 20-31.

Bao J, Liu W, Liu L, et al. 2011. Perfluorinated compounds in the environment and the blood of residents living near fluorochemical plants in Fuxin, China [J]. Environmental Science & Technology, 45: 8075-8080.

Blackwell P A, Kay P, Ashauer R, et al. 2009. Effects of agricultural conditions on the leaching behaviour of veterinary antibiotics in soils [J]. Chemosphere, 75: 13-19.

Carvalho I T, Santos L. 2016. Antibiotics in the aquatic environments: A review of the European scenario [J]. Environment International, 94: 736-757.

Costanzo S D, Murby J, Bates J. 2005. Ecosystem response to antibiotics entering the aquatic environment [J]. Marine Pollution Bulletin, 51: 218-223.

Heberer T. 2002. Occurrence, fate, and removal of pharmaceutical residues in the aquatic environment: A review of recent research data [J]. Toxicology Letters, 131: 5-17.

Hirata T, Nakasugi O, Yoshioka M, et al. 1992. Groundwater pollution by volatile organochlorines in Japan and related phenomena in the subsurface environment [J]. Water Science and Technology, 25(11): 9-16.

Hvistendahl M. 2012. Public health China takes aim at rampant antibiotic resistance [J]. Science, 336 (6083): 795-795.

Kemper N. 2008. Veterinary antibiotics in the aquatic and terrestrial environment [J]. Ecological Indicators, 8(1): 1-13.

Kummerer K. 2009. Antibiotics in the aquatic environment – A review - Part I [J]. Chemosphere 75(4): 417-434.

Liu Z Y, Lu Y L, Wang P, et al. 2017. Pollution pathways and release estimation of perfluorooctane sulfonate (PFOS) and perfluorooctanoic acid (PFOA) in central and eastern China [J]. Sci. Total Environ. , 580: 1247-1256.

Liu Z Y, Lu Y L, Wang T Y, et al. 2016. Risk assessment and source identification of perfluoroalkyl acids in surface and ground water: Spatial distribution around a mega-fluorochemical industrial park. China [J]. Environment International, 91: 69-77.

Ma Y P, Li M, Wu M M, et al. 2015. Occurrences and regional distributions of 20 antibiotics in water bodies during groundwater recharge [J]. Science of the Total Environment, 518-519: 498-506.

Matthess G. 1982. The Properties of Groundwater[M]. New York: John Wiley & Sons.

Namocatcat J A, Fang J, Barcelona M J, et al. 2003. Trimethylbenzoic acids as metabolite signatures in the biogeochemical evolution of an aquifer contaminated with jet fuel hydrocarbons [J]. Journal of Contaminant Hydrology, 67: 177-194.

Park J Y, Huwe B. 2016. Effect of pH and soil structure on transport of sulfonmide antibiotics in agricultural soils [J]. Environment Pollution, 213: 561-570.

Prevedouros K, Cousins I T, Buck R C, et al. 2006. Source, fate and transport of perfluorocarboxylates [J]. Environmental Science & Technology, 40: 32-33.

Rail C D. 1989. Groundwater Contamination: Source, Control and Preventive Measures [M]. New York: Technical Publishing Co. Inc.

Sanford J C C, Mackie R I, Koike S, et al. 2009. Fate and transport of antibiotic residues and antibiotic resistance genes following land application of manure waste [J]. Journal of Environment Quality, 38: 1086-1108.

Sarmah A K, Meyer M T, Boxall A B A. 2006. A global perspective on the use, sales, exposure pathways, occurrence, fate and effects of veterinary antibiotics (VAs) in the environment [J]. Chemosphere, 65: 725-759.

Tang X J, Lou C L, Wang S X, et al. 2015. Effects of long-term manure applications on the occurrence of antibiotics and antibiotic resistance genes (ARGs) in paddy soils: Evidence from four field experiments in south of China [J]. Soil Biology and Biochemistry, 90: 179-187.

USEPA. 2002. List of Drinking Water Contaminants and MCLs, Current Drinking Water Standards [M]. EPA: 816-f-02-013.

Wei R C, Ge F, Zhang L L, et al. 2016. Occurrence of 13 veterinary drugs in animal manure-amended soils in Eastern China [J]. Chemosphere, 144: 2377-2383.

World Health Organization. 2004. Guidelines for Drinking-water Quality [M]. 3rd edn. Vol. 1.

Wu N, Qiao M, Zhang B, et al. 2010. Abundance and diversity of tetracycline resistance genes in soils adjacent to representative swine feedlots in China [J]. Environmental Science & Technology, 44: 6933-6939.

Yao L L, Wang Y X, Tong L, et al. 2015. Seasonal variation of antibiotics concentration in the aquatic environment: A case study at Jianghan Plain, central China [J]. Science of the Total Environment, 527: 56-64.

Yao Y M, Zhu H H, Li B, et al. 2014. Distribution and primary source analysis of per- and poly-fluoroalkyl substances with different chain lengths in surface and groundwater in two cities, North China [J]. Ecotoxicology and Environmental Safety, 108: 318-328.

Zhu X B, Jin L, Yang J P, et al. 2017. Perfluoroalkyl acids in the water cycle from a freshwater river basin to coastal waters in eastern China [J]. Chemosphere, 168: 390-398.

Zoftman B C J. 1981. Persistence of Organic Contaminants in Groundwater [M]. Netherlands: Elsevier Scientific Publishing Company.

第4章 地下水化学基础

4.1 化学热力学基础

自然界中有各种形式的能（如热能、电能、动能等），在一定条件下各种能量之间可以相互转化。化学热力学是研究各种化学过程中伴随发生的能量转移和传递的科学。它可以从宏观方面判断某一体系内化学过程的可能性和进行的方向。实际上，化学平衡的规律就是化学热力学平衡规律的应用。

4.1.1 基本概念

4.1.1.1 体系与环境

各学科都把所研究的对象（如一个物体或一组相互作用的物体）称为体系或系统，而将体系（或系统）周围的其他物质称为环境。如我们研究硝酸银和氯化钠在水溶液中的反应，那么溶液就是我们研究的体系，而溶液以外的其他东西（如烧杯、玻璃棒、石棉网、加热用的酒精灯等）就是环境。体系与环境的划分并非固定不变的，要根据具体情况而定。根据体系和环境的关系，热力学体系可分为三种：

（1）敞开体系（开放系统）：体系与环境之间既有物质的交换，又有能量的交换。

（2）密闭体系（封闭系统）：体系与环境之间没有物质的交换，只有能量的交换。

（3）隔离体系（孤立系统）：体系与环境之间既无物质的交换，也无能量的交换。

地下水系统多属开放系统或封闭系统。

4.1.1.2 状态和状态函数

热力学系统的状态是系统的所有宏观性质的综合表现。当系统的所有物理性质及化学性质（如质量、温度、压力、体积、聚集状态、组成等）都有一个确定的数值，就称系统处于一定状态。

在热力学中，通常把能够确定系统状态的各种宏观性质称为状态函数。其中的某一性质发生变化，另一些性质也随之改变。用数学语言来讲，自变的性质称为热力学变数（自变量），随之而变的宏观性质称为状态函数。状态函数的基本特征是：状态函数的数值是系统状态的单值函数，即条件一定，系统的状态一定，则状态函数的数值也一定；当条件改变，状态发生变化时，状态函数的变化值仅取决于系统的初态和终态。

4.1.1.3　热和功

体系在变化过程中，各体系之间，或体系与环境之间交换能量的方式有两种，一种是吸（放）热，一种是做功。由于温度不同而在体系与环境之间传递的能量叫作热，用 Q 表示。体系从环境吸收热量时，Q 为正值；体系向环境释放热量时，Q 为负值。除热以外，以其他形式被传递的能量都叫作功，如体积功、电功等。体系对环境做功时，W 为正值；环境对体系做功时，W 为负值。

热和功都是能量传递的形式，只有在体系发生变化时才涉及热和功。它们不是体系固有的性质，不能说体系含有多少热和功。因此热和功不是状态函数。

4.1.1.4　理想气体和理想溶液

一定分量的气体，不管压力 p 和温度 T 怎样变化，pV/T 值总是固定的。这就是气体方程式：

$$pV/T=C \quad 或 \quad pV=CT \tag{4-1}$$

但由于气体的质量各有不同，常数 C 的值也是各不相同的。我们知道 1mol 的任何气体在相同情况（指相同的 p 和 T）下的体积都是相同的，因此，用 1mol 的气体 R 代表常数 C，上式便可适用于任何气体了。这就是摩尔气体方程式：

$$pV=RT \tag{4-2}$$

我们把性质完全与气体定律相符合的气体称为理想气体。当压力趋向于无限小时，真实气体就接近于理想气体。

在极稀的溶液中，溶液的性质（如蒸气压、沸点、凝固点、渗透压等）与溶质的浓度有关，但在浓溶液中情况比较复杂。因此，与气体的情况相似，当浓度无限稀释时，真实溶液接近于理想溶液。

理想气体和理想溶液在理论上有很大的优点，因为用简单的公式就可以精确地表示它们的性质，然后根据真实气体和溶液与它们的理想行为所产生的偏差，对理想公式作一些修正，就能运用于实际气体和溶液。

4.1.2　化学热力学定律

4.1.2.1　热力学第一定律

自然界的一切物质都具有能量，能量有各种不同形式，能够从一种形式转化为另一种形式，但在转化过程中，能量的总值不变，即能量守恒。

热力学第一定律是在涉及热现象领域内的能量守恒与转化定律，即在能量转化过程中，能量既不损失也不产生。热量可以从一个物体传递到另一个物体，也可以与机械能或其他能量互相转换，但是在转换过程中，能量的总值保持不变。

封闭体系的热力学第一定律可用数学公式表达如下：

$$\Delta U = Q - W \tag{4-3}$$

式中，ΔU 表示体系终态和始态间的内能差，ΔU 为正值时表示内能增加，ΔU 为负值时表示内能减少；Q 表示在过程中体系与环境交换的热量，规定系统吸热为正值，系统放热为负值；W 表示功，规定体系对外做功为正值，环境对体系做功为负值。系统热力学能的增量应等于环境以热形式供给系统的能量加上系统对环境所做的功。

【例题】某一变化中，系统吸收了 60J 的热，而系统对环境做了 45J 的功，则系统的热力学能变化为 $\Delta U = Q - W = 60 - 45 = 15(J)$；环境的热力学能变化为 ΔU 环境 $= -\Delta U$ 系统 $= -15J$。

内能（U）是体系内部的总能量，即物质内部分子、原子、电子等的相对位能和动能以及原子核的核能等能量的总和，但它不包括整个体系在宏观上的动能和位能。内能的大小与下列因素有关：

（1）物质的量：量多则内能多；

（2）物质的组成：不同化学成分的物质有不同的内能值；

（3）物质的相态：同种物质在不同的相态能量不同，如同量同温的冰与水，则冰的内能比水少；

（4）物质的存在条件：同量的气体在 80℃时就比 25℃时内能多些。

内能是一状态函数，由体系当时的状态如温度、压力、成分等所决定，内能的变化只与体系的始态和终态有关，而与转变的途径无关。

在热力学计算中，Q 与 W 必须采用同一单位，如焦耳（J）。

4.1.2.2 焓与标准生成焓

焓是热力学中表征物质系统能量的一个重要状态函数，常用符号 H 表示。对一定质量的物质，焓定义为 $H = U + pV$，式中 U 为物质的内能，p 为压力，V 为体积。一个体系的焓也和内能一样，具有广延性，它的变化只由体系的始末状态决定，而与变化的路程无关，故焓也是状态函数。焓具有能量的量纲，一定质量的物质按定压可逆过程由一种状态变为另一种状态，焓的增量便等于在此过程中吸入的热量。ΔH 是指一种反应的焓变化。由元素的稳定单质生成 1mol 纯物质的焓变化叫作该物质的生成焓，如果生成反应在标准态和指定温度（298K）下进行，这时的生成焓称为该温度下的标准生成焓，以 "$\Delta H_f^{\ominus}$" 表示。为了计算方便，我们硬性规定在标准状态（25℃和一个大气压的条件）下元素的热焓为零，所以生成焓就是在这样的基础上测得的热焓增量。例如，水的 $\Delta H_f^{\ominus} = 285.8\text{kJ/mol}$，就是说，在标准状态下，1 mol H_2（气）和 1/2 mol O_2（气）生成 1 mol H_2O 其生成的热量为285.8kJ。焓可作为化学反应热效应的指标，化学反应的热效应是指反应前后生成物和反应物标准生成焓的差值，热力学上称这个差值为"反应的标准焓变化"，以 $\Delta H_r^{\ominus}$ 表示。其计算方法如下：

$$\Delta H_r^{\ominus} = \sum \Delta H_f^{\ominus} \text{（生成物）} - \sum \Delta H_f^{\ominus} \text{（反应物）} \tag{4-4}$$

式中，$\Delta H_r^{\ominus}$ 为正值，属吸热反应；$\Delta H_r^{\ominus}$ 为负值，属放热反应。下面以 $CaCO_3$ 的溶解和沉淀反应为例加以说明（任加国和武倩倩，2014）。$CaCO_3$ 溶解：

$$CaCO_3 \rightleftharpoons Ca^{2+} + CO_3^{2-}$$
$$\Delta H_f^{\ominus} \quad -1207.4 \quad -542.83 \quad -677.1\,\text{kJ/mol}$$
$$\Delta H_r^{\ominus} = (-542.83) + (-677.1) - (-1207.4) = -12.53\,\text{kJ/mol}$$

$CaCO_3$ 沉淀：

$$Ca^{2+} + CO_3^{2-} \rightleftharpoons CaCO_3$$
$$\Delta H_f^{\ominus} \quad -542.83 \quad -677.1 \quad -1207.4\,\text{kJ/mol}$$
$$\Delta H_r^{\ominus} = (-1207.4) - (-542.83) - (-677.1) = 12.53\,\text{kJ/mol}$$

上述计算说明，$CaCO_3$ 溶解，$\Delta H_r^{\ominus}$ 为负值，属放热反应；$CaCO_3$ 沉淀，$\Delta H_r^{\ominus}$ 为正值，属吸热反应。

4.1.2.3　热力学第二定律与熵

热力学第二定律中最重要的函数是熵 S。熵是人们用来描述、表征体系混乱度的函数。或者说，熵是体系混乱度的量度。体系的混乱度越大，熵值也越大，反之亦然。而体系的混乱度是体系本身所处的状态的特征之一。指定体系处于指定状态时，其混乱度也是确定的，而如果体系混乱度改变了，则体系的状态也就随之有相应的改变。因此，熵也和热力学能、焓等一样，具有状态函数的特性，也是一种状态函数。热力学推导得出，等温过程熵变的数学表达式为

$$\Delta S = Q/T \tag{4-5}$$

熵变值 ΔS 与对系统所加的热量 Q 成正比，系统获得热量，使得系统内的热运动增强。

热力学第二定律的一种常用的表达方式是在孤立系统的任何自发过程中，系统的熵总是增加的，即 $\Delta S_{sys} = \Delta S_i + \Delta S_{en} > 0$。热力学第二定律就是熵增加原理。如假设有一容器中装有 N_2、H_2、He 三种气体，最初用隔板将它们隔开，将隔板抽出之后，在很短的时间内三种气体互相混合，达到一种全体均匀的平衡状态。

无论多长时间，体系也不会复原到三种气体独立存在的状态。因此，平衡状态是混合程度最大的状态，也是熵值最大的状态。由 ΔS_{sys} 可判断变化过程是否自发，$\Delta S_{sys} > 0$ 可能自发过程，$\Delta S_{sys} < 0$ 不可能自发的过程，$\Delta S_{sys} = 0$ 可逆过程。

4.1.2.4　热力学第三定律及标准熵

热力学第三定律：在绝对零度时任何完整晶体中的原子或分子只有一种排列方式，即只有唯一的微观状态，其熵值为零。热力学第三定律可以这样说，温度趋近于绝对零度时，任何纯物质的完整晶体的熵值近于零。这个定律只适用于绝对零度时的纯物质的完整晶体，对于非完整晶体和其他相态（液态、玻璃态等），其熵值均大于零。热力学第三定律的内容与熵的概念是一致的。在绝对零度时，纯物质的完整晶体中，所有的微粒都处于理想的晶格结点位置上，没有任何热运动，是一种理想的完全有序状态，自然具有最小的混乱度，所以其熵值为零。

根据热力学第三定律，以及各物质的热容和相变热数据，就可计算任一物质，在任一温度下熵的绝对值（称绝对熵）。1mol 单质或化合物，在 1 大气压下的绝对熵，称为标准熵，用 $S_T^{\ominus}$ 表示，单位为 kJ/mol。若干物质在 25℃（298K）时的标准熵值（$S_{298}^{\ominus}$）已经测出来了，可查表。

影响熵的主要因素如下。

（1）物质的聚集状态：同种物质的气、液、固三态相比较，气态的混乱度最大，而固态的混乱度最小。因此，同是 1mol 的物质，在同一温度下，气态物质的熵值比固态或液态物质的大些。

	H$_2$O（液）	H$_2$O（气）	SO$_3$（液）	SO$_3$（气）
$S_{298}^{\ominus}$	69.91	188.72	121.75	256.6J/（mol·K）

（2）分子的组成：聚集状态相同的物质，分子中的原子数目越多，混乱度就越大，其熵也就越大；若分子中的原子数目相同，则分子的相对分子质量越大，混乱度就越大，其熵也就越大。

	FeO（固）	Fe$_2$O$_3$（固）	Fe$_3$O$_4$（固）
$S_{298}^{\ominus}$	53.97	89.95	146.44J/（mol·K）

（3）温度：温度升高，物质的混乱度增大，因此物质的熵也增大。

（4）压力：压力增大时，将物质限制在较小的体积之中，物质的混乱度减小，因此物质的熵也减小。压力对固体或液体物质的熵影响很小，但对气体物质的熵影响较大。

对于化学反应而言，若反应物和产物都处于标准状态下，则反应过程的熵变，即为该反应的标准熵变。有了标准熵的数据，就可计算任何等温等压化学反应在任何温度下的标准熵变量。通常计算化学反应的标准熵变可以用生成物的标准摩尔熵的总和减去反应物的标准摩尔熵的总和求得。

4.1.2.5　自由能

自由能也是热力学中的一个状态函数，是根据古典热动力学专家吉布斯教授的建议提出来的，所以也称为吉布斯自由能。在热力学中，自由能的含义是指一个反应在恒温恒压下所能做的最大有用功，以符号"G"表示。ΔG 是指一个反应的自由能变化。

在标准状态下，最稳定的单质生成 1mol 纯物质时的自由能变化，称为"标准生成自由能"，以"$\Delta G_f^{\ominus}$"表示。与 $\Delta H_f^{\ominus}$ 一样，元素和单质的 $\Delta G_f^{\ominus}$ 值按热力学的规定为零。

在标准状态下，某一反应的自由能变化称为"反应的标准自由能变化"，以"$\Delta G_r^{\ominus}$"表示，其计算方法为

$$\Delta G_r^{\ominus} = \sum \Delta G_f^{\ominus} \text{（生成物）} - \sum \Delta G_f^{\ominus} \text{（反应物）} \tag{4-6}$$

化学反应中的驱动力，一般用自由能变化来代表。如 $\Delta G_r^{\ominus}$ 值为负值，反应在标准状态下可自发地进行；$\Delta G_r^{\ominus}$ 为正值，则反应在标准状态下下不能自发进行，但逆反应可自发进行；$\Delta G_r^{\ominus} = 0$，则反应处于平衡状态。

4.2　化　学　平　衡

4.2.1　质量作用定律

19 世纪中叶，挪威化学家古尔德贝格（G. M. Guldberg）和沃格（P. Waage）提出 Guldberg-Waage 定律，即质量作用定律。

假定反应物 A 和反应物 B 反应，产生生成物 C 和生成物 D，其反应式可表示为

$$aA + bB \rightleftharpoons cC + dD \tag{4-7}$$

式中，a、b、c 和 d 分别为 A、B、C 和 D 的化学平衡系数。当达到平衡状态时，反应物与生成物的关系如下：

$$K = \frac{[C]^c [D]^d}{[A]^a [B]^b} \tag{4-8}$$

式中，K 为平衡常数，或称热力学平衡常数；方括号代表活度，或称（热力学）有效浓度。

对于特定的反应来说，在给定的温度及压力下，K 值是一个常数；如温度或压力改变，K 值也改变。在地下水系统中，水流经的沿途可能含有各种矿物，如含方解石（$CaCO_3$）和萤石（CaF_2），则其反应的平衡常数可分别写成

$$CaCO_3 \rightleftharpoons Ca^{2+} + CO_3^{2-}$$

$$K = \frac{\left[Ca^{2+} \right]\left[CO_3^{2-} \right]}{\left[CaCO_3 \right]} \tag{4-9}$$

$$CaF_2 \rightleftharpoons Ca^{2+} + 2F^-$$

$$K = \frac{\left[Ca^{2+} \right]\left[F^- \right]^2}{\left[CaF_2 \right]} \tag{4-10}$$

在平衡研究中，固体及纯液体（如 H_2O）的活度为 1，则式（4-9）和式（4-10）可分别表示为

$$K = \left[Ca^{2+} \right]\left[CO_3^{2-} \right]$$

$$K = \left[Ca^{2+} \right]\left[F^- \right]^2$$

地下水与矿物反应时，其反应可能向右进行，发生溶解；也可能向左进行，产生沉淀，直至达到平衡为止。该过程所需时间，可能是一年、几年，也可能上百年、上千年。在地下水径流途径中，体系中新的反应物加入、生成物的迁移、温度和压力的改变都可能使已建立的平衡破坏，体系将向建立新的平衡发展，所以地下水径流条件好的地区，水与岩石矿物间的化学平衡很难建立。

平衡常数 K 可通过实验测得，也可通过有关热力学方程及热力学数据算得。

4.2.2 自由能与化学平衡

按热力学原理，可推导出自由能变化和平衡常数的关系式

$$\Delta G_r^{\ominus} = -RT\ln K \tag{4-11}$$

式中，$\Delta G_r^{\ominus}$ 为反应的标准自由能变化，kJ/mol；R 为气体常数，等于 0.008314 kJ/mol；T 为热力学温度；K 为平衡常数。

在标准状态下，$T=298.15\ K$（$T=25℃+273.15$），将 R 和 T 值代入式（4-11），并转换为以 10 为底的对数，则

$$\lg K = -0.175\ \Delta G_r^{\ominus} \quad （\Delta G_r^{\ominus} \text{以 kJ/mol 计}） \tag{4-12}$$

根据式（4-12），只要从文献中能查到反应中所有组分的 $\Delta G_f^{\ominus}$ 值，即可算得标准状态下的 $\Delta G_r^{\ominus}$，就可算得 K 值。

【例题】白云石的溶解反应：

$$CaMg(CO_3)_2 \Longrightarrow Ca^{2+} + Mg^{2+} + 2CO_3^{2-}$$

$\Delta G_f^{\ominus}$　　　　　　 -2161.7　　　　　　 -553.54　 -454.8　 $2\times(-527.9)$ kJ/mol

$\Delta G_r^{\ominus} = (-553.54) + (-454.8) + 2\times(-527.9) - (-2161.7) = 97.56$ kJ/mol

将上述算得的 $\Delta G_r^{\ominus}$ 值代入式（4-12），求得白云石的平衡常数为 $K = 10^{-17.073}$。

4.2.3　范托夫式

式（4-12）是在标准状态下推导出来的，因此只能利用它求标准状态下某些物质的 K 值。如果要求得 25℃以外的某物质的 K 值，就必须有该温度下的 ΔG_f 值。但是，尽管标准状态下的 $\Delta G_f^{\ominus}$ 值很丰富，但是其他温度的 ΔG_f 值很少。温度和压力的变化对 ΔG_f 影响明显，而对 ΔH_f 影响很小。在地壳浅部几百米深度内，流体压力变化对平衡常数 K 影响很小，可忽略不计。所以，为了求得不同温度下的 K 值，可利用标准焓变化与平衡常数 K 的关系式，即众所周知的范托夫（van't Hoff）式：

$$\lg K_2 = \lg K_1 - \frac{\Delta H_r^{\ominus}}{2.3R}\left(\frac{1}{T_2} - \frac{1}{T_1}\right) \tag{4-13}$$

式中，T_1 为参照温度，一般为 298.15 K（25℃）；T_2 为所求温度（K）；K_1 和 K_2 分别为参照温度及所求温度的平衡常数；$\Delta H_r^{\ominus}$ 为反应的标准焓变化（kJ/mol）；R 为气体常数（kJ/mol）。

【例题】求白云石 15℃的 K 值。

$$CaMg(CO_3)_2 \Longrightarrow Ca^{2+} + Mg^{2+} + 2CO_3^{2-}$$

$\Delta H_f^{\ominus}$　-2324.5　　　　　　 -542.8　　　 -466.8　　 $2\times(-677.1)$ kJ/mol

$\Delta H_r^{\ominus} = (-542.8) + (-466.8) + 2\times(-677.1) - (-2324.5) = -39.3$ kJ/mol

将 $\Delta H_r^{\ominus}$ 值、标准状态下白云石的 K_1 值（10^{-17}）、T_1、T_2 及 R 值代入式（4-13），求得 15℃的白云石平衡常数为 $10^{-16.8}$。应该说明的是，这种计算的结果只是近似值。

4.2.4　活度及活度系数

理论上讲，溶液中离子之间或分子之间没有相互作用，这种溶液称为理想溶液。地下水是一种真实溶液，不是理想溶液。水中各种离子（或分子之间）相互作用，它包括相互碰撞及静电引力作用，作用的结果是化学反应相对减缓，一部分离子在反应中不起作用。因此，如果仍然用水中各组分的实测浓度进行化学计算，就会产生一定程度的偏差。

　　为了保证计算的精度，必须对水中组分的实测浓度加以校正，校正后的浓度称为校正浓度，也就是活度。活度指实际参加化学反应的物质浓度，或指研究的溶液体系中化学组分的有效浓度。

　　质量作用定律中，浓度是以活度表示的。活度是真实浓度（实测浓度）的函数，一般情况下，活度小于实测浓度。活度与实测浓度的函数表示式为

$$a = \gamma \times m \tag{4-14}$$

式中，m 为实测浓度（mol/L）；a 为活度（mol/L）；γ 为活度系数，无量纲。

　　活度系数随水中溶解固体增加而减小，但一般都小于 1。当水中总溶解固体（TDS）很低时，γ 趋近于 1，活度趋近于实测浓度。例如，TDS 小于 50 mg/L 时，大多数离子的 γ 值为 0.95 或更大些；TDS 为 500 mg/L 左右，二价离子的 γ 值可低至 0.70；TDS 浓度很高时，某些二价离子的 γ 值可能低于 0.40。严格来说，水中单个离子的活度系数的测量是不可能做到的，但应用热力学模型可算出单个离子的活度系数。按规定，不带电的分子（包括水分子）和不带电的离子对的活度系数为 1。

4.2.4.1　德拜-休克尔（Debye-Hückel）方程

　　计算活度系数的公式较多，但在水文地球化学研究中，应用最普遍的是德拜-休克尔方程。当离子强度 $I < 0.1$ mol/L 时，方程（4-15）具有很好的精确性。

$$\lg \gamma = -\frac{AZ^2 \sqrt{I}}{1 + Ba\sqrt{I}} \tag{4-15}$$

式中，γ 为活度系数；Z 为离子的电荷数；I 为离子强度（mol/L）；A 和 B 为取决于水的介电常数、密度和温度的常数（表 4.1）；a 是与离子水化半径有关的常数（表 4.2）。

表 4.1　德拜-休克尔方程中的 A 和 B 值（沈照理等，1993）

温度/℃	A	B（$\times 10^{-8}$）
0	0.4883	0.3241
5	0.4921	0.3249
10	0.4960	0.3258
15	0.5000	0.3262
20	0.5042	0.3273
25	0.5085	0.3281
30	0.5130	0.3290
35	0.5175	0.3297
40	0.5221	0.3305
50	0.5319	0.3321
60	0.5425	0.3338

表 **4.2** 德拜-休克尔方程中各种离子的 **a** 值（沈照理等，1993）

a（$\times 10^8$）	离子
2.5	NH_4^+
3.0	K^+、Cl^-、NO_3^-
3.5	OH^-、HS^-、MnO_4^-
4.0	SO_4^{2-}、PO_4^{3-}、HPO_4^{2-}、CrO_4^{2-}
4.0~4.5	Na^+、HCO_3^-、$H_2PO_4^-$、HSO_3^-
4.5	SO_3^{2-}、Pb^{2+}
5	Sr^{2+}、Ba^{2+}、S^{2-}、Cd^{2+}、CO_3^{2-}
6	Ca^{2+}、Fe^{2+}、Mn^{2+}、Cu^{2+}、Zn^{2+}、Sn^{2+}、Ni^{2+}、Co^{2+}、Li^+
8	Mg^{2+}
9	H^+、Al^{3+}、Fe^{3+}、Cr^{3+}

离子强度 I 的计算公式为

$$I = \frac{1}{2} \sum Z_i^2 m_i \tag{4-16}$$

式中，I 为离子强度（mol/L）；Z_i 为 i 离子的电荷数；m_i 为 i 离子的浓度（mol/L）。

4.2.4.2 戴维斯（Davies）-TJ 方程

对于地下水来说，其 I 值一般都小于 0.1 mol/L，所以广泛应用德拜-休克尔方程计算活度系数。但对于 TDS 高的咸地下水，德拜-休克尔方程就不适用了。为此，戴维斯、Tresdell 和 Jones 等提出了扩展的德拜-休克尔方程，也称为戴维斯-TJ 方程。该方程的适用范围是 $I < 2$ mol/L。

$$\lg \gamma = -\frac{AZ^2 \sqrt{I}}{1 + Ba\sqrt{I}} + bI \tag{4-17}$$

与式（4-15）相比，式（4-17）增加了"bI"项，增加了校正参数 b，且式（4-17）中的 a 值与式（4-15）中的 a 值不同。详见表 4.3 和表 4.4。

表 **4.3** 戴维斯-**TJ** 方程的 **a** 和 **b** 参数（主要离子）（沈照理等，1993）

主要离子	a（$\times 10^8$）	b
Ca^{2+}	5.0	0.165
Mg^{2+}	5.5	0.200
Na^+	4.0	0.075
K^+	3.5	0.015
Cl^-	3.5	0.015

主要离子	a（$\times 10^8$）	b
SO_4^{2-}	5.0	−0.040
HCO_3^-	5.4	0
CO_3^{2-}	5.4	0

表 4.4　戴维斯-TJ 方程中的参数 a（次要离子，$b=0$）（沈照理等，1993）

次要离子	a（$\times 10^8$）
NH_4^+	2.5
NO_3^-	3.0
H^+、F^-、HS^-	3.5
$MgHCO_3^+$、$H_3SiO_4^-$	4.0
MgF^+、$Al(OH)_4^-$、$AlSO_4^+$、HSO_4^-、$FeOH^{2+}$、$FeOH^+$、$FeSO_4^+$、$FeCl^{2+}$、$FeCl^+$、PO_4^{3-}、HPO_4^{2-}、S^-	4.5
$LiSO_4^-$、Sr^{2+}、$SrOH^+$、Ba^{2+}、$BaOH^-$、$NH_4SO_4^-$	5.0
$H_2SiO_4^{2-}$、$CaPO_4^-$、$CaH_2PO_4^+$、$MgPO_4^-$、$MgH_2PO_4^+$、$NaCO_3^-$、$NaSO_4^-$、KSO_4^-、$H_2PO_4^-$、$NaHPO_4^-$、$KHPO_4^-$、$AlOH^+$、$Al(OH)_2^+$、AlF^{2+}、AlF_2^+、$Fe(OH)_4^-$、$FeHPO_4^+$、$FeH_2PO_4^+$	5.4
Fe^{2+}、$CaOH^+$、$CaHCO_3^+$、Li^+	6.0
Fe^{3+}、Al^{3+}、H^+	9.0

4.3　碳　酸　平　衡

　　地下水中的碳酸盐组分、大气中的 CO_2、岩石中的碳酸盐共同组成了一个完整的碳酸平衡体系，它们之间的化学反应对地下水化学成分的形成和演化起着重要的控制作用，是理解地下水系统中许多化学过程和现象的基础。

4.3.1　气体在水中的溶解性

　　地下水中常见的气体成分有 O_2、N_2、CO_2、CH_4 及 H_2S 等。

　　气体在水中的溶解度服从亨利定律，即一种气体在液体中的溶解度正比于液体接触的该种气体的分压。因此，气体在水中的溶解度可用式（4-18）表示：

$$[G(aq)] = K_H \cdot p_i \tag{4-18}$$

式中，K_H 为各种气体在一定温度下的亨利定律常数；p_i 是各种气体的分压。表 4.5

给出了一些气体在水中的 K_H 值。

表 4.5 一些气体在水中的亨利定律常数（25℃）

气体	K_H/[mol/（L·atm*）]	气体	K_H/[mol/（L·atm）]
O_2	$1.28×10^{-3}$	N_2	$6.48×10^{-4}$
O_3	$9.28×10^{-3}$	NO	$2.0×10^{-3}$
CO_2	$3.38×10^{-2}$	NO_2	$9.87×10^{-3}$
CH_4	$1.34×10^{-3}$	HNO_2	49
C_2H_4	$4.9×10^{-3}$	HNO_3	$2.1×10^5$
H_2	$7.90×10^{-4}$	NH_3	62
H_2O_2	$7.1×10^4$	SO_2	1.24

* 非法定计量单位，1 atm=1.013×10⁵ Pa。

在应用亨利定律时须注意以下几点：

（1）溶质在气相、溶剂中的分子状态必须相同。例如，CO_2 溶解在水中时，经水合、电离作用后，存在多种形态：CO_2（aq）、H_2CO_3、HCO_3^-、CO_3^{2-}，亨利定律表达式中 [G（aq）] 只包含 CO_2（aq）这一形态。

（2）对于混合气体，在压力不大时，亨利定律对每一种气体都分别适用，与另一种气体的分压无关。

（3）对于亨利常数大于 10^{-2} 的气体，可认为它基本上是完全溶于水的。

（4）亨利常数作为温度的函数，有如下关系式：

$$\frac{\mathrm{d}\ln K_H}{\mathrm{d}T} = \frac{\Delta H}{RT^2} \tag{4-19}$$

式中，ΔH 为气体溶于水过程的焓变。一般 ΔH 为负值，所以随温度降低，亨利常数增大，即低温下气体在水中有较大溶解度。对于溶解度非常大的气体，亨利常数还可能与浓度有关。

（5）亨利常数的数值可以在定温下由实验测定，也可以使用热力学方法推导。

（6）亨利定律有几种不同的表达形式，要注意辨别。

在计算气体的溶解度时，需对水蒸气的分压力加以校正（在温度较低时，这个数值很小），表 4.6 给出了水在不同温度下的分压力。根据这些参数，就可按亨利定律算出气体在水中的溶解度。

表 4.6 水在不同温度下的分压力

T/℃	p_{H_2O} /mmHg[①]	p_{H_2O} /atm[②]
0	4.579	0.00603
5	6.543	0.00861

续表

$T/℃$	p_{H_2O} /mmHg①	p_{H_2O} /atm②
10	9.209	0.01212
15	12.788	0.01683
20	17.535	0.02307
25	23.756	0.03126
30	31.824	0.04187
35	42.175	0.05549
40	55.324	0.07279
45	71.880	0.09458
50	92.510	0.12172
100	760.000	1.0000

注：①非法定计量单位，1 mmHg=133.322 Pa；②非法定计量单位，1 atm=1.013×10⁵ Pa。

1. 氧在水中的溶解

氧在水中的溶解度与水的温度、氧在水中的分压及水中含盐量有关。氧在 1.0000 atm、25℃饱和水中的溶解度，可按以下步骤计算出。从表 4.6 可查出 25℃ 时水蒸气压力为 0.03126 atm，干空气中氧为 20.95%，所以氧的分压为

$$p_{O_2} = (1.0000-0.03126) \times 0.2095 = 0.2029 \text{ atm}$$

代入亨利定律即可求出氧在水中的摩尔浓度为

$$[O_2(aq)] = K_H \cdot p_{O_2} = 1.28 \times 10^{-3} \text{ mol/(L·atm)} \times 0.2029 \text{ atm} = 2.6 \times 10^{-4} \text{ mol/L}$$

氧的相对分子质量为 32，因此溶解度为 8.32 mg/L。

气体的溶解度随温度升高而降低，这种影响可由克劳修斯–克拉珀龙 （Clausius–Clapeyron）方程式显示出

$$\lg \frac{c_2}{c_1} = \frac{\Delta H}{2.303R} \left(\frac{1}{T_1} - \frac{1}{T_2} \right) \tag{4-20}$$

式中，c_1、c_2 为热力学温度 T_1 和 T_2 时气体在水中的浓度；ΔH 是溶解热（J/mol）；R 为气体常数 8.314J/(K·mol)。

2. CO_2 在水中的溶解

溶液中溶解 CO_2 的浓度取决于与其平衡的大气 CO_2 的分压 p_{O_2}，可根据亨利定律计算。假定纯空气与纯水在 25℃时平衡，已知目前大气中 CO_2 含量为 0.038% （体积分数），水在 25℃时蒸气压为 0.03126 atm，CO_2 的亨利定律常数为 3.38×10^{-2} mol/(L·atm)（25℃），则 CO_2 在水中的溶解度为

$$p_{CO_2} = (1.0000-0.0313) \text{ atm} \times 3.8 \times 10^{-4} = 3.68 \times 10^{-4} \text{ atm}$$

$$[CO_2(aq)] = 3.38 \times 10^{-2} \text{ mol/(L·atm)} \times 3.68 \times 10^{-4} \text{ atm}$$

$$= 1.24 \times 10^{-5} \text{ mol/L}$$

CO_2 在水中离解部分可产生等浓度的 H^+ 和 HCO_3^-。H^+ 及 HCO_3^- 的浓度可通过 CO_2 的酸离解常数 K_1 计算出

$$[H^+] = [HCO_3^-]$$

$$\frac{[H^+]^2}{[CO_2(aq)]} = K_1 = 4.45 \times 10^{-7}$$

$$[H^+] = (1.24 \times 10^{-5} \times 4.45 \times 10^{-7})^{\frac{1}{2}}$$

$$pH=5.63$$

从空气溶解到 1L 纯水中的 CO_2 浓度为 $[CO_2(aq)] + [HCO_3^-]$ 的总和,故总的溶解在 1L 水中二氧化碳的浓度应为 $[CO_2(aq)] + [HCO_3^-] = 1.47 \times 10^{-5}$ mol/L $= 0.65$ mg/L。

4.3.2　地下水中的碳酸平衡

4.3.2.1　水中含碳组分总量 C_T 已知

地下水中碳酸存在着 CO_2、H_2CO_3、HCO_3^- 和 CO_3^{2-} 等四种化合态,常把 CO_2 和 H_2CO_3 合并为 $H_2CO_3^*$,实际上 H_2CO_3 含量极低,达到平衡时以 CO_2(aq)存在形态为主。因此将水中游离碳酸总量用[$H_2CO_3^*$]表示时有

$$[H_2CO_3^*] = [H_2CO_3] + [CO_2(aq)] \approx [CO_2(aq)]$$

因此,水中 $H_2CO_3^*$-HCO_3^--CO_3^{2-} 体系可用下面的反应和平衡常数表示:

$$CO_2 + H_2O \rightleftharpoons H_2CO_3^* \qquad pK_0=1.46 \qquad (4\text{-}21)$$

$$H_2CO_3^* \rightleftharpoons HCO_3^- + H^+ \qquad pK_1=6.35 \qquad (4\text{-}22)$$

$$HCO_3^- \rightleftharpoons CO_3^{2-} + H^+ \qquad pK_2=10.33 \qquad (4\text{-}23)$$

用 α_0、α_1 和 α_2 分别代表上述三种化合态在总量中所占比例,可以给出下面三个表示式:

$$\alpha_0 = \frac{[H_2CO_3^*]}{[H_2CO_3^*] + [HCO_3^-] + [CO_3^{2-}]} \qquad (4\text{-}24)$$

$$\alpha_1 = \frac{[HCO_3^-]}{[H_2CO_3^*] + [HCO_3^-] + [CO_3^{2-}]} \qquad (4\text{-}25)$$

$$\alpha_2 = \frac{[CO_3^{2-}]}{[H_2CO_3^*]+[HCO_3^-]+[CO_3^{2-}]} \tag{4-26}$$

若用 C_T 表示各种碳酸化合态的总量，即 $C_T=[H_2CO_3^*]+[HCO_3^-]+[CO_3^{2-}]$，则有 $[H_2CO_3^*]=C_T\alpha_0$，$[HCO_3^-]=C_T\alpha_1$ 和 $[CO_3^{2-}]=C_T\alpha_2$。若把 K_1、K_2 的表达式代入式（4-24）～式（4-26）中，可得到作为酸离解常数和氢离子浓度的函数的形态分数：

$$\alpha_0 = \left(1+\frac{K_1}{[H^+]}+\frac{K_1K_2}{[H^+]^2}\right)^{-1} \tag{4-27}$$

$$\alpha_1 = \left(1+\frac{[H^+]}{K_1}+\frac{K_2}{[H^+]}\right)^{-1} \tag{4-28}$$

$$\alpha_2 = \left(1+\frac{[H^+]^2}{K_1K_2}+\frac{[H^+]}{K_2}\right)^{-1} \tag{4-29}$$

由此三式，并根据 K_1 和 K_2 值，就可以制作以 pH 为主要变量的 $H_2CO_3^*$-HCO_3^--CO_3^{2-} 体系形态分布图（图 4.1）。

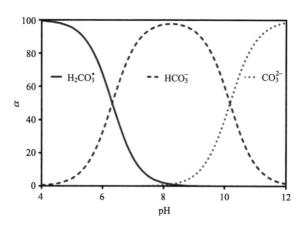

图 4.1　碳酸化合态分布图（Stumm and Morgan，1996）

根据式（4-24）～式（4-26）也可对 $H_2CO_3^*$、HCO_3^- 和 CO_3^{2-} 的含量随 pH 的变化进行分析。

当 $[H_2CO_3^*]=[HCO_3^-]$ 时，$\alpha_0=\alpha_1$，故有 $[H^+]=K_1=10^{-6.35}$，即 pH=6.35。考虑到水溶液中 $H_2CO_3^*$ 与 HCO_3^- 之间的化学平衡关系，即式（4-22），可知当 pH<6.35 时，$[H_2CO_3^*]>[HCO_3^-]$；当 pH>6.35 时，$[H_2CO_3^*]<[HCO_3^-]$。

当 $[HCO_3^-]=[CO_3^{2-}]$ 时，$\alpha_1=\alpha_2$，故 $[H^+]=K_2=10^{-10.33}$，pH=10.33。考虑到 HCO_3^-

与 CO_3^{2-} 之间的化学平衡关系，即式（4-23），当 pH＜10.33，$[HCO_3^-]＞[CO_3^{2-}]$；当 pH＞10.33 时，$[HCO_3^-]＜[CO_3^{2-}]$。

当 $[H_2CO_3^*]=[CO_3^{2-}]$ 时，$\alpha_0=\alpha_2$，故有 $[H^+]^2=K_1K_2=10^{-16.68}$，即 pH=8.34。显然，当 pH＜8.34 时，$[H_2CO_3^*]＞[CO_3^{2-}]$；当 pH＞8.34 时，$[H_2CO_3^*]＜[CO_3^{2-}]$。

综合上述分析和图 4.1 可知，当 pH＜6.35 时，溶液中 $CO_2+H_2CO_3$ 占优势；当 pH＞10.33 时，CO_3^{2-} 在各碳酸盐组分中的含量最大；而当 6.35＜pH＜10.33 时，HCO_3^- 是水中各碳酸盐组分中的主要组分。同时，随着 pH 的不断增大，HCO_3^- 的含量经历了一个从小到大再从大变小的过程，这说明 HCO_3^- 与 pH 关系曲线存在一个极大值点。可通过对式（4-28）求导得到该极值点的 pH：

$$\frac{\partial \alpha_1}{\partial [H^+]}=\frac{K_1(K_1K_2+K_1[H^+]+[H^+]^2)-K_1[H^+](K_1+2[H^+])}{(K_1K_2+K_1[H^+]+[H^+]^2)^2}=0$$

$$-[H^+]^2+K_1K_2=0$$

$$[H^+]^2=K_1K_2=10^{-16.68}$$

$$pH=8.34$$

当 pH=8.34 时，水溶液中的 HCO_3^- 浓度达到最大，同时在该 pH 点上，$[H_2CO_3^*]=[CO_3^{2-}]$。

三种碳酸形态在平衡时的浓度比例与溶液 pH 有完全对应的关系。每种碳酸形态的浓度受外界影响而变化时，将会引起其他各种碳酸形态的浓度以及溶液 pH 的变化，而溶液 pH 的变化也会同时引起各碳酸形态浓度比例的变化。由此可见，水中的碳酸平衡同 pH 是密切相关的（表 4.7）。

表 4.7 碳酸体系形态分数（25℃）

pH	α_0	α_1	α_2	α
4.5	0.9861	0.01388	2.053×10^{-8}	72.062
4.6	0.9862	0.01741	3.250×10^{-8}	57.447
4.7	0.9782	0.02182	5.128×10^{-8}	45.837
4.8	0.9727	0.02731	8.082×10^{-8}	36.615
4.9	0.9659	0.03414	1.272×10^{-7}	29.290
5.0	0.9574	0.04260	1.998×10^{-7}	23.472
5.1	0.9469	0.05305	3.132×10^{-7}	18.850
5.2	0.9341	0.06588	4.897×10^{-7}	15.179
5.3	0.9185	0.08155	7.631×10^{-7}	12.262
5.4	0.8995	0.1005	1.184×10^{-6}	9.946

续表

pH	α_0	α_1	α_2	α
5.5	0.8766	0.1234	1.830×10^{-6}	8.106
5.6	0.8495	0.1505	2.810×10^{-6}	6.644
5.7	0.8176	0.1824	4.286×10^{-6}	5.484
5.8	0.7808	0.2192	6.487×10^{-6}	4.561
5.9	0.7388	0.2612	9.729×10^{-6}	3.823
6.0	0.6920	0.3080	1.444×10^{-5}	3.247
6.1	0.6409	0.3591	2.120×10^{-5}	2.785
6.2	0.5864	0.4136	3.074×10^{-5}	2.418
6.3	0.5297	0.4703	4.401×10^{-5}	2.126
6.4	0.4722	0.5278	6.218×10^{-5}	1.894
6.5	0.4154	0.5845	8.669×10^{-5}	1.710
6.6	0.3608	0.6391	1.193×10^{-4}	1.564
6.7	0.3095	0.6903	1.623×10^{-4}	1.448
6.8	0.2626	0.7372	2.182×10^{-4}	1.356
6.9	0.2205	0.7793	2.903×10^{-4}	1.282
7.0	0.1834	0.8162	3.828×10^{-4}	1.224
7.1	0.1514	0.8481	5.008×10^{-4}	1.178
7.2	0.1241	0.8752	6.506×10^{-4}	1.141
7.3	0.1011	0.8980	8.403×10^{-4}	1.111
7.4	0.08203	0.9169	1.080×10^{-3}	1.088
7.5	0.06626	0.9324	1.383×10^{-3}	1.069
7.6	0.05334	0.9449	1.764×10^{-3}	1.054
7.7	0.04282	0.9549	2.245×10^{-3}	1.042
7.8	0.03429	0.9629	2.849×10^{-3}	1.032
7.9	0.02741	0.9690	3.610×10^{-3}	1.024
8.0	0.02188	0.9736	4.566×10^{-3}	1.018
8.1	0.01744	0.9768	5.767×10^{-3}	1.012
8.2	0.01388	0.9788	7.276×10^{-3}	1.007
8.3	0.01104	0.9798	9.169×10^{-3}	1.002
8.4	0.8764×10^{-2}	0.9797	1.154×10^{-2}	0.9972
8.5	0.6954×10^{-2}	0.9785	1.451×10^{-2}	0.9925
8.6	0.5511×10^{-2}	0.9763	1.823×10^{-2}	0.9874
8.7	0.4361×10^{-2}	0.9727	2.287×10^{-2}	0.9818
8.8	0.3447×10^{-2}	0.9679	2.864×10^{-2}	0.9754
8.9	0.2720×10^{-2}	0.9615	3.582×10^{-2}	0.9680
9.0	0.2142×10^{-2}	0.9532	4.470×10^{-2}	0.9592

续表

pH	α_0	α_1	α_2	α
9.1	0.1683×10^{-2}	0.9427	5.566×10^{-2}	0.9488
9.2	0.1318×10^{-2}	0.9295	6.910×10^{-2}	0.9365
9.3	0.1029×10^{-2}	0.9135	8.548×10^{-2}	0.9221
9.4	0.7997×10^{-3}	0.8939	0.1053	0.9054
9.5	0.6185×10^{-3}	0.8703	0.1291	0.8862
9.6	0.4754×10^{-3}	0.8423	0.1573	0.8645
9.7	0.3629×10^{-3}	0.8094	0.1903	0.8404
9.8	0.2748×10^{-3}	0.7714	0.2283	0.8143
9.9	0.2061×10^{-3}	0.7284	0.2714	0.7867
10.0	0.1530×10^{-3}	0.6806	0.3192	0.7581
10.1	0.1122×10^{-3}	0.6286	0.3712	0.7293
10.2	0.8133×10^{-4}	0.5735	0.4263	0.7011
10.3	0.5818×10^{-4}	0.5166	0.4834	0.6742
10.4	0.4107×10^{-4}	0.4591	0.5400	0.6490
10.5	0.2861×10^{-4}	0.4027	0.5973	0.6261
10.6	0.1969×10^{-4}	0.3488	0.6512	0.6056
10.7	0.1338×10^{-4}	0.2985	0.7015	0.5877
10.8	0.8996×10^{-5}	0.2526	0.7474	0.5723
10.9	0.5986×10^{-5}	0.2116	0.7884	0.5592
11.0	0.3949×10^{-5}	0.1757	0.8242	0.5482

注：$\alpha=1/(\alpha_1+2\alpha_2)$。

4.3.2.2 CO_2 分压已知

以上的讨论没有考虑溶解性 CO_2 与空气交换过程，因而属于封闭的地下水溶液体系的情况。在封闭体系中，$[H_2CO_3^*]$、$[HCO_3^-]$ 和 $[CO_3^{2-}]$ 等浓度可随 pH 变化而改变，但总碳酸量 C_T 始终保持不变。实际上，根据气体交换动力学，CO_2 在气液界面的平衡时间需数日。因此，若所考虑的溶液反应在数小时之内完成，就可应用封闭体系固定碳酸化合态总量的模式加以计算。反之，如果所研究的过程是长时期的，例如一年期间的水质组成，则认为 CO_2 与水处于平衡状态，可以更近似于真实情况。

当考虑 CO_2 在气相和液相之间平衡时，各种碳酸盐化合态的平衡浓度可表示为 p_{CO_2} 和 pH 的函数。此时，可应用亨利定律：

$$[H_2CO_3^*] = K_H \cdot p_{CO_2} \tag{4-30}$$

溶液中，碳酸化合态相应为

$$C_{\mathrm{T}} = \frac{\left[\mathrm{H_2CO_3^*}\right]}{\alpha_0} = \frac{K_{\mathrm{H}}}{\alpha_0} \cdot p_{\mathrm{CO_2}}$$

$$\left[\mathrm{HCO_3^-}\right] = \frac{\alpha_1}{\alpha_0} K_{\mathrm{H}} \cdot p_{\mathrm{CO_2}} = \frac{K_1 K_{\mathrm{H}}}{\left[\mathrm{H^+}\right]} \cdot p_{\mathrm{CO_2}} \qquad (4\text{-}31)$$

$$\left[\mathrm{CO_3^{2-}}\right] = \frac{\alpha_2}{\alpha_0} K_{\mathrm{H}} \cdot p_{\mathrm{CO_2}} = \frac{K_1 K_2 K_{\mathrm{H}}}{\left[\mathrm{H^+}\right]^2} \cdot p_{\mathrm{CO_2}} \qquad (4\text{-}32)$$

一般情况下，大气中的 CO_2 分压为一常数，据此，可绘制上述各组分浓度随 pH 的变化关系图。在 $\lg C\text{-pH}$ 图（图 4.2）中，$H_2CO_3^*$、HCO_3^- 和 CO_3^{2-} 三条线的斜率分别为 0、+1 和+2。此时 C_{T} 为三者之和，它是以三根直线为渐近线的一个曲线。

由图 4.2 可看出，C_{T} 随着 pH 的改变而变化。当 pH<6 时，溶液中主要是 $H_2CO_3^*$ 组分；当 pH 在 6～10 时，溶液中主要是 HCO_3^- 组分；当 pH>10.3 时，溶液中则主要是 CO_3^{2-} 组分。

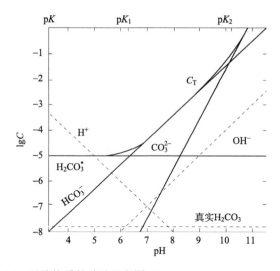

图 4.2　开放体系的碳酸平衡图（Stumm and Morgan，1996）

4.4　水的碱度和酸度

4.4.1　碱度

碱度（alkalinity）是指水中能与强酸发生中和作用的全部物质，即能接受质

子 H^+ 的物质总量。可用一个强酸标准溶液滴定一已知体积水样总碱度，用甲基橙为指示剂，直到溶液由黄色变成橙红色（pH 约 4.3）停止滴定，此时所得的结果称为总碱度（Alk_{tot}），也称为甲基橙碱度。所加的 H^+ 即为下列反应的化学计量关系所需要的量：

$$H^+ + OH^- \rightleftharpoons H_2O \tag{4-33}$$

$$H^+ + CO_3^{2-} \rightleftharpoons HCO_3^- \tag{4-34}$$

$$H^+ + HCO_3^- \rightleftharpoons H_2CO_3 \tag{4-35}$$

因此，对于不含其他酸、碱性盐类的碳酸盐水溶液体系，总碱度是加酸中和至将水中 HCO_3^- 和 CO_3^{2-} 全部转化为 $H_2CO_3^*$ 所需的强酸量。根据溶液质子平衡条件，可以得到碱度的表示式为

$$总碱度 = [HCO_3^-] + 2[CO_3^{2-}] + [OH^-] - [H^+] \tag{4-36}$$

如果滴定以酚酞作为指示剂，溶液由较高 pH 降到 pH 为 8.3 时，此时表示 OH^- 被中和，CO_3^{2-} 全部转化为 HCO_3^-，作为碳酸盐只中和了一半，因此，得到酚酞碱度（Alk_{pH}）表示式：

$$酚酞碱度 = [CO_3^{2-}] + [OH^-] - [H_2CO_3^*] - [H^+] \tag{4-37}$$

而当 pH 达到 CO_3^{2-} 所需酸量时称为苛性碱度（Alk_{OH}）。在实验室里不能迅速地测得，因为不容易找到终点。若已知总碱度和酚酞碱度就可用计算方法确定：苛性碱度=2 酚酞–总碱度。苛性碱度表达式为

$$苛性碱度 = [OH^-] - [HCO_3^-] - 2[H_2CO_3^*] - [H^+] \tag{4-38}$$

组成水中碱度的物质可以归纳为三类：①强碱，如 NaOH、$Ca(OH)_2$ 等，在溶液中全部电离生成 OH^- 离子；②弱碱，如 NH_3、$C_6H_5NH_2$ 等，在水中有一部分发生反应生成 OH^- 离子；③强碱弱酸盐，如各种碳酸盐、重碳酸盐、硅酸盐、磷酸盐、硫化物和腐殖酸盐等，它们水解时生成 OH^- 或者直接接受质子 H^+。后两种物质在中和过程中不断产生 OH^-，直到全部中和完毕。

4.4.2　酸度

酸度（acidity）是指水中能与强碱发生中和作用的全部物质，即放出 H^+ 或经过水解能产生 H^+ 的物质的总量。以强碱滴定含碳酸水测定酸度时，其反应过程与上述相反。以甲基橙为指示剂滴定到 pH 为 4.3，以酚酞为指示剂滴定到 pH 为 8.3，分别得到无机酸度及游离 CO_2 酸度。总酸度应在 pH 为 10.8 处得到。但此时滴定曲线无明显突跃，难以选择适合的指示剂，故一般以游离 CO_2 作为酸度的主要指标。同样也可根据溶液质子平衡条件，得到酸度的表达式：

$$总酸度 = [H^+] + [HCO_3^-] + 2[H_2CO_3^*] - [OH^-] \tag{4-39}$$

$$CO_2 酸度 = [H^+] + [H_2CO_3^*] - [CO_3^{2-}] - [OH^-] \qquad (4-40)$$

$$无机酸度 = [H^+] - [HCO_3^-] - 2[CO_3^{2-}] - [OH^-] \qquad (4-41)$$

组成水中酸度的物质也可归纳为三类：①强酸，如 HCl、H_2SO_4、HNO_3 等；②弱酸，如 CO_2 及 H_2CO_3、H_2S、蛋白质以及各种有机酸类；③强酸弱碱盐，如 $FeCl_3$、$Al_2(SO_4)_3$ 等。

用强酸和强碱对水中碱度和酸度的测定，其滴定曲线如图 4.3 所示。中和反应实际上就是改变溶液的 pH，使碳酸平衡发生相应的移动。

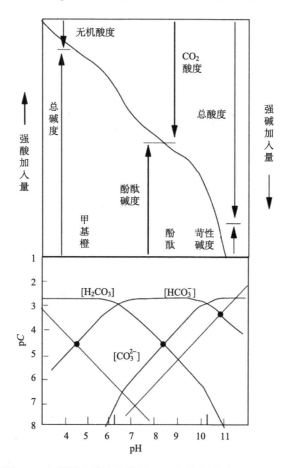

图4.3 含碳酸水的滴定曲线（王晓蓉和顾雪元，2018）

如果应用总碳酸量 C_T 和相应的分布系数 α 来表示，则有以下各表达式：

$$总碱度 = C_T(\alpha_1 + 2\alpha_2) + K_w/[H^+] - [H^+] \qquad (4-42)$$

$$酚酞碱度 = C_T(\alpha_2 - \alpha_0) + K_w/[H^+] - [H^+] \qquad (4-43)$$

$$苦性碱度 = -C_T(\alpha_1+2\alpha_0) + K_w/[H^+] - [H^+] \qquad (4\text{-}44)$$

$$总酸度 = C_T(\alpha_1+2\alpha_0) + [H^+] - K_w/[H^+] \qquad (4\text{-}45)$$

$$CO_2酸度 = C_T(\alpha_0-\alpha_2) + [H^+] - K_w/[H^+] \qquad (4\text{-}46)$$

$$无机酸度 = -C_T(\alpha_1+2\alpha_2) + [H^+] - K_w/[H^+] \qquad (4\text{-}47)$$

这样，只要已知水体的 pH、碱度及相应的平衡常数，就可算出 $H_2CO_3^*$、HCO_3^-、CO_3^{2-} 及 OH^- 在水中的浓度（假定其他各种形态对碱度的贡献可以忽略）。

这里需要特别注意的是，在封闭体系中加入强酸或强碱，总碳酸量 C_T 不受影响，但酸度和碱度会相应改变；而加入 $[CO_2]$ 时，总碱度值并不发生变化，但总碳酸量 C_T 会增加，这时溶液 pH 和各碳酸化合态浓度会相应发生变化，但它们的代数综合值仍保持不变。因此总碳酸量 C_T 和总碱度在一定条件下具有守恒　特性。

【例题】已知某水体的 pH 为 7.00，碱度为 1.00×10^{-3} mol/L，请算出上述各种形态物质的浓度。

解：当 pH=7.00 时，CO_3^{2-} 的浓度与 HCO_3^- 浓度相比可以忽略，此时碱度全部由 HCO_3^- 贡献。因此有

$$[HCO_3^-]=[Alk]=1.00\times10^{-3} \text{ mol/L}$$

$$[OH^-]=1.00\times10^{-7} \text{ mol/L}$$

根据酸的离解常数 K_1，可以计算出 $H_2CO_3^*$ 的浓度：

$$
\begin{aligned}
[H_2CO_3^*] &= \frac{[H^+][HCO_3^-]}{K_1} \\
&= \frac{1.00\times10^{-7}\times1.00\times10^{-3}}{4.45\times10^{-7}} \\
&= 2.25\times10^{-4} \text{ mol/L}
\end{aligned}
$$

代入 K_2 的表达式计算 $[CO_3^{2-}]$：

$$
\begin{aligned}
[CO_3^{2-}] &= \frac{K_2[HCO_3^-]}{[H^+]} \\
&= \frac{4.69\times10^{-11}\times1.00\times10^{-3}}{1.00\times10^{-7}} \\
&= 4.69\times10^{-7} \text{ mol/L}
\end{aligned}
$$

参 考 文 献

任加国, 武倩倩. 2014. 水文地球化学基础[M]. 北京: 地质出版社.

钱会, 马致远, 李陪月. 2012. 水文地球化学[M]. 2 版. 北京: 地质出版社.

沈照理, 朱宛华, 钟佐燊. 1993. 水文地球化学基础[M]. 北京: 地质出版社.

王晓蓉, 顾雪元. 2018. 环境化学[M]. 北京: 科学出版社.

Stumm W, Morgan J J. 1996. Aquatic Chemistry [M]. 3nd ed. New York: John Wiley & Sons, Inc.

第 5 章　地下水污染物的主要化学过程

5.1　溶解和沉淀作用

地下水赋存并在含水介质中运动，溶解和沉淀是污染物在地下水环境中迁移的重要作用。一般金属化合物在水中的迁移能力，直观地可以用溶解度来衡量。溶解度小者，迁移能力小；溶解度大者，迁移能力大。不过，溶解反应经常是一种多相化学反应，在固-液平衡体系中，一般需用溶度积来表征溶解度。地下水中各种矿物质的溶解度和沉淀作用也遵守溶度积原则。

影响沉淀溶解平衡的常见因素包括：

（1）同离子效应：即向溶液中加入某种构晶离子，沉淀的溶解度减少；

（2）盐效应：大量强电解质存在下，由于离子的活度降低，沉淀的溶解度增大；

（3）酸效应：大多数沉淀的溶解度与 pH 有关；

（4）络合效应：络合剂存在下，降低了金属离子活度，沉淀的溶解度增加；

（5）氧化还原效应：通过改变体系的氧化还原电位，从而改变沉淀的形成方向。

在溶解和沉淀现象的研究中，平衡关系和反应速率两者都是重要的。知道平衡关系就可预测污染物溶解或沉淀作用的方向，并可以计算平衡时溶解或沉淀的量。但是经常发现用平衡计算所得结果与实际观测值相差甚远，造成这种差别的原因很多，但主要是自然环境中非均相沉淀溶解过程影响因素较为复杂所致。

下面着重介绍金属氧化物、氢氧化物、硫化物、碳酸盐及多种成分共存时的溶解-沉淀平衡问题。

5.1.1　各类无机物的溶解度

5.1.1.1　氧化物和氢氧化物

金属氢氧化物沉淀有好几种形态，大部分情况下为"无定形沉淀"或具有无序晶格的细小晶体，具有很高的"活性"，这类沉淀在漫长的地质年代里，由于逐渐"老化"，转化为稳定的"非活性"。氧化物可看成是氢氧化物脱水而成。由于这类化合物直接与 pH 有关，实际涉及水解和羟基配合物的平衡过程，该过程往往复杂多变，这里用强电解质的最简单关系式表述：

$$Me(OH)_n(s) \rightleftharpoons Me^{n+} + nOH^-\qquad(5\text{-}1)$$

根据溶度积有

$$K_{sp} = [Me^{n+}][OH^-]^n$$

可转换为

$$[Me^{n+}] = \frac{K_{sp}}{[OH^-]^n} = \frac{K_{sp}[H^+]^n}{K_w{}^n}$$

$$-lg[Me^{n+}] = -lgK_{sp} - nlg[H^+] + nlgK_w$$

$$pC = pK_{sp} + npH - npK_w\qquad(5\text{-}2)$$

根据式（5-2），可以给出溶液中金属离子饱和浓度对数值与 pH 的关系图（图 5.1），直线斜率等于 n，即金属离子价。直线横轴截距是 $-lg[Me^{n+}]=0$ 或 $[Me^{n+}]=1.0$ mol/L 时的 pH 为

$$pH = 14 - \frac{1}{n}pK_{sp}$$

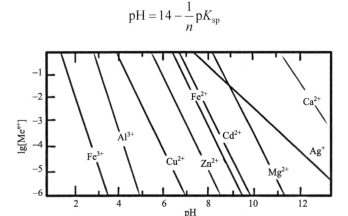

图 5.1　氢氧化物溶解度（Stumm and Morgan，1996）

各种金属氢氧化物的溶度积数值列于表 5.1 中，根据其中部分数据绘出的对数浓度图见图 5.1。图 5.1 同价金属离子的各线均有相同的斜率，靠图右边斜线代表的金属氢氧化物的溶解度大于靠左边的溶解度。根据此图大致可查出各种金属离子在不同 pH 溶液中所能存在的最大饱和浓度。

表 5.1　金属氢氧化物溶度积（汤鸿霄，1979）

氢氧化物	K_{sp}	pK_{sp}	氢氧化物	K_{sp}	pK_{sp}
AgOH	1.6×10^{-8}	7.80	$Fe(OH)_3$	3.2×10^{-38}	37.50
$Ba(OH)_2$	5×10^{-3}	2.3	$Mg(OH)_2$	1.8×10^{-11}	10.74
$Ca(OH)_2$	5.5×10^{-6}	5.26	$Mn(OH)_2$	1.1×10^{-13}	12.96

续表

氢氧化物	K_{sp}	pK_{sp}	氢氧化物	K_{sp}	pK_{sp}
$Al(OH)_3$	1.3×10^{-33}	32.9	$Hg(OH)_2$	4.8×10^{-26}	25.32
$Cd(OH)_2$	2.2×10^{-14}	13.66	$Ni(OH)_2$	2.0×10^{-15}	14.70
$Co(OH)_2$	1.6×10^{-15}	14.80	$Pb(OH)_2$	1.2×10^{-15}	14.93
$Cr(OH)_3$	6.3×10^{-31}	30.2	$Th(OH)_4$	4.0×10^{-45}	44.4
$Cu(OH)_2$	5.0×10^{-20}	19.30	$Ti(OH)_3$	1×10^{-40}	40
$Fe(OH)_2$	1.0×10^{-15}	15.0	$Zn(OH)_2$	7.1×10^{-18}	17.15

然而图 5.1 和式（5-2）所表征的关系并不能充分反映出氧化物或氢氧化物的溶解度，因为图 5.1 未考虑金属在水中的配合作用，实际金属离子在水溶液中大多存在水解反应，即与羟基金属离子配合物 $[Me(OH)_n^{z-n}]$ 处于平衡。如果考虑到羟基配合作用的情况，可以把金属氧化物或氢氧化物的溶解度 $[Me_T]$ 表征如下：

$$[Me_T] = [Me^{z+}] + \sum_{1}^{n}[Me(OH)_n^{z-n}] \tag{5-3}$$

图 5.2 给出考虑到固相还能与羟基金属离子配合物处于平衡时 $Fe(OH)_2$ 溶解度的例子。

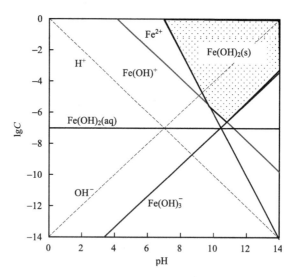

图 5.2 $Fe(OH)_2$ 的沉淀 lgC-pH 图（王晓蓉和顾雪元，2018）

已知在 25℃时固相的溶解反应及水解反应如下：

$$Fe(OH)_2(s) + 2H^+ \rightleftharpoons Fe^{2+} + 2H_2O \qquad lgK_{sp} = -13.49 \tag{5-4}$$

$$Fe^{2+} + H_2O \rightleftharpoons Fe(OH)^+ + H^+ \qquad lgK_1 = -9.40 \tag{5-5}$$

$$Fe^{2+} + 2H_2O \rightleftharpoons Fe(OH)_2 + 2H^+ \qquad lgK_2 = -20.49 \qquad (5\text{-}6)$$

$$Fe^{2+} + 3H_2O \rightleftharpoons Fe(OH)_3^- + 3H^+ \qquad lgK_3 = -30.99 \qquad (5\text{-}7)$$

将以上转变为反应式左侧含沉淀物，右侧含溶解态的方程，如下所示：

$$Fe(OH)_2(s) + 2H^+ \rightleftharpoons Fe^{2+} + 2H_2O \qquad lgK_{sp} = -13.49 \qquad (5\text{-}8)$$

$$Fe(OH)_2(s) + H^+ \rightleftharpoons Fe(OH)^+ + H_2O \qquad lgK_{s1} = -4.09 \qquad (5\text{-}9)$$

$$Fe(OH)_2(s) \rightleftharpoons Fe(OH)_2(aq) \qquad lgK_{s2} = 7.00 \qquad (5\text{-}10)$$

$$Fe(OH)_2(s) + H_2O \rightleftharpoons Fe(OH)_3^- + H^+ \qquad lgK_{s3} = 17.5 \qquad (5\text{-}11)$$

根据式（5-8）～式（5-11），可绘制出 Fe^{2+}、$Fe(OH)^+$、$Fe(OH)_2(aq)$ 和 $Fe(OH)_3^-$ 作为 pH 函数的特征线，分别有斜率-2、-1、0 和+1，其截距也可立即确定。例如，对于 $Fe(OH)^+$，当 $pH = -pK_{s1}$ 时，$lg[Fe(OH)^+] = 0$。把所有溶解性化合态都综合起来，可以得到包围着阴影区域的线，即 $Fe(OH)_2(s)$沉淀区（图 5.2）。此外，$[Fe^{2+}]_T$ 在数值上可由下式得出：

$$[Fe^{2+}]_T = [Fe^{2+}] + [FeOH^+] + [Fe(OH)_2(aq)] + [Fe(OH)_3^-] \qquad (5\text{-}12)$$

图 5.2 说明固体的氧化物和氢氧化物具有两性的特征，它们和质子或羟基离子都发生反应，存在一个 pH，在此 pH 下溶解度为最小值，在碱性或酸性更强的 pH 区域内，溶解度都变得更大。

同样的，根据 $Fe(III)$ 的相关常数，可以获得 $Fe(OH)_3$ 的沉淀 lgC-pH 图，如图 5.3 所示，可以看出，与 $Fe(II)$ 相比，$Fe(III)$ 的溶解区域要小得多，说明 $Fe(III)$ 比 $Fe(II)$ 的迁移能力弱。

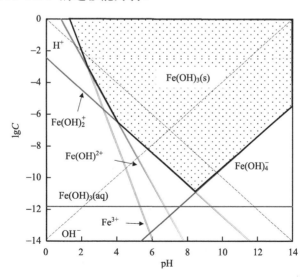

图 5.3　$Fe(OH)_3$ 的沉淀 lgC-pH 图（王晓蓉和顾雪元，2018）

5.1.1.2　硫化物

金属硫化物是比氢氧化物溶度积更小的一类难溶沉淀物，重金属硫化物在中性条件下实际上是不溶的，在盐酸中 Fe、Mn 和 Cd 的硫化物是可溶的，而 Ni 和 Co 的硫化物是难溶的。Cu、Hg、Pb 的硫化物只有在硝酸中才能溶解。表 5.2 列出了重金属硫化物的溶度积。

表 5.2　重金属硫化物的溶度积（汤鸿霄，1979）

分子式	K_{sp}	pK_{sp}	分子式	K_{sp}	pK_{sp}
Ag_2S	6.3×10^{-50}	49.20	HgS	4.0×10^{-53}	52.40
CdS	7.9×10^{-27}	26.10	MnS	2.5×10^{-13}	12.60
CoS	4.0×10^{-21}	20.40	NiS	3.2×10^{-19}	18.50
Cu_2S	2.5×10^{-48}	47.60	PbS	8×10^{-28}	27.90
CuS	6.3×10^{-36}	35.20	SnS	1×10^{-25}	25.00
FeS	3.3×10^{-18}	17.50	ZnS	1.6×10^{-24}	23.80
Hg_2S	1.0×10^{-45}	45.00	Al_2S_3	2×10^{-7}	6.70

由表 5.2 可看出，只要水环境中存在 S^{2-}，几乎所有重金属均可从水体中除去。因此，当水中有硫化氢气体存在时，溶于水中的气体呈二元酸状态，其分级电离则为

$$H_2S \rightleftharpoons H^+ + HS^- \qquad K_1 = 8.9\times10^{-8} \qquad (5\text{-}13)$$

$$HS^- \rightleftharpoons H^+ + S^{2-} \qquad K_2 = 1.3\times10^{-15} \qquad (5\text{-}14)$$

两者相加可得

$$H_2S \rightleftharpoons 2H^+ + S^{2-}$$

$$K_{1,2} = \frac{[H^+]^2[S^{2-}]}{[H_2S]} = K_1 \cdot K_2 = 1.16\times10^{-22} \qquad (5\text{-}15)$$

在饱和水溶液中，H_2S 浓度总是保持在 0.1 mol/L，因此可认为饱和溶液中 H_2S 分子浓度 $[H_2S]$ 也保持在 0.1 mol/L，代入式（5-15）得

$$[H^+]^2[S^{2-}] = 1.16\times10^{-22}\times0.1 = 1.16\times10^{-23} = K'_{sp} \qquad (5\text{-}16)$$

因此可把 1.16×10^{-23} 看成是一个溶度积（K'_{sp}），在任何 pH 的 H_2S 饱和溶液中必须保持的一个常数。由于 H_2S 在纯水溶液中的二级电离甚微，故可根据一级电离近似认为 $[H^+]=[HS^-]$ 并代入式（5-13）和式（5-14），可求得此溶液中 $[S^{2-}]$ 浓度：

$$[S^{2-}] = \frac{K'_{sp}}{[H^+]^2} = \frac{1.16 \times 10^{-23}}{8.9 \times 10^{-9}} = 1.3 \times 10^{-15}\ mol/L$$

在任一 pH 的水中，则

$$[S^{2-}] = 1.16 \times 10^{-23}/[H^+]^2 \qquad (5-17)$$

溶液中促成硫化物沉淀的是 S^{2-}，若溶液中存在二价金属离子 Me^{2+}，则有

$$[Me^{2+}][S^{2-}] = K_{sp}$$

因此在硫化氢和硫化物均达到饱和的溶液中，可算出溶液中金属离子的饱和浓度为

$$[Me^{2+}] = \frac{K_{sp}}{[S^{2-}]} = \frac{K_{sp}[H^+]^2}{K'_{sp}} = \frac{K_{sp}[H^+]^2}{0.1K_1 \cdot K_2} \qquad (5-18)$$

5.1.1.3　碳酸盐

在地球壳层可溶于地下水的矿物中，碳酸盐可能是丰度最大且最重要的矿物。在 Me^{2+}-H_2O-CO_2 体系中，碳酸盐作为固相时需要比氧化物、氢氧化物更稳定，而且与氢氧化物不同，它并不是由 OH^- 直接参与沉淀反应，同时 CO_2 还存在气相分压。因此，讨论碳酸盐沉淀实际上是二元酸在三相中的平衡分布问题。在对待 Me^{2+}-CO_2-H_2O 体系的多相平衡时，主要区别两种情况：①对大气封闭的体系（只考虑固相和溶液相，把 $H_2CO_3^*$ 当作不挥发酸类处理）；②除固相和液相外还包括气相（含 CO_2）的体系。由于方解石在地下水体系中的重要性，因此，下面以 $CaCO_3$ 为例作介绍。

1. 封闭体系

1）C_T 为常数时 $CaCO_3$ 的溶解度

$$CaCO_3（s）\rightleftharpoons Ca^{2+} + CO_3^{2-}$$

$$K_{sp} = [Ca^{2+}][CO_3^{2-}] = 10^{-8.32}$$

$$[Ca^{2+}] = \frac{K_{sp}}{[CO_3^{2-}]} = \frac{K_{sp}}{C_T \alpha_2} \qquad (5-19)$$

由于 α_2 对任何 pH 都是已知的，根据式（5-19），可以得出随 C_T 和 pH 变化的 Ca^{2+} 的饱和平衡值。对于任何与 $MeCO_3$（s）平衡时的 $[Me^{2+}]$ 都可以写出类似方程式，并可给出 $\lg[Me^{2+}]$ 对 pH 的曲线图（图 5.4）。图 5.4 基本上是由溶度积方程式和碳酸平衡叠加而构成的，$[Ca^{2+}]$ 和 $[CO_3^{2-}]$ 的乘积必须是常数。因此，在 pH>pK_2 时，溶液中主要为 CO_3^{2-}，$\lg[CO_3^{2-}]$ 的斜率为零，$\lg[Ca^{2+}]$ 的斜率也为零，即

$$\lg[Ca^{2+}] = \lg K_{sp} - \lg C_T$$

当 $pK_1 <$ pH $< pK_2$ 时，$\lg[CO_3^{2-}]$ 的斜率为 +1，相应 $\lg[Ca^{2+}]$ 斜率为 −1，即

$$\lg[Ca^{2+}]=\lg\frac{K_{sp}}{C_T K_2} - pH$$

当 pH $< pK_1$ 时，$\lg[CO_3^{2-}]$ 的斜率为 +2，为保持乘积 $[Ca^{2+}][CO_3^{2-}]$ 的恒定，$\lg[Ca^{2+}]$ 斜率必然为 −2，即

$$\lg[Ca^{2+}]=\lg\frac{K_{sp}}{C_T K_1 K_2} - 2pH$$

图 5.4 是 $C_T=3\times10^{-3}$ mol/L 时一些金属碳酸盐的溶解度及它们对 pH 的依赖关系。

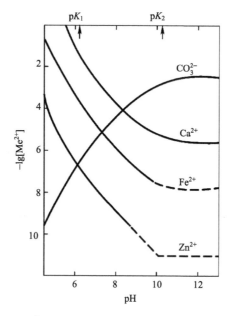

图 5.4　封闭体系中 $C_T=3\times10^{-3}$ mol/L 时 $MeCO_3$（s）的溶解度（Stumm and Morgan，1996）

2）$CaCO_3$（s）在纯水中的溶解

溶液中的溶质为 Ca^{2+}、$H_2CO_3^*$、HCO_3^-、CO_3^{2-}、H^+ 和 OH^-，有六个未知数，所以在一定的压力和温度下，需要有相应方程限定溶液的组成。如果考虑所有溶解出来的 Ca^{2+} 在浓度上必然等于溶解碳酸化合态的总和，就可得到方程式：

$$[Ca^{2+}]=C_T \tag{5-20}$$

此外，溶液必须满足电中性条件：

$$2[Ca^{2+}]+[H^+] = [HCO_3^-]+2[CO_3^{2-}]+[OH^-] \tag{5-21}$$

达到平衡时，可以用 $CaCO_3$（s）的溶度积来考虑：

$$[Ca^{2+}] = \frac{K_{sp}}{[CO_3^{2-}]} = \frac{K_{sp}}{C_T\alpha_2} \tag{5-22}$$

把式（5-20）和式（5-22）综合考虑，可得出下式：

$$[Ca^{2+}] = \left(\frac{K_{sp}}{\alpha_2}\right)^{\frac{1}{2}} \tag{5-23}$$

$$-\lg[Ca^{2+}] = \frac{1}{2}pK_{sp} - \frac{1}{2}p\alpha_2 \tag{5-24}$$

对于其他金属碳酸盐则可写为

$$-\lg[Me^{2+}] = \frac{1}{2}pK_{sp} - \frac{1}{2}p\alpha_2 \tag{5-25}$$

把式（5-23）代入式（5-21），可得

$$\left(\frac{K_{sp}}{\alpha_2}\right)^{0.5}(2-\alpha_1-2\alpha_2) + [H^+] - \frac{K_w}{[H^+]} = 0 \tag{5-26}$$

可用试算法求解。

同样可以用 $\lg C$-pH 图表示碳酸钙溶解度与 pH 的关系，应用在不同 pH 区域中存在以下条件便可绘制：

当 pH>pK_2，则 $\alpha_2 \approx 1$，

$$\lg[Ca^{2+}] = \frac{1}{2}\lg K_{sp} \tag{5-27}$$

斜率为零。

当 pK_1<pH<pK_2，$\alpha_2 = K_2/[H^+]$，

$$\lg[Ca^{2+}] = \frac{1}{2}\lg K_{sp} - \frac{1}{2}\lg K_2 - \frac{1}{2}pH \tag{5-28}$$

斜率为 $-\frac{1}{2}$。

当 pH<pK_1，$\alpha_2 = K_2K_1/[H^+]^2$，

$$\lg[Ca^{2+}] = \frac{1}{2}\lg K_{sp} - \frac{1}{2}\lg K_1K_2 - pH \tag{5-29}$$

斜率为-1。

2. 开放体系

向纯水中加入 $CaCO_3$（s），并且将此溶液暴露于含有 CO_2 的气相中，因 CO_2 分压固定，溶液中的[CO_2]浓度也相应固定，根据前面的讨论：

$$C_T = \frac{[CO_2]}{\alpha_0} = \frac{1}{\alpha_0}K_H p_{CO_2}$$

$$[CO_3^{2-}] = \frac{K_H p_{CO_2} \alpha_2}{\alpha_0}$$

由于要与气相中 CO_2 平衡,此时[Ca^{2+}]就不再等于 C_T,但仍保持有同样的电中性条件:

$$2[Ca^{2+}]+[H^+]=C_T(\alpha_1+2\alpha_2)+[OH^-]$$

综合气液平衡式和固液平衡式,可以得到基本计算式:

$$[Ca^{2+}] = \frac{\alpha_0}{\alpha_2} \frac{K_{sp}}{K_H p_{CO_2}} \qquad (5\text{-}30)$$

同样可将此关系式推广到其他金属碳酸盐,绘出 lg$C$-pH 图如图5.5所示。

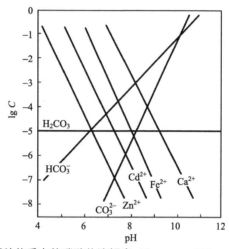

图 5.5 开放体系中的碳酸盐溶解度(Stumm and Morgan,1996)

5.1.2 水溶液的稳定性

5.1.2.1 不同固相的稳定性

溶液中可能有几种固-液平衡同时存在时,按热力学观点,体系在一定条件下建立平衡状态时只能以一种固液平衡占主导地位,因此,可在选定条件下,判断何种固体作为稳定相存在而占优势。下面以 Fe(Ⅱ)为例,讨论在一定条件下,何种固体占优势。如在碳酸盐溶液中($C_T = 1\times10^{-3}$ mol/L),可能发生 $FeCO_3$ 及 $Fe(OH)_2$ 沉淀,可以根据以下一些平衡式绘出两种沉淀的溶解区域图。

首先根据式(5-8)~式(5-11)可以绘出 $Fe(OH)_2$(s)的溶解区域图,如图5.6(a)所示。

接着根据以下方程绘制 $FeCO_3$(s)的溶解区域:

(1) $FeCO_3$(s) $\rightleftharpoons$ $Fe^{2+}+CO_3^{2-}$　　　　　　　　　　lg K_{sp}=-10.7

$$FeCO_3（s）+H^+ \rightleftharpoons Fe^{2+}+HCO_3^- \qquad\qquad lg^* K_{sp}=-0.3$$

$$p[Fe^{2+}]=0.3+pH+lg[HCO_3^-] \qquad\qquad （5\text{-}31）$$

（2）$FeCO_3（s）+OH^- \rightleftharpoons FeOH^++CO_3^{2-} \qquad\qquad lg K_{sp}=-5.6$

$$FeCO_3（s）+H_2O \rightleftharpoons FeOH^++H^++CO_3^{2-} \qquad\qquad lg^* K_{sp}=-19.6$$

$$p[FeOH^+]=19.6-pH+lg[CO_3^{2-}] \qquad\qquad （5\text{-}32）$$

（3）$FeCO_3（s）+3OH^- \rightleftharpoons Fe(OH)_3^-+CO_3^{2-} \qquad\qquad lg K_{sp}=-1.3$

$$FeCO_3（s）+3H_2O \rightleftharpoons Fe(OH)_3^-+3H^++CO_3^{2-} \qquad\qquad lg^* K_{sp}=-43.3$$

$$p[Fe(OH)_3^-]=43.3-3pH+lg[CO_3^{2-}] \qquad\qquad （5\text{-}33）$$

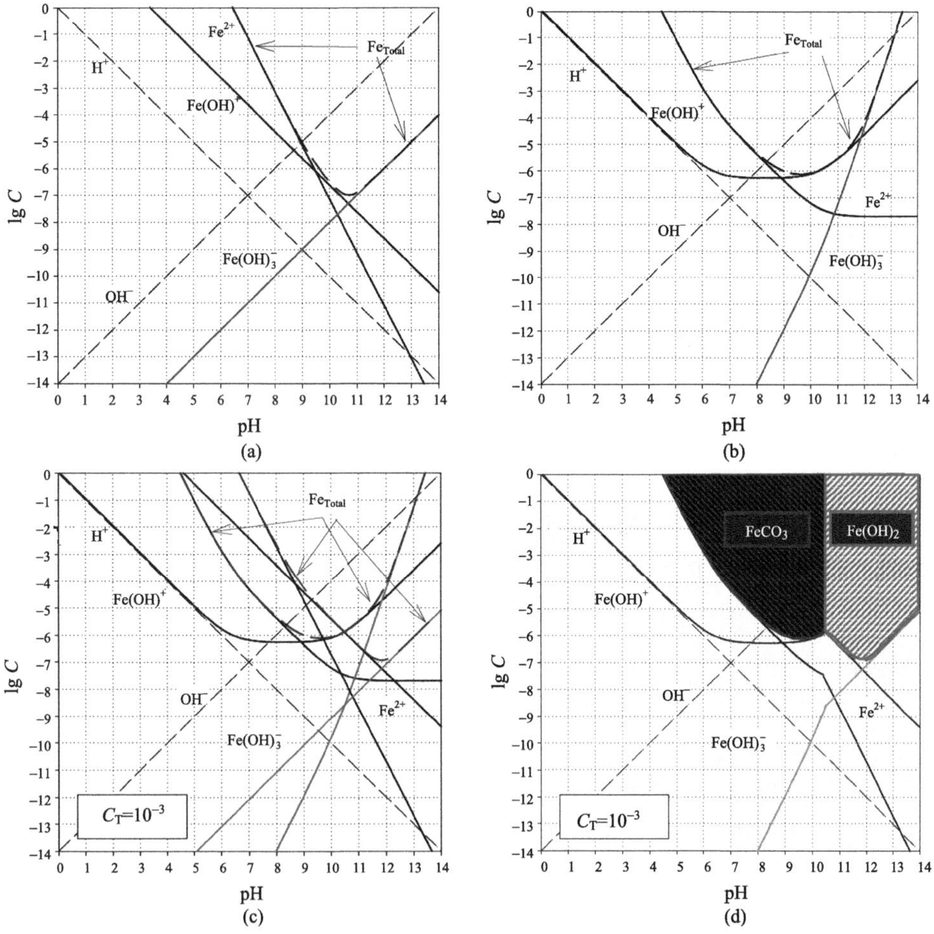

图 5.6　$FeCO_3$ 和 $Fe(OH)_2$ 的溶解图（王晓蓉和顾雪元，2018）

（a）$Fe(OH)_2$（s）单独存在下的沉淀图；（b）$FeCO_3$（s）单独存在下的沉淀图；（c）（d）两种沉淀的合并图

根据式（5-31）~式（5-33）可以绘出 $FeCO_3$（s）的溶解区域，如图5.6（b）所示。合并两个沉淀区后如图5.6（c）和图5.6（d）所示。可以看出，当 pH＜10.5 时，$FeCO_3$ 优先发生沉淀，控制着溶液中 Fe（Ⅱ）的浓度；当 pH＞10.5 以后，则转化为 $Fe(OH)_2$ 优先沉淀，控制着溶液中 Fe（Ⅱ）的浓度；而当 pH=10.5 时，则两种沉淀可同时发生。

5.1.2.2　含碳酸盐水的稳定性

含碳酸盐的水中，碳酸盐的溶解平衡是水环境化学常遇到的问题，在工业用水系统中，也经常需要知道所用的水是否会产生碳酸钙沉淀，即水的稳定性问题。通常当溶液中 $CaCO_3$（s）处于未饱和状态时，称水具有侵蚀性；当 $CaCO_3$（s）处于过饱和时，称水具有沉积性；而处于溶解平衡状态时，则称水具有稳定性。

如前所述，碳酸钙溶解平衡是两个平衡的组合，即

$$HCO_3^- \rightleftharpoons H^+ + CO_3^{2-} \qquad K_2 = \frac{[H^+][CO_3^{2-}]}{[HCO_3^-]}$$

$$Ca^{2+} + CO_3^{2-} \rightleftharpoons CaCO_3（s） \qquad K_{sp} = [Ca^{2+}][CO_3^{2-}]$$

因此，$[CO_3^{2-}]$ 需要同时满足以上两个平衡，由此可得

$$\frac{K_{sp}}{[Ca^{2+}]} = \frac{K_2}{[H^+]} \left(\frac{[Alk] + [H^+] - K_w / [H^+]}{1 + 2K_2 / [H^+]} \right) \tag{5-34}$$

当 pH＜10 时，$[H^+]$ 和 $K_w/[H^+]$ 二值相差不大，且与碱度相比甚小，故略去，此时可把式（5-34）简化为

$$[H^+] = \frac{K_2[Ca^{2+}]}{K_{sp}} \left(\frac{[Alk]}{1 + 2K_2 / [H^+]} \right) \tag{5-35}$$

此时，$[H^+]$ 可作为 $CaCO_3$ 溶解平衡状态的标志，达到饱和平衡时的 pH 称为 pH_s。当水中碱度和 $[Ca^{2+}]$ 浓度一定时，pH_s 即为一定值。pH_s 可表达如下：

$$pH_s = pK_2 - pK_{sp} - lg[Ca^{2+}] - lg[Alk] + lg(1 + 2K_2/[H^+]) \tag{5-36}$$

当 pH＜9 时，最后一项可略去，则得

$$pH_s = pK_2 - pK_{sp} - lg[Ca^{2+}] - lg[Alk] \tag{5-37}$$

式（5-37）就是根据溶液 $[Ca^{2+}]$ 和 $[Alk]$ 求平衡时 pH_s 的基本计算式。

把水的实测 pH 与根据 $[Alk]$ 和 $[Ca^{2+}]$ 计算出的 pH_s 进行比较，两者的差值称为稳定性指数 S，即 $S = pH - pH_s$，根据 S 值的大小，就可判断水的稳定性了。

当 $S＜0$ 时，表示溶液中游离碳酸实际含量大于计算所得到的平衡碳酸值，即溶液实测 $pH＜pH_s$ 计算值，溶液中实有的 $[CO_3^{2-}]$ 含量必小于饱和平衡时应有的 $[CO_3^{2-}]$ 浓度，表明此时溶液处于 $CaCO_3$ 未饱和状态，如果这种水与固体

CaCO$_3$ 相遇，就会发生溶解作用，故称此时的水具有侵蚀性。

当 $S>0$ 时，表示溶液中游离碳酸实际含量小于计算所得到的平衡碳酸值，即溶液实测 pH>pH$_s$ 计算值，即溶液处于 CaCO$_3$ 过饱和状态。在适宜条件下，此溶液将沉淀出固体的 CaCO$_3$，故称此时的水具有沉积性。

当 $S=0$ 时，表示溶液中各种化合态的实际浓度等于该溶液饱和平衡时应有的浓度值，此时溶液恰处于 CaCO$_3$ 溶解饱和状态，不会出现 CaCO$_3$ 再溶解或沉淀的趋势，故称此时的水具有稳定性。一般把 S 在 $\pm(0.25\sim0.3)$ 范围内的水都认为是稳定的。

因此，当水具有侵蚀性或沉积性时，可以利用酸化或碱化调整 pH，使水达到 CaCO$_3$ 溶解平衡的稳定状态。

【例题】某水样 pH=7.0，总碱度为 0.4 mmol/L，$[Ca^{2+}]=0.7$ mmol/L，通过计算确定是否需进行稳定性调整。

根据式（5-37）可以计算出 pH$_s$：

$$pH_s = 10.33-（8.32）+3.15-（-3.40）=8.56$$

$$S = pH-pH_s=7.0-8.56<0$$

表明水具有侵蚀性，需要碱化加以调整，使其达到稳定状态。若采用加入 NaOH 的方法碱化，可通过以下计算获得应加入的碱量。

首先求出体系 C_T，根据已有条件可得

$$C_T=\alpha[Alk]=1.224\times0.4\times10^{-3}=0.4896\times10^{-3} \text{ mol/L}$$

然后求出调整后的碱度，再求出调整平衡时的 α 值。由于

$$\alpha_2 = \frac{K_{sp}}{C_T[Ca^{2+}]} = \frac{4.8\times10^{-9}}{0.4896\times10^{-3}\times7.0\times10^{-4}} = 1.40\times10^{-2}$$

$$pH=8.48, \quad \alpha = 0.9916$$

此时，溶液碱度=C_T/α =$0.4896\times10^{-3}/0.9916=0.494\times10^{-3}$ mol/L。故应加入的碱量为

$$（0.494-0.40）\times10^{-3}=0.094\times10^{-3} \text{ mol/L}$$

如果水中含盐量较大，电解质离子之间存在相互影响，因此电解质的表观浓度不能代表其有效浓度，尚需考虑溶液离子强度的影响，以离子活度值进行计算。

5.2 配 合 作 用

人们在研究污染物在水体中的发生、迁移、反应、影响和归趋规律，以及如何控制污染和恢复水体的实践中，逐步认识到污染物特别是重金属大部分以配合物形态存在于水体中，其迁移、转化及毒性等均与配合作用有密切关系。

地下水体中有许多阳离子和阴离子，其中某些阳离子是良好的配合物中心

体，某些阴离子则可作为配位体，它们之间的配合作用和反应速度等概念与机制，可以应用配合物化学基本理论予以描述，如关于软硬酸碱理论、欧文-威廉姆斯顺序等。根据软硬酸碱（HSAB）理论，硬酸倾向于与硬碱结合，而软酸倾向于与软碱结合，中间酸（碱）则与软、硬碱（酸）都能结合，以此估计金属和配位体形成离子或配合物的趋势及其稳定性的大致顺序。

地下水体中重要的无机配位体有 OH^-、Cl^-、CO_3^{2-}、HCO_3^-、F^-、SO_4^{2-} 等。以上离子均属于路易斯硬碱，它们易与硬酸进行配合。如 OH^- 在水溶液中将优先与某些作为中心离子的硬酸结合（如 Fe^{3+} 等），形成羟基配合离子或氢氧化物沉淀。有机配位体情况比较复杂，动植物组织的天然降解产物，如氨基酸、糖、腐殖酸，以及生活废水中的洗涤剂、清洁剂等，这些有机物相当一部分具有配合能力。

5.2.1　配合物在溶液中的稳定性

配合物在溶液中的稳定性是指配离子在溶液中离解成中心离子（原子）和配体，当离解达到平衡时离解程度的大小。这是配合物特有的重要性质。为了讨论中心离子（原子）和配体性质对稳定性的影响，先简述配位化合物的形成特征。

水中金属离子可以与电子供给体结合，形成一个配位化合物（或离子）。例如，Cd^{2+} 和一个配位体 CN^- 结合形成 $CdCN^+$ 配合离子：

$$Cd^{2+}+CN^- \longrightarrow CdCN^+$$

$CdCN^+$ 离子还可继续与 CN^- 结合逐渐形成稳定性变弱的配合物 $Cd(CN)_2$、$[Cd(CN)_3]^-$ 和 $[Cd(CN)_4]^{2-}$。CN^- 是一个单齿配体，它仅有一个位置与 Cd^{2+} 成键。多齿配体是具有不止一个配位原子的配体，如甘氨酸、乙二胺是二齿配体，二乙基三胺是三齿配体，乙二胺四乙酸根是六齿配体，它们与中心原子形成环状配合物称为螯合物。例如，乙二胺四乙酸与金属离子所形成的环状配合物即是螯合物，其结构如下：

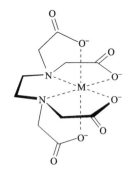

显然，螯合物比单齿配体所形成的配合物稳定性要大得多。

稳定常数是衡量配合物稳定性大小的尺度，例如 $ZnNH_3^{2+}$ 可由下面反应生成：

$$Zn^{2+} + NH_3 \rightleftharpoons ZnNH_3^{2+}$$

生成常数 K_1 为

$$K_1 = \frac{[ZnNH_3^{2+}]}{[Zn^{2+}][NH_3]} = 3.9 \times 10^2 \qquad (5\text{-}38)$$

在上述反应中为了简便起见，把水合水省略了。然后 $ZnNH_3^{2+}$ 继续与 NH_3 反应，生成 $Zn(NH_3)_2^{2+}$：

$$ZnNH_3^{2+} + NH_3 \rightleftharpoons Zn(NH_3)_2^{2+}$$

生成常数 K_2 为

$$K_2 = \frac{[Zn(NH_3)_2^{2+}]}{[ZnNH_3^+][NH_3]} = 2.1 \times 10^2 \qquad (5\text{-}39)$$

这里 K_1、K_2 称为逐级生成常数（或逐级稳定常数），表示 NH_3 加至中心 Zn^{2+} 上是一个逐步的过程。累积稳定常数是指几个配位体加到中心金属离子过程的加和。例如，$Zn(NH_3)_2^{2+}$ 的生成可用下面的反应式表示：

$$Zn^{2+} + 2NH_3 \rightleftharpoons Zn(NH_3)_2^{2+}$$

β_2 为累积稳定常数：

$$\beta_2 = \frac{[Zn(NH_3)_2^{2+}]}{[Zn^{2+}][NH_3]^2} = K_1 \cdot K_2 = 8.2 \times 10^4 \qquad (5\text{-}40)$$

同样，对于 $Zn(NH_3)_3^{2+}$ 的生成，有 $\beta_3 = K_1 \cdot K_2 \cdot K_3$，$Zn(NH_3)_4^{2+}$ 有 $\beta_4 = K_1 \cdot K_2 \cdot K_3 \cdot K_4$。

概括起来，配合物平衡反应相应的平衡常数可表示如下。

$$M \xrightarrow[K_1]{L} ML \xrightarrow[K_2]{L} ML_2 \cdots \xrightarrow[K_n]{L} ML_n$$

$$\xrightarrow{}$$
$$\beta_2$$

$$\xrightarrow{}$$
$$\beta_n$$

$$K_n = \frac{[ML_n]}{[ML_{n-1}][L]} \qquad\qquad \beta_n = \frac{[ML_n]}{[M][L]^n}$$

从上述两个表达式也可看出 K 和 β 之间的关系，当 K_n 或 β_n 越大，配离子越难离解，配合物也越稳定。因此，从稳定常数的值可以算出溶液中各级配离子的平衡浓度。

5.2.2 羟基对重金属离子的配合作用

由于大多数重金属离子均能水解，其水解过程实际上就是羟基配合过程，它是影响一些重金属难溶盐溶解度的主要因素，因此，人们特别重视羟基对重金属的配合作用。现以 Me^{2+} 为例。

$$Me^{2+}+OH^- \rightleftharpoons MeOH^+ \qquad K_1=\frac{[MeOH^+]}{[Me^{2+}][OH^-]} \qquad (5-41)$$

$$MeOH^++OH^- \rightleftharpoons Me(OH)_2^0 \qquad K_2=\frac{[Me(OH)_2^0]}{[MeOH^+][OH^-]} \qquad (5-42)$$

$$Me(OH)_2^0+OH^- \rightleftharpoons Me(OH)_3^- \qquad K_3=\frac{[Me(OH)_3^-]}{[Me(OH)_2^0][OH^-]} \qquad (5-43)$$

$$Me(OH)_3^-+OH^- \rightleftharpoons Me(OH)_4^{2-} \qquad K_4=\frac{[Me(OH)_4^{2-}]}{[Me(OH)_3^-][OH^-]} \qquad (5-44)$$

这里 K_1、K_2、K_3 和 K_4 为羟基配合物的逐级生成常数。在实际计算中，常用累积生成常数 β_1、β_2、β_3⋯表示。

$$Me^{2+}+OH^- \rightleftharpoons Me(OH)^+ \qquad \beta_1=K_1$$

$$Me^{2+}+2OH^- \rightleftharpoons Me(OH)_2^0 \qquad \beta_2=K_1 \cdot K_2$$

$$Me^{2+}+3OH^- \rightleftharpoons Me(OH)_3^- \qquad \beta_3=K_1 \cdot K_2 \cdot K_3$$

$$Me^{2+}+4OH^- \rightleftharpoons Me(OH)_4^{2-} \qquad \beta_4=K_1 \cdot K_2 \cdot K_3 \cdot K_4$$

以 β 代替 K，则计算各种羟基配合物占金属总量的百分数并以 φ 表示，它与累积生成常数及 pH 有关，因为

$$[Me]_总=[Me^{2+}]+[MeOH^+]+[Me(OH)_2^0]+[Me(OH)_3^-]+[Me(OH)_4^{2-}]$$

由以上可得

$$[Me]_总=[Me^{2+}]\{1+\beta_1[OH^-]+\beta_2[OH^-]^2+\beta_3[OH^-]^3+\beta_4[OH^-]^4\}=[Me^{2+}]\cdot\alpha$$

设 $\alpha=1+\beta_1[OH^-]+\beta_2[OH^-]^2+\beta_3[OH^-]^3+\beta_4[OH^-]^4$，则得

$$\varphi_0=\frac{[Me^{2+}]}{[Me]_总}=\frac{1}{\alpha} \qquad (5-45)$$

$$\varphi_1=\frac{[Me(OH)^+]}{[Me]_总}=\frac{\beta_1[Me^{2+}][OH^-]}{[Me^{2+}]\cdot\alpha}=\varphi_0\beta_1\cdot[OH^-] \qquad (5-46)$$

$$\varphi_2=\frac{[Me(OH)_2^0]}{[Me]_总}=\varphi_0\beta_2\cdot[OH^-]^2 \qquad (5-47)$$

$$\varphi_n = \frac{[\mathrm{Me(OH)}_n^{(n-2)^-}]}{[\mathrm{Me}]_{\text{总}}} = \varphi_0 \cdot \beta_n \cdot [\mathrm{OH}^-]^n \qquad (5\text{-}48)$$

在一定温度下，β_1、$\beta_2 \cdots \beta_n$ 等为定值，φ 仅是 pH 的函数。图 5.7 表示了 Cd^{2+}-OH^- 配合离子在不同 pH 下的分布。图 5.8 表示了 Zn^{2+}-OH^- 配合离子在不同 pH 下的分布。

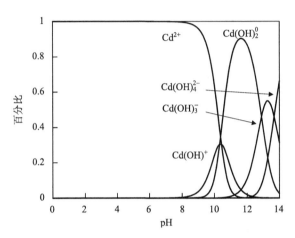

图 5.7　Cd^{2+}-OH^- 配合离子在不同 pH 下的分布（陈静生，1987）

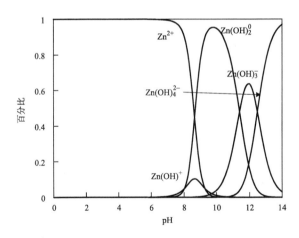

图 5.8　Zn^{2+}-OH^- 配合离子在不同 pH 下的分布（陈静生，1987）

由图 5.7 和图 5.8 可看出：

（1）Cd^{2+}：pH<8 时，基本上以 Cd^{2+} 形态存在；pH=8 时，开始形成 $\mathrm{Cd(OH)}^+$；pH$\approx$10 时，$\mathrm{Cd(OH)}^+$ 达到峰值；pH=12 时，$\mathrm{Cd(OH)}_2^0$ 达到峰值；pH=13 时，$\mathrm{Cd(OH)}_3^-$ 达到峰值；当 pH>13.5 时，则 $\mathrm{Cd(OH)}_4^{2-}$ 占优势。

（2）Zn^{2+}：pH<7 时，基本上以 Zn^{2+} 形态存在；pH=7 时有微量 $Zn(OH)^+$ 生成；pH=8～11 时，$Zn(OH)_2^0$ 占优势；pH>11 时，可生成 $Zn(OH)_3^-$ 与 $Zn(OH)_4^{2-}$。

5.2.3　腐殖质的配合作用

　　腐殖质是生物体物质在土壤、水和沉积物中转化而成的有机高分子物质，相对分子质量在 300～30000。一般根据其在碱和酸溶液中的溶解度把其划分为三类：

　　（1）腐殖酸（humic acid）：可溶于稀碱液但不溶于酸的部分，相对分子质量由数千到数万；

　　（2）富里酸（fulvic acid）：可溶于酸又可溶于碱的部分，相对分子质量由数百到数千；

　　（3）腐黑物（humin）：不能被酸和碱提取的部分。

　　在腐殖酸和腐黑物中，C 含量 50%～60%、O 含量 30%～35%、H 含量 4%～6%、N 含量 2%～4%；而富里酸中 N 含量较少，为 1%～3%，C 和 O 含量较多，均为 44%～50%。不同地区和不同来源的腐殖质其分子量组成和元素组成都有区别。

　　腐殖质在结构上的显著特点是除含有大量苯环外，还含有大量羧基、醇基和酚基。富里酸单位质量含有的含氧官能团数量较多，因而亲水性也较强。这些官能团在水中可以离解并产生化学作用，因此腐殖质具有高分子电解质的特征，表现为酸性。腐殖酸和富里酸的结构式如图 5.9 和图 5.10 所示。

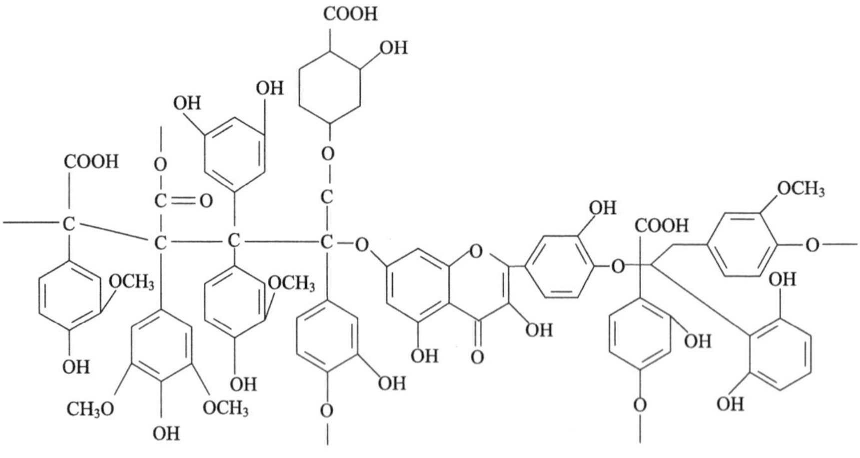

图 5.9　腐殖酸的部分化学结构

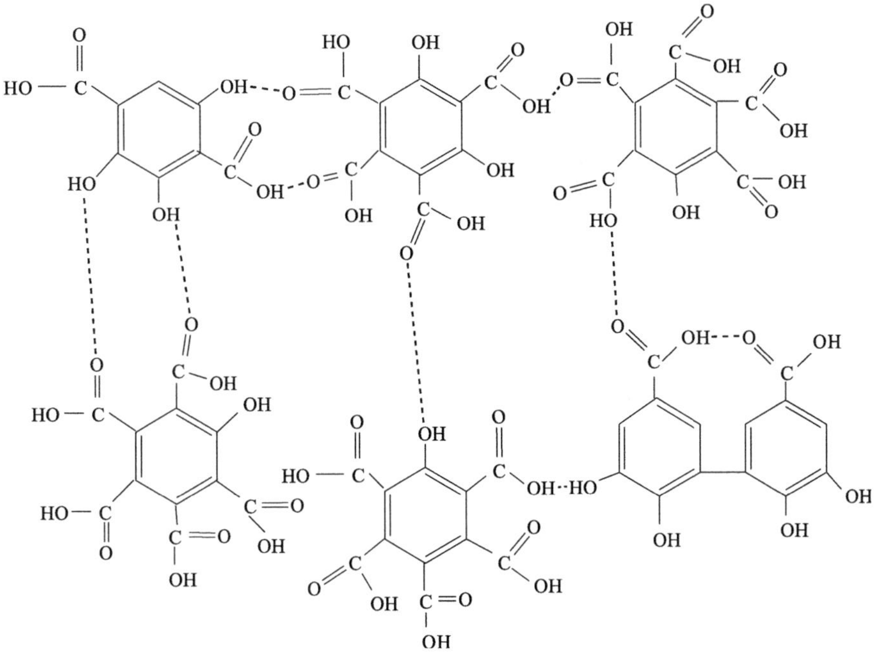

图 5.10　富里酸的分子结构式

　　腐殖质与金属离子生成配合物是它们最重要的环境性质之一，金属离子能在羧基及羟基间螯合成键：

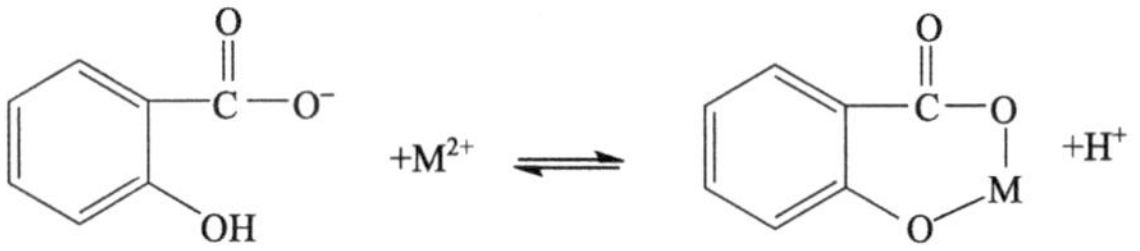

或者在二个羧基间螯合：

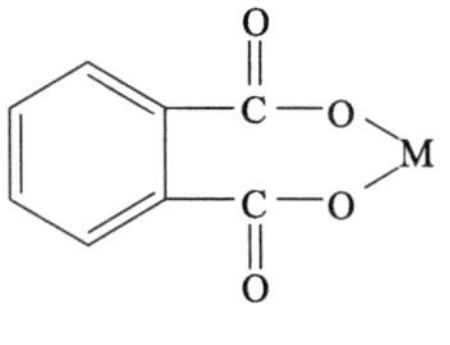

或者与一个羧基形成配合物：

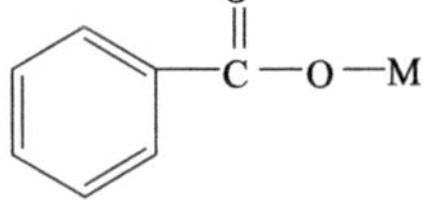

　　许多研究表明，重金属在天然水体中主要以腐殖质的配合物形式存在。Matson 等（1969）指出 Cd、Pb 和 Cu 在美洲的大湖（Great Lake）水中不存在游离离子，而是以腐殖酸配合物形式存在。Mantoura 等（1978）认为，90%以上的

Hg 和大部分 Cu 与腐殖酸形成配合物，而其他金属只有小于 11% 的与腐殖酸配合。

重金属与水体中腐殖酸所形成的配合物稳定性，因水体腐殖酸来源和组分不同而有差别。Hg 和 Cu 有较强的配合能力，这点对考虑重金属的水体污染具有很重要的意义。许多阳离子，如 Li^+、Na^+、Co^{2+}、Mn^{2+}、Ba^{2+}、Zn^{2+}、Mg^{2+}、La^{3+}、Fe^{3+}、Al^{3+}、Ce^{3+}、Th^{4+}，都不能置换 Hg。

腐殖酸与金属配合作用对重金属在环境中的迁移转化有重要影响，特别表现在颗粒物吸附和难溶化合物溶解度方面。腐殖酸本身的吸附能力很强，这种吸附能力甚至不受其他配合作用的影响。国外有人研究，腐殖质的存在大大地减少了镉、铜和镍在水合氧化铁上的吸附，这是由于形成了溶解的铜-腐殖质配合物的竞争限制了铜的吸附，腐殖酸也可以很容易吸附在天然颗粒物上，于是改变了颗粒物的表面性质。我国彭安等（1983）研究了天津蓟运河中腐殖酸对汞的迁移转化的影响，结果表明腐殖酸对底泥中汞有显著的溶出影响，并对河水中溶解态汞的吸附和沉淀有抑制作用。以上研究均表明配合作用可抑制金属以碳酸盐、硫化物、氢氧化物形式的沉淀产生。

腐殖酸对水体中重金属的配合作用还影响重金属对水生生物的毒性。近年来已有报道，腐殖酸可减弱汞对浮游植物的抑制作用，同样减轻了对浮游动物的毒性。在我国克山病和大骨节流行病区，饮用水中腐殖酸含量高于非病区，将饮用水经活性炭处理后，发病率有所缓和，可能是腐殖酸干扰和破坏人体对无机元素（如 Cu、Mg、SO_4^{2-}、SeO_3^{2-}、Mo 和 V）的吸附平衡所致。

现在人们开始注意腐殖酸与阴离子的作用，它可以和水体中 NO_3^-、SO_4^{2-}、PO_4^{3-} 等反应，增加了水体中各种阳离子、阴离子反应的复杂性。另外，腐殖酸对有机污染物的作用，如对其活性、行为和残留速度等影响已开始有研究。它能键合水体中的有机物，如 PCB 和 DDT，从而影响它们的迁移和分布；环境中的芳香胺能与腐殖酸共价键合；而另一类有机污染物像邻苯二甲酸二烷基酯可与腐殖酸形成水溶性配合物。

5.3　氧化-还原作用

氧化-还原平衡对地下水环境中污染物的迁移转化具有重要意义。例如，一个厌氧性水体，元素都将以还原形态存在：碳还原成-4 价形成 CH_4，氮形成 NH_4^+，硫形成 H_2S，铁形成可溶性 Fe^{2+}；而相对氧化性介质，如果达到热力学平衡时，则上述元素将以氧化态存在：碳成为 CO_2，氮成为 NO_3^-，铁成为 $Fe(OH)_3$ 沉淀，硫成为 SO_4^{2-}。又如有机污染物被释放到土壤或含水层中时将引发一系列的氧化还原反应。

关于水中的氧化还原反应，需要特别强调以下两点。首先，许多重要的氧化还原反应均为微生物催化反应。细菌是一个催化剂，能使分子氧与有机物质反应、三价铁还原成二价铁以及 NH_4^+ 氧化为硝酸盐；再次，水环境中的氧化还原反应与酸碱反应类似。例如，在酸碱反应中，氢离子活度用来表示水体酸性或碱性的程度。同样，电子活度用来表示水体自由电子的有效浓度。实际上，自由电子在水溶液中并不存在，但是电子活度的概念与氢离子活度的概念一样，对水化学家是很有用的。

在本节介绍的体系中，都假定它们是热力学平衡的。实际上这种状态在天然水体系中是几乎不可能达到的，这是因为许多氧化还原反应是缓慢的，很少达到平衡状态，即使达到平衡，往往也是在局部区域内。所以，实际体系是几种不同的氧化还原反应的混合行为，但这种平衡体系的设想，对于用一般方法去认识天然水体中发生化学变化趋向会有很大帮助，通过平衡计算，可提供体系必然发展趋向的边界条件。

5.3.1　基本原理

5.3.1.1　半反应式

在化学反应中，某些物质失去电子，发生氧化反应，则此物质称为还原剂；某些物质获得电子，发生还原反应，则此物质称为氧化剂。在反应中氧化和还原反应同时发生，氧化剂和还原剂同时存在，因此称为氧化还原反应。但是，在通常的化学反应式中并没有表示出电子转移和得失的过程。例如，在游离氧的作用下，Fe^{2+} 变成 Fe^{3+} 的反应常用下式表示：

$$4\,Fe^{2+} + O_2 + 4\,H^+ \rightleftharpoons 4\,Fe^{3+} + 2\,H_2O \qquad (5\text{-}49)$$

实质上，上述反应是一个氧化反应和一个还原反应相互争夺电子的过程，其反应分别如下：

$$O_2 + 4\,H^+ + 4e \rightleftharpoons 2\,H_2O \qquad （还原反应） \qquad (5\text{-}50)$$

$$4\,Fe^{2+} \rightleftharpoons 4\,Fe^{3+} + 4e \qquad （氧化反应） \qquad (5\text{-}51)$$

式（5-50）和式（5-51）称为半反应式，"e"表示带负电荷的电子；其中式（5-50）是表示还原反应的半反应式，氧化态（O^0）和电子写在式的左侧，还原态（O^{2-}）等写在式的右侧；式（5-51）是表示氧化反应的半反应式，反应式的左侧为还原态的（Fe^{2+}），右侧为氧化态（Fe^{3+}）和电子。一般情况下，半反应式以还原形式表示。式（5-49）是式（5-50）和式（5-51）联合的结果，式（5-49）称为完全反应式，式中没有自由电子。地下水系统中有意义的一些半反应式见表 5.3。

表 5.3　地下水系统中多种组分的氧化还原半反应式（任加国和武倩倩，2014）

序号	半反应式
1	$O_2 + 4H^+ + 4e \rightleftharpoons 2H_2O$
2	$2H^+ + 2e \rightleftharpoons H_2（g）$
3	$2H_2O + 2e \rightleftharpoons H_2（g）+ 2OH^-$
4	$2NO_3^- + 12H^+ + 10e \rightleftharpoons N_2（g）+ 6H_2O$
5	$2NO_3^- + 10H^+ + 8e \rightleftharpoons N_2O（g）+ 5H_2O$
6	$SO_4^{2-} + 8H^+ + 8e \rightleftharpoons S^{2-} + 4H_2O$
7	$SO_4^{2-} + 9H^+ + 8e \rightleftharpoons HS^- + 4H_2O$
8	$SO_4^{2-} + 10H^+ + 8e \rightleftharpoons H_2S（g）+ 4H_2O$
9	$SO_4^{2-} + 8H^+ + 6e \rightleftharpoons S（s）+ 4H_2O$
10	$S（s）+ 2H^+ + 2e \rightleftharpoons H_2S（g）$
11	$Fe(OH)_3（s）+ 3H^+ + e \rightleftharpoons Fe^{2+} + 3H_2O$
12	$Fe(OH)_3（s）+ H^+ + e \rightleftharpoons Fe(OH)_2（s）+ H_2O$
13	$FeS_2（s）+ 4H^+ + 2e \rightleftharpoons Fe^{2+} + 2H_2S（g）$
14	$Fe^{2+} + 2S（s）+ 2e \rightleftharpoons FeS_2（s）$
15	$Mn^{2+} + 2e \rightleftharpoons Mn（s）$

5.3.1.2　标准氧化还原电位

在标准状态下，金属与含有该金属离子且活度为 1mol/L 的溶液相接触的电位称为该金属的标准电极电位（以氢的标准电极电位为零测定）。由于标准电极电位表示物质氧化性及还原性的强弱，所以又称为标准氧化还原电位，以符号 $E^\ominus$ 表示，其单位为 V。每个反应式都有它的 $E^\ominus$ 值，例如：

$$Pb^{2+} + 2e \rightleftharpoons Pb \qquad E^\ominus = -0.126\ V$$

$$F_2 + 2e \rightleftharpoons 2F^- \qquad E^\ominus = +2.89\ V$$

半反应中物质的氧化态和还原态构成相应的氧化还原电对，如上式中的氧化还原电对为 Pb^{2+}/Pb 和 F^-/F，其标准氧化还原电位通常记作 $E^\ominus_{Pb^{2+}/Pb}$。$E^\ominus$ 值的大小表征其氧化或还原的能力。$E^\ominus$ 值越大，表示该电对中的氧化态吸引电子能力强，为较强的氧化剂，如上述的 $E_{F^-/F}^{\ominus} = +2.89V$ ，其氧化态（F）吸引电子能力强，所以它在水中以 F^- 出现；而 $E_{Pb^{2+}/Pb}^{\ominus} = -0.126V$ ， $E^{\ominus}$ 值小，其还原态（Pb）失去电子的倾向大，所以它在水中多以 Pb^{2+} 出现。

5.3.1.3　能斯特方程

在实际的系统中，参加氧化还原反应的组分活度一般都不是 1mol/L 等标准态条件，则该半反应的电位称为氧化还原电位，以 E 表示，单位为 V。

E 与 $E^{\ominus}$ 和参加组分的活度有关，表示这种关系的方程称为能斯特方程：

$$E = E^{\ominus} + \frac{RT}{nF} \ln \frac{[氧化态]}{[还原态]} \tag{5-52}$$

式中， E 与 $E^{\ominus}$ 分别为氧化还原电位和标准氧化还原电位（V）； R 为气体常数，0.008314kJ/mol； T 为热力学温度（K）； n 为反应中的电子数； F 为法拉第常数，96.564kJ/V；方括号代表活度。把式（5-52）变为常用对数形式：

$$E = E^{\ominus} + \frac{2.303RT}{nF} \lg \frac{[氧化态]}{[还原态]} \tag{5-53}$$

在标准状态下，式（5-53）变为

$$E = E^{\ominus} + \frac{0.059}{n} \lg \frac{[氧化态]}{[还原态]} \tag{5-54}$$

5.3.1.4　电子活度和氧化还原电位

1. 电子活度的概念

酸碱反应和氧化还原反应之间存在着概念上的相似性，酸和碱用质子给予体和质子接受体来解释，故 pH 的定义为

$$pH = -\lg a_{H^+} \tag{5-55}$$

式中， a_{H^+} 为氢离子在水溶液中的活度，它衡量溶液接受或迁移质子的相对趋势。与此相似，还原剂和氧化剂可以定义为电子给予体和电子接受体，故 pe 的定义为

$$pe = -\lg a_e \tag{5-56}$$

式中， a_e 是水溶液中电子的活度。由于 a_{H^+} 可以在好几个数量级范围内变化，所以 pH 可以很方便地用 a_{H^+} 来表示。同样，一个稳定的水系统的电子活度可以在 20 个数量级范围内变化，所以也可以很方便地用 pe 来表示 a_e。20 世纪 60 年代，国外的一些学者建议用电子活度 pe 来代替 E。

pe 严格的热力学定义是由 Stumm 和 Morgan 提出的，基于下列反应：

$$2H^+（aq）+2e \rightleftharpoons H_2（g） \tag{5-57}$$

当这个反应的全部组分都以 1 个单位活度存在时，该反应的吉布斯自由能变化 ΔG_r 可定义为零。水中氧化还原反应的 ΔG_r 也是在溶液中全部离子的生成自由能的基础上定义的。

根据在离子的强度为零的介质中，$[H^+]=1.0 \times 10^{-7}$ mol/L、$a_{H^+}=1.0 \times 10^{-7}$ mol/L、pH=7.0，但是，电子活度必须根据式（5-57）定义。当 H^+（aq）在 1 单位活度与 1 atm H_2 平衡（同样活度也为 1 mol/L）的介质中，电子活度才为 1.00 mol/L 及 pe=0。如果电子活度增加 10 倍[正如 H^+（aq）活度为 0.100 mol/L 与活度为 1.00 mol/L H_2 平衡时的情况]，那么电子活度将为 10 mol/L，并且 pe = −1.0。

因此，pe 是平衡状态下（假想）的电子活度，它衡量溶液接受或迁移电子的相对趋势，在还原性很强的溶液中，其趋势是给出电子。从 pe 的概念可知，pe 越小，电子浓度越高，体系提供电子的倾向就越强；反之，pe 越大，电子浓度越低，体系接受电子的倾向就越强。

2. 氧化还原电位 E 和 pe 的关系

若有一个氧化还原半反应：

$$Ox + ne \rightleftharpoons Red \tag{5-58}$$

根据能斯特（Nernst）方程式，则上述半反应可写成

$$E = E^\ominus - \frac{2.303RT}{nF} \lg \frac{[Red]}{[Ox]}$$

当反应平衡时，

$$E^\ominus = \frac{2.303RT}{nF} \lg K$$

$$\lg K = \frac{nFE^\ominus}{2.303RT} = \frac{nE^\ominus}{0.0591} \quad （25℃）$$

从理论上考虑也可将式（5-58）的平衡常数 K 表示为

$$K = \frac{[Red]}{[Ox][e]^n}$$

$$[e] = \left\{ \frac{1}{K} \cdot \frac{[Red]}{[Ox]} \right\}^{\frac{1}{n}}$$

根据 pe 的定义，则上式可改写为

$$pe = -\lg[e] = \frac{1}{n}\left\{\lg K - \lg \frac{[\text{Red}]}{[\text{Ox}]}\right\} \qquad (5\text{-}59)$$

$$= \frac{EF}{2.303RT} = \frac{E}{0.0591} \quad (25℃)$$

式中，E 为氧化还原电位（V）；pe 为无因次指标，它衡量溶液中可供给电子的水平。同样，

$$pe^{\ominus} = \frac{E^{\ominus} F}{2.303RT} = \frac{E^{\ominus}}{0.0591} \quad (25℃) \qquad (5\text{-}60)$$

因此，根据 Nernst 方程，pe 的一般表示形式为

$$pe = pe^{\ominus} - \frac{1}{n}\lg \frac{[\text{Red}]}{[\text{Ox}]} \qquad (5\text{-}61)$$

5.3.1.5　相对反应趋势及氧化还原平衡

整个反应的相对反应趋势可从半反应看出，一些典型的还原半反应的标准电极电位及 $pe^{\ominus}$ 的值为

$$Hg^{2+}+2e \rightleftharpoons Hg \qquad E^{\ominus}=+0.789V \qquad pe^{\ominus}=13.35 \qquad (5\text{-}62)$$

$$Cu^{2+}+2e \rightleftharpoons Cu \qquad E^{\ominus}=+0.337V \qquad pe^{\ominus}=5.71 \qquad (5\text{-}63)$$

$$2H^{+}+2e \rightleftharpoons H_2 \qquad E^{\ominus}=0.00V \qquad pe^{\ominus}=0.00 \qquad (5\text{-}64)$$

$$Pb^{2+}+2e \rightleftharpoons Pb \qquad E^{\ominus}=-0.126V \qquad pe^{\ominus}=-2.13 \qquad (5\text{-}65)$$

标准电极电位或 $pe^{\ominus}$ 的正值越大，则发生还原反应的倾向越大。因此，如果将一块铅皮投入 Cu^{2+} 溶液中，则铅上将附上一层金属铜：

$$Cu^{2+}+Pb \longrightarrow Cu+Pb^{2+} \qquad (5\text{-}66)$$

这个反应的发生是因为 Cu^{2+} 获得电子的能力较铅保留电子的能力强。与此相似，在强酸性溶液中，金属铜将不会使 H_2 放出，因为 H^+ 吸引电子的能力比 Cu^{2+} 小；相反铅就可以在酸性溶液中置换出氢气。

如果一个半反应写成氧化式，则所测量的标准电极电位 $E^{\ominus}$ 的符号要相反。因此，正确的把方程（5-63）改写为

$$Cu \rightleftharpoons Cu^{2+}+2e \qquad E^{\ominus}=-0.337V \qquad (5\text{-}67)$$

当然，如果将反应写成氧化式，$pe^{\ominus}$ 的符号也要改变

$$Cu \rightleftharpoons Cu^{2+}+2e \qquad pe^{\ominus}=-5.71 \qquad (5\text{-}68)$$

无论如何写反应或给出 $E^{\ominus}$ 的符号，根据氢电极，铜的电位在静电学上还

是正极。

半反应可以组合成全反应。例如，由金属铅还原铜离子的整个反应，可从方程（5-63）铜的半反应减去方程（5-65）铅的半反应获得。

$$\text{Cu}^{2+}+2e \rightleftharpoons \text{Cu} \qquad E^{\ominus}=+0.337\text{V} \qquad \text{pe}^{\ominus}=5.71$$

$$-)\quad \text{Pb}^{2+}+2e \rightleftharpoons \text{Pb} \qquad E^{\ominus}=-0.126\text{V} \qquad \text{pe}^{\ominus}=-2.13$$

$$\text{Cu}^{2+}+\text{Pb} \rightleftharpoons \text{Cu}+\text{Pb}^{2+} \qquad E^{\ominus}=+0.463\text{V} \qquad \text{pe}^{\ominus}=7.84 \qquad (5\text{-}69)$$

$E^{\ominus}$ 和 $\text{pe}^{\ominus}$ 为正值，说明整个反应如式（5-69）所示是向右进行的。

如果 Pb^{2+} 及 Cu^{2+} 的活度不等于 1mol/L 怎么办？这也可以用 Nernst 方程计算。

如果铜电极和铅电极之间用金属丝相连，电流就可在两极间通过，反应式（5-69）将发生，直至 $[\text{Pb}^{2+}]$ 很高，$[\text{Cu}^{2+}]$ 很低，反应停止。此时体系处于平衡状态，电流不再流过，E 等于零。根据方程给出该反应的平衡常数为

$$K = \frac{[\text{Pb}^{2+}]}{[\text{Cu}^{2+}]}$$

由于平衡时 E 为 0，平衡常数 K 就可从 Nernst 方程获得

$$E = E^{\ominus} - \frac{0.0591}{2}\lg\frac{[\text{Pb}^{2+}]}{[\text{Cu}^{2+}]}$$

$$0 = 0.463 - \frac{0.0591}{2}\lg K \qquad (5\text{-}70)$$

根据 pe 及 $\text{pe}^{\ominus}$，即可获得两个相对应的方程式：

$$\text{pe} = \text{pe}^{\ominus} - \frac{1}{2}\lg\frac{[\text{Pb}^{2+}]}{[\text{Cu}^{2+}]}$$

$$0.00 = 7.84 - \frac{1}{2}\lg K \qquad (5\text{-}71)$$

不论从式（5-70）还是从式（5-71），得到的 K 值均为 15.7。对于包含有 n 个电子的氧化还原反应，其平衡常数可由下面公式给出

$$\lg K = \frac{nFE^{\ominus}}{2.303RT} = \frac{nE^{\ominus}}{0.0591} \qquad (25℃) \qquad (5\text{-}72)$$

此处 $E^{\ominus}$ 是整个反应的 $E^{\ominus}$ 值，这样平衡常数就由下列方程给出

$$\lg K = n（\text{pe}^{\ominus}） \qquad (5\text{-}73)$$

5.3.1.6　E 和 pe 与自由能的关系

在预测或解释水体行为时，如能预测从体系化学反应中可能获得的能量大

小，显然是很有意义的。对于氧化还原反应来说，可根据吉布斯自由能的变化 ΔG_r 去预测反应趋势，而 ΔG_r 又可根据 E 或 pe 获得。例如，对于一个包括 n 个电子的氧化还原反应，吉布斯自由能变化可从以下两个方程中的任一个给出

$$\Delta G_r = -nFE$$

$$\Delta G_r = -2.303\,nRT\,(\text{pe})$$

若将 F 值 96500J/(V·mol)代入，便可获得以 J/mol 为单位的自由能变化值。当所有反应组分都处于标准状态下（纯液体、纯固体、溶质的活度为 1.00mol/L），下列方程适用：

$$\Delta G_r^{\ominus} = -nFE^{\ominus} \tag{5-74}$$

$$\Delta G_r^{\ominus} = -2.303\,nRT\,(\text{pe}^{\ominus}) \tag{5-75}$$

例如，$Fe(OH)_3$ 和 Fe^{3+} 处于平衡状态时的氧化还原反应是

$$Fe(OH)_3（s）+3H^+ + e \Longrightarrow Fe^{2+} + 3H_2O$$

假定还原反应 $\Delta G_r^{\ominus} = -91.4\,kJ/mol$，根据式（5-75），可算出 25℃时的 $\text{pe}^{\ominus}$：

$$\text{pe}^{\ominus} = \frac{91.4}{2.303 \times 0.008134 \times 298} = 16.37$$

因而可以算出

$$\text{pe} = 16.37 + \lg\frac{[H^+]^3}{[Fe^{2+}]}$$

5.3.2　氧化还原平衡图示法

在氧化还原体系中，往往有 H^+ 或 OH^- 参与转移，因此，pe 除了与氧化态和还原态浓度有关外，还受到体系 pH 的影响，这种关系可以用 pe-pH 图来表示。该图显示了水中各形态的稳定范围及边界线。由于地下水中可能存在的物质状态繁多，会使这种图变得非常复杂。例如，某一金属可以有不同的金属氧化态、羟基配合物以及不同形式的固体金属氧化物或氢氧化物存在于用 pe-pH 图所描述的不同区域内。大部分水体中都含有碳酸盐并含有许多硫酸盐及硫化物，因此可以有各种金属的碳酸盐、硫酸盐及硫化物在各种不同区域中占主要地位。

为了阐明 pe-pH 图的基本原理，本书只讨论一种简化了的 pe-pH 图。

5.3.2.1　水的氧化还原限度

在绘制 pe-pH 图时，必须考虑几个边界情况。首先是水的氧化还原反应限度图中的区域边界。选作水的氧化限度的边界条件是 1.00 atm 的氧分压，水的还原限度的边界条件是 1.00 atm 的氢分压，这些边界条件可使我们获得把水的稳定边

界与 pH 联系起来的方程。

水的氧化限度：

$$\frac{1}{4}O_2(g) + H^+ + e \rightleftharpoons \frac{1}{2}H_2O \qquad pe^{\ominus} = +20.75$$

$$pe = pe^{\ominus} + lg(p_{O_2}^{1/4} \cdot [H^+]) \qquad (5\text{-}76)$$

$$pe = 20.75 - pH$$

水的还原限度：

$$H^+ + e \rightleftharpoons \frac{1}{2}H_2(g) \qquad pe^{\ominus} = 0.00$$

$$pe = pe^{\ominus} - lg(p_{H_2}^{1/2}/[H^+]) \qquad (5\text{-}77)$$

$$pe = -pH$$

表明水的氧化限度以上的区域为 O_2 稳定区，还原限度以下的区域为 H_2 稳定区，在这两个限度之内的 H_2O 是稳定的，也是水质各化合态分布的区域。

5.3.2.2　pe-pH 图

下面以 Fe 为例，讨论如何绘制 pe-pH 图。

假定溶液中溶解态铁的最大浓度为 1×10^{-5} mol/L，可以考虑存在以下平衡：

$$Fe^{3+} + e \rightleftharpoons Fe^{2+} \qquad pe^{\ominus} = +13.2 \qquad (5\text{-}78)$$

$$Fe(OH)_2(s) + 2H^+ \rightleftharpoons Fe^{2+} + 2H_2O \qquad K_{sp} = \frac{[Fe^{2+}]}{[H^+]^2} = 8.0 \times 10^{12} \qquad (5\text{-}79)$$

$$Fe(OH)_3(s) + 3H^+ \rightleftharpoons Fe^{3+} + 3H_2O \qquad K'_{sp} = \frac{[Fe^{3+}]}{[H^+]^3} = 9.1 \times 10^3 \qquad (5\text{-}80)$$

常数 K_{sp} 及 K'_{sp} 可从 $Fe(OH)_2$ 及 $Fe(OH)_3$ 的溶度积导出，根据［H^+］表示成容易计算的表示式。这里没有考虑像 $Fe(OH)^{2+}$、$Fe(OH)_2^+$ 及 $FeCO_3$ 等形态的生成。

根据上述的讨论，Fe 的 pe-pH 图必须落在水的氧化还原限度内。下面根据有关的平衡方程，逐一推导 pe-pH 的边界方程。

1. Fe^{3+} 和 Fe^{2+} 的边界

考虑平衡方程（5-78）可得这两种形态的边界方程为

$$pe = 13.2 + lg\frac{[Fe^{3+}]}{[Fe^{2+}]} \qquad (5\text{-}81)$$

边界条件为［Fe^{3+}］=［Fe^{2+}］，则

$$pe = 13.2$$

因此可画出一条垂直于纵轴且平行于横轴（pH）的直线，表明与 pH 无关。当 pe＞13.2 时，$[Fe^{3+}] > [Fe^{2+}]$；当 pe＜13.2 时，则 $[Fe^{3+}] < [Fe^{2+}]$。

2. Fe^{2+} 和 $Fe(OH)_2(s)$ 的边界

根据平衡方程（5-79）及边界条件 $[Fe^{2+}] =1.00×10^{-5}$ mol/L，可获得边界方程为

$$[H^+] = \left(\frac{[Fe^{2+}]}{K_{sp}}\right)^{\frac{1}{2}} = \left(\frac{1.00×10^{-5}}{8.0×10^{12}}\right)^{\frac{1}{2}}$$

$$pH=8.95$$

故可画出一条平行于纵轴（pe）的直线，表明与 pe 无关。当 pH＞8.95 时，有 $Fe(OH)_2(s)$ 沉淀产生。

3. Fe^{2+} 和 $Fe(OH)_3(s)$ 的边界

在 Fe^{2+} 和 $Fe(OH)_3(s)$ 平衡的 pe–pH 范围内占主要形态的是可溶性 Fe^{2+}。这两种形态的边界与 pe 及 pH 有关。把式（5-80）代入式（5-81）中可得

$$pe = 13.2 + \lg \frac{K'_{sp}[H^+]^3}{[Fe^{2+}]}$$

边界条件为 $[Fe^{2+}] =1.00×10^{-5}$ mol/L，得

$$pe=22.2-3\,pH$$

作图可得一斜线，斜线上方为 $Fe(OH)_3(s)$ 稳定区，斜线下方为 Fe^{2+} 的稳定区。

4. Fe^{3+} 和 $Fe(OH)_3$ 的边界

根据式（5-80），边界条件 $[Fe^{3+}] =1.00×10^{-5}$ mol/L 可得

$$[H^+]^3 = \frac{[Fe^{3+}]}{K'_{sp}} = \frac{1.00×10^{-5}}{9×10^3}$$

$$pH=2.99$$

这是一条垂直于横轴平行于纵轴（pe）的直线，表明与 pe 无关。当 pH＞2.99 时，$Fe(OH)_3(s)$ 将陆续析出。

5. $Fe(OH)_2(s)$ 和 $Fe(OH)_3(s)$ 的边界

固相 $Fe(OH)_2$ 和 $Fe(OH)_3$ 之间的边界与 pe 及 pH 有关，但与假定的可溶性 Fe

的数值无关。将式（5-79）和式（5-80）代入式（5-81）中得

$$pe = 13.2 + \lg \frac{K'_{sp}[H^+]^3}{K_{sp}[H^+]^2}$$

$$pe = 4.3 - pH$$

得到的边界是一斜线，在斜线的上方是 $Fe(OH)_3(s)$ 的稳定区，下方为 $Fe(OH)_2(s)$ 的稳定区。

至此，已导出制作 Fe 在水中的 pe-pH 图所必需的全部边界方程，水中铁体系的简化 pe-pH 图如图 5.11 所示。由图 5.11 可看出，当这个体系在一个相当高的 H^+ 活度及高的电子活度时（酸性还原介质），Fe^{2+} 是主要形态（在大多数天然水体系中，由于 FeS 或 $FeCO_3$ 的沉淀作用，Fe^{2+} 的可溶性范围是很窄的），在这种条件下一些地下水中含有相当水平的 Fe^{2+}；在很高的 H^+ 活度及低的电子活度时（酸性氧化介质），Fe^{3+} 是主要的；在低酸度的氧化介质中，固体 $Fe(OH)_3(s)$ 是主要的存在形态；在低的 H^+ 活度及高的电子活度时（碱性还原介质），固体的 $Fe(OH)_2$ 是稳定的。

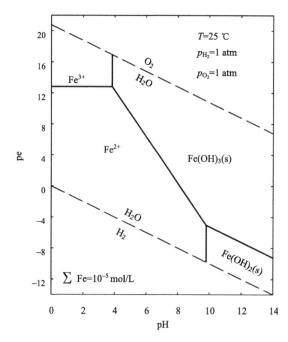

图 5.11　水中铁的简化 pe-pH 图（王晓蓉和顾雪元，2018）

5.3.3　地下水中污染物的氧化还原转化

5.3.3.1　重金属元素的氧化还原转化

重金属元素在高 pe 水中，将从低价态氧化成高价态或较高价态，而在低的 pe 水中将被还原成低价态或与其中硫化氢反应形成难溶硫化物，如硫化铅、锌、铜、镉、汞、镍、钴、银等。

现以 Fe^{3+}-Fe^{2+}-H_2O 体系为例，讨论不同 pe 时，对金属形态浓度的影响。

设总溶解铁浓度为 1.0×10^{-3} mol/L：

$$Fe^{3+}+e \rightleftharpoons Fe^{2+} \qquad pe^{\ominus} = 13.05$$

$$pe = 13.05 + \frac{1}{n} \lg \frac{[Fe^{3+}]}{[Fe^{2+}]} \qquad (5\text{-}82)$$

当 $pe \ll pe^{\ominus}$ 时，则 $[Fe^{3+}] \ll [Fe^{2+}]$

$$[Fe^{2+}] = 1.0 \times 10^{-3} \text{ mol/L}$$

所以

$$\lg[Fe^{2+}] = -3.0 \qquad (5\text{-}83)$$

$$\lg[Fe^{3+}] = pe - 16.05 \qquad (5\text{-}84)$$

当 $pe \gg pe^{\ominus}$ 时，则 $[Fe^{3+}] \gg [Fe^{2+}]$

$$[Fe^{3+}] = 1.0 \times 10^{-3} \text{ mol/L}$$

所以

$$\lg[Fe^{3+}] = -3.0 \qquad (5\text{-}85)$$

$$\lg[Fe^{2+}] = 10.05 - pe \qquad (5\text{-}86)$$

由式（5-83）、式（5-84）、式（5-85）和式（5-86）作图，即得图 5.12。由图中可看出，当 pe<12 时，$[Fe^{2+}]$ 占优势，当 pe>14 时，$[Fe^{3+}]$ 占优势。

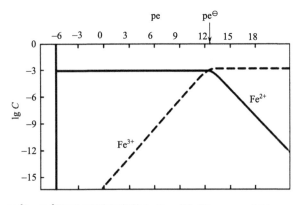

图 5.12　Fe^{3+}、Fe^{2+}氧化还原平衡的 lg$C$-pe 图（Stumm and Morgan，1996）

5.3.3.2　无机氮化物的氧化还原转化

水中氮主要以 NH_4^+ 或 NO_3^- 存在,在某些条件下,也可以有中间氧化态 NO_2^-。如同许多水中的氧化还原反应那样,氮体系的转化反应是微生物的催化作用形成的。下面讨论中性天然水的 pe 变化对无机氮形态浓度的影响。

假设总氮浓度为 $1.00×10^{-4}$ mol/L,水体 pH=7.00。

(1) 在较低的 pe 值(pe<5)时,NH_4^+ 是主要形态。在这个 pe 范围内,NH_4^+ 的浓度对数可表示为

$$lg[NH_4^+]=-4.00 \tag{5-87}$$

$lg[NO_2^-]$-pe 的关系可以根据含有 NO_2^- 及 NH_4^+ 的半反应求得

$$\frac{1}{6}NO_2^- + \frac{4}{3}H^+ + e \rightleftharpoons \frac{1}{6}NH_4^+ + \frac{1}{3}H_2O \qquad pe^\ominus =15.14$$

在 pH=7.00 时的 Nernst 方程式为

$$pe = 5.82 + lg\frac{[NO_2^-]^{1/6}}{[NH_4^+]^{1/6}} \tag{5-88}$$

以 $[NH_4^+]=1.00×10^{-4}$ mol/L 代入式(5-88),就得到 $lg[NO_2^-]$ 与 pe 的相关方程式,在这个 pH 范围,溶液中 NH_4^+ 为主要氮形态:

$$lg[NO_2^-]=-38.92+6pe \tag{5-89}$$

在 NH_4^+ 是主要形态且浓度为 $1.00×10^{-4}$ mol/L 时,$lg[NO_3^-]$-pe 的关系为

$$\frac{1}{8}NO_3^- + \frac{5}{4}H^+ + e \rightleftharpoons \frac{1}{8}NH_4^+ + \frac{3}{8}H_2O \qquad pe^\ominus =14.90 \tag{5-90}$$

$$pe=6.15+lg\frac{[NO_3^-]^{1/8}}{[NH_4^+]^{1/8}} \qquad (pH=7.00) \tag{5-91}$$

$$lg[NO_3^-]=-53.20+8pe \tag{5-92}$$

(2) 在一个狭窄的 pe 范围内,pe≈6.5,NO_2^- 是主要形态。在这个 pe 范围内,NO_2^- 的浓度对数根据方程给出

$$lg[NO_2^-]=-4.00 \tag{5-93}$$

用 $[NO_2^-]=1.00×10^{-4}$ mol/L 代入式(5-88)中,得到

$$pe = 5.82 + lg\frac{(1.00×10^{-4})^{1/6}}{[NH_4^+]^{1/6}} \tag{5-94}$$

$$lg[NH_4^+]=30.92-6pe \tag{5-95}$$

在 NO_2^- 占优势的范围内，$lg[NO_3^-]$ 的方程式可从下面的处理中得到

$$\frac{1}{2}NO_3^- + H^+ + e \Longrightarrow \frac{1}{2}NO_2^- + \frac{1}{2}H_2O \qquad pe^{\ominus} = 14.15 \qquad (5-96)$$

$$pe = 7.15 + lg\frac{[NO_3^-]^{1/2}}{[NO_2^-]^{1/2}} \qquad (pH=7.00) \qquad (5-97)$$

$$lg[NO_3^-] = -18.30 + 2pe \qquad (当[NO_2^-]=1.00\times10^{-4} \text{ mol/L 时}) \qquad (5-98)$$

（3）当 pe＞7 时，溶液中氮的形态主要为 NO_3^-，此时，

$$lg[NO_3^-] = -4.00 \qquad (5-99)$$

$lg[NO_2^-]$ 的值也可以在 pe＞7 时获得，将 $[NO_3^-]=1.00\times10^{-4}$ mol/L 代入式（5-96）：

$$pe = 7.15 + lg\frac{(1.00\times10^{-4})^{1/2}}{[NO_2^-]^{1/2}} \qquad (5-100)$$

$$lg[NO_2^-] = 10.30 - 2pe \qquad (5-101)$$

与此类似，代入式（5-91）给出在 NO_3^- 占统治区的 $lg[NH_4^+]$ 的方程式：

$$pe = 6.15 + lg\frac{(1.00\times10^{-4})^{1/8}}{[NH_4^+]^{1/8}} \qquad (5-102)$$

$$lg[NH_4^+] = 45.20 - 8pe \qquad (5-103)$$

至此，绘制水中氮系统的对数浓度图所需要的全部方程式均已导出。总体来说，在低的 pe 范围，NH_4^+ 是主要的氮形态；在中间 pe 范围，NO_2^- 是主要形态；在高 pe 范围，NO_3^- 是主要形态。对数浓度图如图 5.13 所示。

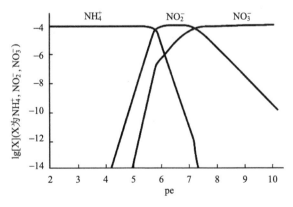

图 5.13　水中 NH_4^+ - NO_2^- - NO_3^- 体系的 lgC-pe 图（Manahan，2010）

pH=7.00，总氮浓度=1.00×10^{-4} mol/L

从图 5.13 中可以看出，NO_2^- 仅在很窄的范围内稳定。在 pH=7.00 的平衡体系中，NO_2^- 仅在 pe 为 6～7 的范围内有明显的含量出现，在 NO_2^- 稳定的范围内相应的溶解氧分压可以进行计算，只需将 pe=6.5 代入（5-76）式得

$$6.5=20.75 + \lg(p_{O_2}^{1/4} \times 10^{-7})$$

$$p_{O_2} = 1.0 \times 10^{-29} \text{atm}$$

因此水中 NO_2^- 的产生，厌氧条件是必不可少的。当 NO_2^- 在土壤中被发现时，这种土壤通常是渍涝的。正如图 5.13 所表明的 NO_2^- 稳定度只在一很窄的范围那样，水样中很少发现大量的亚硝酸根离子。

5.3.3.3　无机硫的氧化还原转化

硫是地球上含量较丰富的元素，大多存在于岩石矿层中，水体中溶解态硫主要以 SO_4^{2-} 和少量 H_2S 存在。生物体中硫是蛋白质的基本元素之一，硫主要以 R—SH 基团存在。实际环境中如果有生物参与作用，可以使硫从 +6 价的 SO_4^{2-} 转化为 -2 价的 R—SH，得到 8 个电子，不过目前对于中间过程的作用机理尚未完全阐明。在 SO_4^{2-}-S(s)-H_2S(aq)体系中，可以根据以下几个平衡式，绘制 pe-pH 图，研究硫体系在不同区域中硫存在的主要形态。

已知该体系有以下 8 个平衡式：

$$SO_4^{2-} + 8H^+ + 6e \Longleftrightarrow S(s) + 4H_2O \qquad \lg K=36.2$$

$$SO_4^{2-} + 10H^+ + 8e \Longleftrightarrow H_2S(aq) + 4H_2O \qquad \lg K=41.0$$

$$S(s) + 2H^+ + 2e \Longleftrightarrow H_2S(aq) \qquad \lg K=4.8$$

$$HSO_4^- + 7H^+ + 6e \Longleftrightarrow S(s) + 4H_2O \qquad \lg K=34.2$$

$$SO_4^{2-} + 9H^+ + 8e \Longleftrightarrow HS^- + 4H_2O \qquad \lg K=34.0$$

$$HSO_4^- \Longleftrightarrow SO_4^{2-} + H^+ \qquad \lg K = -2.0$$

$$H_2S(aq) \Longleftrightarrow H^+ + HS^- \qquad \lg K = -7.0$$

$$HS^- \Longleftrightarrow H^+ + S^{2-} \qquad \lg K = -13.9$$

根据这些平衡关系，可绘制出该体系的 pe-pH 图（图 5.14），其边界方程概括如下：

$$1. \text{pe} = 6.03 + \frac{1}{6}\lg[SO_4^{2-}] - \frac{8}{6}\text{pH} \qquad (5\text{-}104)$$

$$2.\text{pe}=5.13+\frac{1}{8}\lg\frac{[SO_4^{2-}]}{[H_2S(aq)]}-\frac{10}{8}\text{pH} \tag{5-105}$$

$$3.\text{pe}=2.4-\text{pH}-\frac{1}{2}\lg[H_2S(aq)] \tag{5-106}$$

$$4.\text{pe}=5.7+\frac{1}{6}\lg[HSO_4^-]-\frac{7}{6}\text{pH} \tag{5-107}$$

$$5.\text{pe}=4.25+\frac{1}{8}\lg\frac{[SO_4^{2-}]}{[HS^-]}-\frac{9}{8}\text{pH} \tag{5-108}$$

$$6.\lg\frac{[SO_4^{2-}]}{[HSO_4^-]}-\text{pH}=-2.0 \tag{5-109}$$

$$7.\lg\frac{[HS^-]}{[H_2S(aq)]}-\text{pH}=-7.0 \tag{5-110}$$

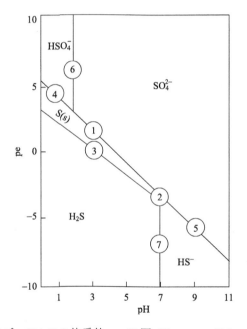

图 5.14　SO_4^{2-}-S(s)-H_2S 体系的 pe-pH 图（Stumm and Morgan，1996）

5.3.3.4　无机砷的氧化还原转化

在天然水中，砷可能存在的形态是 H_3AsO_3、$H_2AsO_3^-$、H_3AsO_4、$H_2AsO_4^-$、$HAsO_4^{2-}$，最主要是以 $H_2AsO_4^-$ 和 $HAsO_4^{2-}$ 五价形态存在。在 pH<4 的酸性水中，则可能存在 H_3AsO_4 乃至 AsO^+，而在 pH>12.5 的碱性水中，还可能存在 AsO_4^{3-}，

甚至 $HAsO_3^{2-}$ 及 AsO_3^{3-} 的形态。显然只有局部严重污染时，才可能出现后面两种情况。

5.3.3.5 有机物的氧化

水中有机物可以通过微生物的作用，而逐步降解转化为无机物。有机物进入水体后，微生物利用水中的溶解氧对有机物进行有氧降解，其反应式可表示为

$$\{CH_2O\}+O_2 \xrightarrow{\text{微生物}} CO_2+H_2O$$

如果进入水体的有机物不多，没有超过水体中氧的补充，溶解氧始终保持在一定的水平上，表明水体有自净能力。经过一段时间有机物分解后，水体可恢复至原有状态。如果进入水体的有机物很多，溶解氧来不及补充，水体中的溶解氧将迅速下降，甚至导致缺氧或无氧，有机物将变成缺氧分解。对于前者，有氧分解产物为 H_2O、CO_2、NO_3^-、SO_4^{2-} 等，而对于后者，缺氧分解产物为 NH_3、H_2S、CH_4 等。

5.3.4　地下水系统的氧化还原条件及其影响因素

地下水系统的氧化还原条件变化很大，影响因素众多，主要包括地下水中氧化剂及还原剂的种类和数量、地下水的循环过程、地下水中所含微生物及有机物的种类和数量等。

5.3.4.1　氧化剂及还原剂的种类和数量

地下水系统是一个由水、岩、气、生物等环境要素构成的统一体，其中含有大量无机或有机的氧化剂和还原剂。溶解氧就是最常见的一种氧化剂，它可以使许多物质氧化。在农业区，由于施用化肥而产生的 NO_3^- 也是一种常见的氧化剂。其他的氧化剂一般来源于含水层中的固相物质。如 SO_4^{2-} 可来源于石膏和硬石膏的溶解或黄铁矿的氧化；三价铁及锰可存在于组成含水介质的氧化物或硅酸盐矿物中；CO_2 可通过碳酸平衡或有机碳的氧化形成，在一定条件下，它也可以作为一种电子受体而存在于地下水中。

按照氧化能力依次递减的顺序，地下水中常见的氧化剂主要有 O_2、NO_3^-、NO_2^-、Fe^{3+}、SO_4^{2-}、S、CO_2、HCO_3^-；按照还原能力依次递减的顺序，地下水中常见的还原剂主要有有机物、H_2S、S、FeS、NH_4^+、NO_2^-。每一种氧化剂及其相应的还原剂共同组成了一个氧化还原单体系，地下水的氧化还原电位通常介于各单个体系的氧化还原电位之间，且更接近于含量较高的单体系的氧化还原电位。若某个单体系的含量比其他体系高得多，则此时该单体系电位几乎等于混合复杂体系的 pe，称之为"决定电位"，该单体系为地下水系统的"决定电位体系"。

由于 O_2 普遍存在于各种类型的地下水中，且可以通过与大气交换或通过大气

降水及地表水的补给而得到不断补充，因此氧体系常常是地下水系统的决定电位体系。在含有大量有机质的环境中，有机质体系也可成为地下水系统的决定电位体系。此外，铁、锰、硫等作为自然界中广泛分布的变价元素，在某些情况下，它们也可能成为决定电位体系。微量的变价元素，如重金属铜、汞、钒、铬等，由于其含量甚微，对地下水的氧化还原电位所起作用往往不大。相反，正是地下水系统的电位控制着它们在环境中的行为。

5.3.4.2　地下水循环过程的影响

图 5.15 示意性地表示出了地下水的氧化还原条件随其循环过程的变化情况，图中假定含水层中有充足的有机物存在。

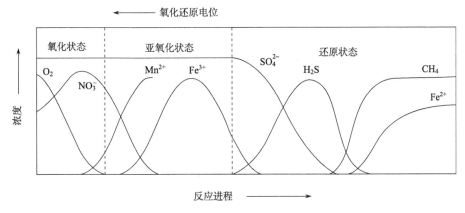

图 5.15　地下水循环过程中氧化还原条件转化示意图（钱会等，2012）

在理想情况下，当地下水是由大气降水或地表水补给时，在补给区，由于水中有充足的溶解氧，地下水通常处于较强的氧化状态。而且，只要有游离氧存在，它便是有机物氧化过程中最先被好氧微生物所利用的电子受体。随着地下水的径流，地下水中的溶解氧被不断地消耗，其含量不断降低，当游离氧消耗殆尽时，NO_3^- 变成了最先被利用的电子受体。消耗 NO_3^- 的微生物具有兼性特征，它既可以存在于好氧环境中，也可以存在于厌氧环境中。NO_3^- 的还原过程通常被称为反硝化作用，在该作用过程中，NO_3^- 首先被还原为不稳定的中间产物 NO_2^-，并最终转化为 N_2。随着 NO_3^- 不断被消耗，当其含量减小到一定程度时，地下水系统从氧化状态转化成亚氧化状态。在该状态下，Fe^{3+} 一般是最先被利用的氧化剂。随着反应的进一步进行，Fe^{3+} 的含量不断减小，微生物便开始利用 SO_4^{2-} 来还原含水层中的有机物，并在水溶液中不断地形成 H_2S。由于 Fe^{2+} 可与 H_2S 结合形成硫化物沉淀，故这种作用的结果也使水溶液中 Fe^{2+} 的含量同步减小。当 SO_4^{2-} 消耗殆尽后,如果含水层中还含有充足的有机碳,则系统可达到强还原状态,该状态以甲烷生成作用为重要特征。在该作用过程中,CO_2 是电子受体,并且被还原成 CH_4。该过程的重要标志就是 CH_4 及 Fe^{2+} 的浓度不断增加,当然,Fe^{2+} 浓度增大的前提是 H_2S 已全部被消耗。

微生物的生长和繁殖需要碳、氢、氧、氮等各种成分和能量,通过摄取有机物正好可以满足这种要求。对复杂的有机物或大分子有机物,微生物一般不能直接摄取,而是首先在细胞体外对其加以分解,这时进行的常常是水解反应,能量变化很小。有机物在微生物体外分解为简单的化合物后,才能透过细胞壁进入微生物体内进一步发生反应。这时的反应常常是氧化反应,能量发生较大变化。微生物氧化各种有机物并从中获取能量的过程被称为呼吸作用。当有游离 O_2 存在时,O_2 通常作为电子受体,这种氧化作用称为有氧氧化;在无游离 O_2 的情况下,其他氧化剂可作为电子受体,这种氧化称为无氧氧化。只能在有氧条件下生活的微生物称为好氧微生物,只能在无氧条件下生活的微生物称为厌氧微生物,在两种条件下都能生活的微生物称为兼性微生物。表 5.4 列出了地下水系统中一些常见的有机物的降解反应,这类反应的结果,使水中的有机物发生降解,消耗地下水中的氧化剂,同时也使地下水系统呈现更强的还原性质。尽管微生物不影响氧化还原反应的方向,但它的参与可以大大加快反应的速度。

表 5.4　地下水系统中常见的有机物的降解反应(任加国和武倩倩,2014)

反应类型	反 应 式
好氧呼吸	$CH_2O + O_2 \rightleftharpoons CO_2 + H_2O$
反硝化作用	$5CH_2O + 4NO_3^- \rightleftharpoons 5HCO_3^- + 2N_2 + H^+ + 2H_2O$
锰还原	$CH_2O + 2MnO_2(s) + 3H^+ \rightleftharpoons HCO_3^- + 2Mn^{2+} + 2H_2O$
铁还原	$CH_2O + 4Fe(OH)_3(s) + 7H^+ \rightleftharpoons HCO_3^- + 4Fe^{2+} + 10H_2O$
硫酸盐还原	$2CH_2O + SO_4^{2-} \rightleftharpoons 2HCO_3^- + HS^- + H^+$
甲醛发酵	$2CH_2O + H_2O \rightleftharpoons CH_4 + HCO_3^- + H^+$
质子还原	$CH_2O + H_2O \rightleftharpoons CO_2 + 2H_2$

在微生物参与下所发生的有机物氧化反应的主要特征是:①这是一类以微生物为催化剂的生物化学过程,因此与温度有密切的关系;②如前所述,当有机物含量有限时,主要进行有氧氧化,产物为 H_2O、CO_2、NO_3^-、SO_4^{2-} 等;当有机物输入量很大时,主要进行缺氧分解,产物一般为 NH_3、CH_4、H_2S 等。

5.4 吸 附 作 用

吸附是固体表面反应的一种普遍现象。吸附是指水中的溶质通过表面作用附着到固体表面的过程,解吸指的是被吸附的溶质离开固体表面重新进入水溶液的过程。吸附溶质的固体或胶体物质称为吸附剂,而被吸附剂吸附的溶质称为吸附质。含水层中常含有大量的黏土矿物、氧化物、氢氧化物和有机质,它们往往是很好的吸附剂。在地下水与地层岩土长期接触的相互作用过程中,吸附作用对地下水的化学成分的形成和演变起到重要作用。在一定的条件下,吸附作用对溶质的迁移,尤其是污染物在地下水中的迁移,起着重要的控制作用。

5.4.1 固体表面的电荷

地下水中各类固体物质大多带有电荷,其荷电状况随水的组成及 pH 而变化,在中性 pH 附近,大部分颗粒均带有负电荷。固体颗粒可通过三条主要途径获得电荷。

1. 表面反应

这是氢氧化物及氧化物的典型行为,通常与 pH 有关。在较酸性的介质中反应为

$$M(OH)_n(s) + H^+ \longrightarrow M(OH)_{n-1}(H_2O)^+(s)$$

反应可在固体氢氧化物表面的活性位置上发生,使粒子带有净的正电荷。在较碱性的介质中,可失去 H^+ 而成为一个带负电荷粒子:

$$M(OH)_n(s) \longrightarrow MO(OH)_{n-1}^-(s) + H^+$$

在某些中性 pH 时,所产生的氢氧化物胶粒的净电荷为零,有利于聚沉:

$$M(OH)_{n-1}(H_2O)^+ 的数目 = MO(OH)_{n-1}^- 的数目$$

在该 pH 发生的情况称为等电点或零电荷点(zero point of charge, ZPC)。pH_{ZPC} 对不同金属氧化物有不同数值,而且每种氧化物均是固定常数,与溶液中非电位离子的浓度无关。pH_{ZPC} 是一种很重要的特征值,表 5.5 给出了某些常见典型矿物的等电点的 pH。

表 5.5 某些常见典型矿物的等电点(pH_{ZPC})

矿物	等电点(pH_{ZPC})
MgO	12.4
CuO	9.5
α-Al$_2$O$_3$(刚玉)	9.1
α-Al(OH)$_3$(水铝矿)	5.0
Fe(OH)$_3$(无定形)	8.5
α-FeOOH(针铁矿)	7.8

续表

矿物	等电点（pH$_{ZPC}$）
γ-AlOOH（薄水铝矿或勃姆石）	8.2
TiO$_2$（锐钛矿）	7.2
β-MnO$_2$（钡镁锰矿）	7.2
Fe$_3$O$_4$（磁铁矿）	6.5
高岭石	4.6
SiO$_2$（石英）	2.0
δ-MnO$_2$（钠水锰矿）	2.8
蒙脱石	2.5
钠长石	2.0
长石	2～2.4

大多数氧化物及氢氧化物都显示出这样的两性行为，在低 pH 时为正，高 pH 时为负。除了氧化物和氢氧化物外，含水层中常含有一定量的有机质和微生物，这些有机质和微生物的表面也可形成一定量的电荷。微生物细胞带有随 pH 变化而变化的电荷，这种电荷是通过细胞表面的羧基和氨基的质子化或去质子化获得的：

$^+$H$_3$N(正电性细胞)COOH $\xleftarrow{\text{获得H}^+}$ $^+$H$_3$N(中性细胞)COO$^-$ $\xrightarrow{\text{失去H}^+}$ H$_2$N(负电性细胞)COO$^-$

　　低 pH　　　　　　　　　中性 pH　　　　　　　　　高 pH

暴露于腐殖质表面的羧基（—COOH）和酚羟基可在表面形成负电荷（图 5.16），该电荷一般也属于可变电荷。

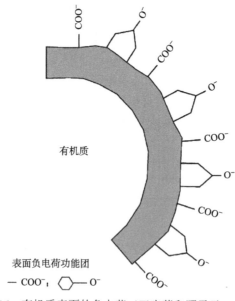

图 5.16　有机质表面的负电荷（王晓蓉和顾雪元，2018）

2. 离子吸附

固体颗粒可以通过离子吸附得到电荷，这种现象包含离子黏附在固体颗粒表面，通过氢键或范德瓦耳斯力相互作用，但没有形成常规的共价键。

3. 离子置换

在一些黏土矿物中，SiO_2 是一基本化学单元，用 A1（III）取代晶格中一些 Si（IV），生成一个带净负荷的位置，反应为

$$[SiO_2]+Al（III）\longrightarrow [AlO_2^-]+Si（IV）$$

同样地，用二价金属如 Mg（II）置换黏土晶格中的 A1（III），也能产生一个净负电荷。因此，黏土矿物结构上带有永久性电荷，这部分电荷不受溶液 pH 的影响，颗粒所带电荷的数量与发生的离子置换的数量有关。

5.4.2　固体表面的吸附作用

固体与水接触的许多特性和影响通常与固体表面对溶质的吸附作用有关。很细部分的固体表面倾向于有过剩的表面能，这是由于表面原子、离子和分子中化学力的不平衡所致，表面积减少，表面能级可能降低，通常这种减少是由颗粒物的聚沉或由于溶质形态的吸附作用而完成。

环境中固体的吸附作用大体可分为表面吸附、离子交换吸附和专属吸附等。首先，根据固体胶体具有巨大的比表面和表面能，即胶体表面积越大，所产生的表面吸附能也越大，吸附作用也就越强，提出固-液界面存在表面吸附作用，它属于一种物理吸附。

其次，由于地下环境中大部分固体颗粒带负电荷，它可以吸附各种阳离子，在吸附过程中，固体颗粒每吸附一部分阳离子，同时也放出等量的其他阳离子，因此把这种吸附称为离子交换吸附，它属于物理化学吸附。这种吸附是一种可逆反应，而且能迅速地达到可逆平衡，所进行的离子交换作用是以当量关系进行并遵守质量作用定律，它不受温度影响，在酸碱条件下均可进行，其交换吸附能力与溶质的性质、浓度及吸附剂性质等有关。对于具有可变电荷表面的固体，当体系 pH 高时，也带负电荷并能进行交换吸附。

所谓专属吸附是指吸附过程中形成了较强的化学键，此外憎水键和范德瓦耳斯力或氢键也可起作用。专属吸附作用不但使表面电荷改变符号，它在中性表面甚至在与吸附离子带相同电荷符号的表面均能进行吸附作用。在水环境中，配位离子、有机离子、有机高分子和无机高分子的专属吸附作用特别强烈。专属吸附发生在胶体双电层的 Stern 层中，被吸附的金属离子进入 Stern 层后，不能为通常

提取交换性阳离子的提取剂提取，只能为亲和力更强的金属离子取代，或在极酸性条件下解吸。表 5.6 列出了水合氧化物对金属离子的专属吸附与非专属吸附的区别。

表 5.6　水合氧化物对金属离子的专属吸附与非专属吸附的区别（陈静生，1987）

项目	专属吸附	非专属吸附
发生吸附的表面净电荷的符号	+，0，-	-
金属离子所起的作用	配位离子	反离子
吸附时所发生的反应	配位体交换	阳离子交换
发生吸附时要求体系的 pH	>或≤零电位点	>零电位点
吸附发生的位置	内层	扩散层
对表面电荷的影响	负电荷减少，正电荷增加	无

5.4.3　吸附等温线和等温式

吸附是指溶液中的溶质在界面层浓度升高的现象。水体中颗粒物对溶质的吸附是一个动态平衡过程，在固定的温度条件下，当吸附达到平衡时，颗粒物表面上的吸附量 S 与溶液中溶质平衡浓度 c 之间的关系可用吸附等温线来表达。水体中常见的吸附等温线有三类，即 Henry 型、Freundlich 型、Langmuir 型，简称为 H 型、F 型、L 型，如图 5.17 所示。

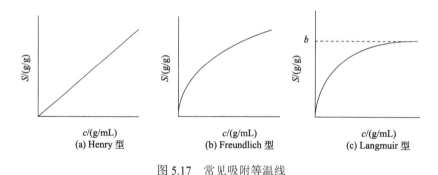

图 5.17　常见吸附等温线

H 型为直线型，其等温式为

$$S = kc \qquad k \text{ 为分配系数} \tag{5-111}$$

F 型等温式为

$$S = kc^{\frac{1}{n}} \tag{5-112}$$

若对式（5-112）两侧取对数，则有

$$\lg S = \lg k + \frac{1}{n}\lg c \tag{5-113}$$

即在 $\lg S$-$\lg c$ 坐标上为一直线，$\lg k$ 为其截距，$\frac{1}{n}$ 为斜率，F 型的等温线并未出现饱和吸附量。H 型可以看作是当 $n=1$ 时的 F 型的特殊形式。

L 型等温式为

$$S = \frac{bc}{A+c} \tag{5-114}$$

在 $\frac{1}{S}$-$\frac{1}{c}$ 坐标上为一直线，等温式（5-114）转换为

$$\frac{1}{S} = \frac{1}{b} + \left(\frac{A}{b}\right)\left(\frac{1}{c}\right) \tag{5-115}$$

L 型等温线在浓度升高后趋向于饱和吸附量 b，常数 A 实际相当于吸附量达到 $b/2$ 时的溶液平衡浓度。

这些等温线在一定程度上反映了吸附剂与吸附质的特性，但在不少情况下与实验所用浓度区段有关。浓度甚低时，可能在初始区段中呈现 H 型，在浓度更高时，曲线表现可能是 F 型，但统一起来仍属于 L 型的不同区段。

5.5 水 解 作 用

水解过程指的是有机物与水的反应，它是影响有机污染物在环境中归趋的重要判断之一。在反应中，是一个 X 基团与 OH 基团交换的过程：

$$RX + H_2O \rightleftharpoons ROH + HX$$

有机物的—R 基团与水分子的—OH 基团结合，同时—X 基团离开有机物与水分子的 H 结合。在环境条件下，可能发生水解的官能团类有烷基卤、酰胺、胺、氨基甲酸酯、羧酸酯、环氧化物、腈、膦酸酯、磷酸酯、磺酸酯、硫酸酯等。下面列出几类有机物可能的水解反应产物：

$$CH_3P(OCH_3)_2 \xrightarrow{H_2O} CH_3\overset{O}{\underset{OH}{P}}-OCH_3 + CH_3OH$$

磷酸双酯　　　　　　　　　　　　磷酸单酯　　醇

$$CH_3OCNHC_6H_5 \xrightarrow{H_2O} CH_3OH + CO_2 + C_6H_5NH_2$$

氨基甲酸酯　　　　　　　　　　　醇　　　苯胺

环氧乙烷 $\xrightarrow{H_2O}$ HOCH_2CH_2OH
　　　　　　　　　　乙二醇

有机物作为反应物通过水解作用，一般会生成低毒产物，但并不总是生成低毒产物。例如，2,4-D 酯类的水解作用就生成毒性更大的 2,4-D 酸。

$$+H_2O \xrightarrow{OH^-} + H_2NCH_3 + CO_2$$

水解产物可能比原来的化合物更易或更难挥发，与 pH 有关的离子化水解产物的挥发性可能是零，而且水解产物一般比原来的化合物更易被生物降解，虽然有少数例外。

实验表明，水解速率与 pH 有关。Mabey 和 Mill（1978）把水解速率归纳为由酸性或碱性催化的和中性的过程，因而水解速率可表示为

$$R_H = K_h[c] = (K_A[H^+] + K_N + K_B[OH^-])[c] \tag{5-116}$$

式中，K_A、K_B 及 K_N 分别为酸性催化、碱性催化和中性过程的二级反应水解速率常数；K_h 为在某一 pH 时准一级反应水解速率常数，K_h 又可写成

$$K_h = K_A[H^+] + K_N + \frac{K_B K_w}{[H^+]} \tag{5-117}$$

式中，K_w 为水的离子积常数，K_A、K_B 和 K_N 可由实验求得。改变 pH 可得一系列 K_h，由 $\lg K_h$-pH 作图，如图 5.18 可得三个交点相对应于三个 pH 为 I_{AN}、I_{AB} 和 I_{NB}，由此三值和式（5-118）～式（5-120）可计算出 K_A、K_B 和 K_N。

$$I_{AN} = -\lg(K_N/K_A) \tag{5-118}$$

$$I_{NB} = -\lg(K_B K_w/K_N) \tag{5-119}$$

$$I_{AB} = -[\lg(K_B K_w/K_A)]/2 \tag{5-120}$$

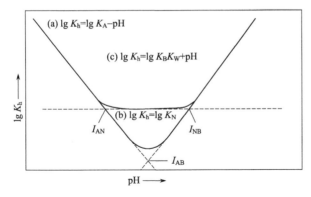

图 5.18　水解速率常数与 pH 的关系（Mabey and Mill, 1978）

　　如果某个有机污染物在 lg K_h-pH 图中的交点落在水环境的 pH 为 5～8 范围内，这时预测水解反应速率时，必须考虑酸催化/碱催化作用的影响。表 5.7 中列出了对有机官能团的酸、碱催化起重要作用的 pH 范围。

表 5.7　对有机官能团的酸、碱催化起重要作用的 pH 范围

种类	酸催化	碱催化
有机卤化物	无	>11
环氧化物	3.8[①]	>10
脂肪酸酯	1.2～3.1	5.2～7.1[①]
芳香酸酯	3.9～5.2[①]	3.9～5.0[②]
酰胺	4.9～7[①]	4.9～7[②]
氨基甲酸酯	<2	6.2～9[②]
磷酸酯	2.8～3.6	2.5～3.6

注：①水环境 pH 范围为 5<pH<8，酸催化是主要的；②水环境 pH 范围在 5<pH<8，碱催化是主要的。

　　目前，只发现酸、碱催化的水解过程。有人发现某些金属离子能起催化作用，似乎仍然是金属离子水解而改变了溶液的 pH 所致。另外，在环境条件下离子强度和温度影响不是很大。

　　最后，还需注意的有两个地方：①这里所讨论的计算方法是指浓度很低（<10⁻⁶ mol/L），而且溶解于水的那部分有机物，在大多数情况下，悬浮的或油溶的有机物水解的速率比溶解的要慢得多。②许多研究表明，将实验室测出的水解速率常数引入野外实际环境进行计算预测时，没有引起很大的偏差，只要水环境的 pH 和温度与实验室测得的一致时，就可以直接引用。如果野外测出的半衰期比实验室测得的结果相差 5 倍以上，而且检验了两者的 pH 与温度是一致的，那么可以断定在实际水环境中，其他的过程如生物降解、光解或向颗粒物上迁移等

改变了化合物的实际半衰期。

5.6　微生物降解作用

地下水中化合物的生物降解依赖于微生物代谢作用。当微生物代谢时，一些有机污染物作为食物源提供能量和提供细胞生长所需的碳；另一种情况，微生物转化污染物时，不能从反应中产生能量，因此存在着生长代谢（growth metabolism）和共代谢（cometabolism）两种代谢模式。这两种代谢的特征和降解速率极不相同，下面分别进行讨论。

5.6.1　生长代谢

许多有毒物质可以像天然有机化合物那样作为细菌的生长基质。只需用这些物质作为细菌培养的唯一碳源即可鉴定。这些生长物质的代谢转化一般导致相当完全的降解或矿化作用，因而是解毒生长基质。去毒效应和相当快的生长基质代谢意味着与那些不能用这种方法降解的化合物相比，对环境威胁小。

一个化合物在使用之前，必须使微生物群落适应这种化学物质，在野外和室内实验表明，一般需要 2~50 天的滞后期，一旦微生物群体适应了它，生长基质的降解是相当快的，此时感兴趣的问题是了解生物降解速率。使用化合物作为生长基质，由于基质和生长浓度均随时间而变化，因而动力学表达式相当复杂，Monod 方程是用来描述当化合物作为唯一碳源时，化合物的降解速率：

$$-\frac{\mathrm{d}c}{\mathrm{d}t} = \frac{1}{Y} \cdot \frac{\mathrm{d}B}{\mathrm{d}t} = \frac{\mu_{\max}}{Y} \cdot \frac{B \cdot c}{K_{\mathrm{s}} + c} \tag{5-121}$$

式中，c 为污染物浓度；B 为细菌浓度；Y 为每单位碳消耗所产生的生物量；$\mu_{\max}$ 为最大的比生长速率；K_{s} 为半饱和常数，即在最大比生长速率 $\mu_{\max}$ 一半时的基质浓度。

Monod 方程式在实验室中已成功地应用于唯一碳源的基质转化速率，且不论细菌菌株是单一种还是天然的混合的种群均适用。Paris 和 Lewis（1974）用不同来源的菌株，以马拉硫磷作为唯一碳源进行生物降解，如图 5.19 所示。分析菌株生长的情况和马拉硫磷的转化速率，可以得到 Monod 方程中的各种参数：$\mu_{\max}$=0.37 h^{-1}，K_{s}=2.17 μmol/L（0.716 mg/L），Y=4.1×10^{10} cell/μmol（1.2×10^{11} cell/mg）。

Monod 方程是非线性的，但是在 c 很低时，此时 $K_{\mathrm{s}} \gg c$，则式（5-121）可简化为

$$-\frac{\mathrm{d}c}{\mathrm{d}t} = K_{\mathrm{b}_2} \cdot B \cdot c \tag{5-122}$$

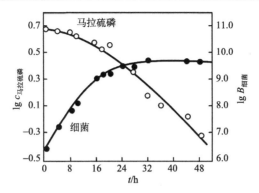

图 5.19　细菌生长与马拉硫磷浓度的降低（Paris and Lewis, 1974）

式中，K_{b_2} 为二级生物降解速率常数，即

$$K_{b_2} = \frac{\mu_{max}}{Y \cdot K_s}$$

Paris 和 Lewis（1974）在实验室内用不同浓度（0.0273～0.33 μmol）的马拉硫磷进行的实验测得速率常数为 $(2.6\pm0.7)\times10^{-12}$ L/(cell·h)，而通过上述参数值计算出的 $\mu_{max}/(Y \cdot K_s)$ 值为 4.16×10^{-12} L/(cell·h)。两者相差一倍，说明可以在浓度很低的情况下，建立简化的动力学表达式（5-122）。

如果将式（5-122）用于广泛的生态系统，在理论上是说不通的，因为实际环境中并不是被研究的化合物是唯一碳源。一个天然微生物群落总是从大量不同的有机碎屑物质中获得能量并降解它们。即使当合成的化合物与天然基质的性质相近，连同合成化合物在内作为一个整体被微生物降解。而且，当微生物量保持不变的情况下使化合物降解，那么 Y 的概念就失去了意义。通常应用简单的一级动力学方程表示：

$$-\frac{dc}{dt} = K_b \cdot c \tag{5-123}$$

式中，K_b 为一级生物降解速率常数。

5.6.2　共代谢

某些有机污染物不能作为微生物的唯一碳源与能源，必须有另外的化合物提供碳源或能源时该有机物才能被降解，这种现象称为共代谢。它在那些难生物降解的化合物代谢过程中起着重要作用，通过几种微生物的一系列共代谢作用，可使某些特殊有机污染物彻底降解。微生物共代谢的动力学明显不同于来自生长基质的动力学，共代谢没有滞后期，降解速度一般比完全驯化的生长代谢慢。

共代谢虽然不提供微生物体任何能量，不影响种群数量，但是共代谢速率直接与微生物种群的数量成正比，Paris 等（1979）描述了微生物催化水解反应的二级速率定律：

$$-\frac{dc}{dt} = K_{b_2} \cdot B \cdot c \qquad (5\text{-}124)$$

由于微生物种群 B 不依赖于共代谢速率，因而可以用 $K_b = K_{b_2} \cdot B$ 代入式（5-124），使其简化为一级动力学方程。

用上述的二级生物降解的速率常数文献值时，需要估计细菌种群的数量，不同方法的细菌计数可能使结果发生高达几个数量级的变化，因此根据用于计算 K_{b_2} 的同一方法来估计 B 值是重要的。

5.6.3　影响生物降解的因素

5.6.3.1　化学性质对生物降解的影响

化合物的化学性质决定微生物是否能够利用它作为基质。筛选作为生长基质的化合物通常分解比微生物共代谢快，因而使污染物在水中的归趋由于所发生的降解过程不同而有明显差别。因此，系统研究重点污染物的代谢途径是极为需要的。

5.6.3.2　环境因素对生物降解的影响

1. 温度

温度升高一般会使分子能量增大而加快反应速率，但微生物催化反应与温度的关系是复杂的，一般经验式为

$$K_b(T) = K_b(T_0)Q_B^{(T-T_0)} \qquad (5\text{-}125)$$

式中，$K_b(T)$ 为温度为 T 时的生物降解速率常数；$K_b(T_0)$ 为温度为 T_0 时的生物降解速率常数；T 为环境温度(℃)；T_0 为参考温度(℃)；Q_B 为生物降解的温度系数，为 1.072。

但温度过高，细菌失去活性，降解速率又会急剧下降直至为零。

2. 营养物的限制

为了代谢有机物质，微生物需要氮、磷作为营养物。一些研究者指出，无机营养物的限制是影响水环境中生物降解速率的明显因素。Ward 和 Brock（1976）发现天然水中磷浓度和碳氧化物降解速率之间有很好的相关性，这个数据符合 Michaelis-Menten 型饱和关系式：

$$K_b(c_p) = K_b(c_p^*) \cdot \frac{0.0277c_p}{1 + 0.0277 \cdot c_p} \tag{5-126}$$

式中，$K_b(c_p)$ 为可溶性无机磷浓度为 c_p 时的生物降解速率常数；c_p 为可溶性无机磷浓度($\mu g/L$)；$K_b(c_p^*)$ 为没有营养物限制时的生物降解速率常数。

这个方程仅适用于碳、氮营养物没有限制时的情况。

3. 基质的吸着作用

许多有机污染物强烈地吸着在沉积物上或含水层介质上，在该物理和化学环境中，被吸着污染物和可溶性污染物之间的差异可能影响其对微生物有效性。Steen 等（1980）研究表明，当考虑吸着因素时，所研究化合物的溶解分数是细菌降解的可利用部分，此时污染物消失速率为

$$\frac{dc_T}{dt} = K_b \cdot c_w = a_w \cdot K_b \cdot c_T \tag{5-127}$$

式中，c_w 为水相中污染物浓度；a_w 为水相中污染物浓度与总分析浓度的比值。

细菌生长在表面上是很稳定的，并且在沉积物和黏土形成时生物代谢速率随着可利用表面的增加而增大。如果一个化合物在生物降解中把吸着的影响看作没有有效性，那么，最好假设吸着并不改变这种速率。

4. pH

H^+ 浓度也影响生物降解速率。每一个细菌种类均有一个合适的 pH 范围，因此不同的 pH 存在着不同种属的细菌，或者提供的菌种以不同速率代谢污染物。目前，没有一般规律预测 pH 的影响，读者可以假设在 pH 为 5～9 时，生物降解速率与 pH 无关，超出这个范围，其速率将降低。

5. 厌氧条件

一旦水体缺氧，代谢途径就发生变化。当溶解氧浓度下降至 1 mg/L 时，生物降解速率除了依赖于基质浓度外，还与氧的浓度有关，此时，降解速率开始降低。当溶解氧浓度降至 0.5～1.0 mg/L 时，硝酸盐开始代替分子氧。当厌氧时，大多数有机物的生物降解变慢，此时降解率可以忽略不计。

然而，作为模式化的方法，求得一个不甚精确的速率常数和速率表达式是迫切需要的。Paris 和 Steen（1981）把微生物降解速率表达为二级反应，如式（5-122）。这就是说，在好氧条件下，把影响速率的最主要因素归结为细菌生物量或细菌浓度（单位以 cell/L 或 cell/mL 表示），其他因素都归在 K_b 内。在天然水生态系统内，是一些影响较小的因素。

　　为了证实这一关系，Paris 等试验了三种化合物：2,4-二氯苯氧基乙酸的丁氧乙酯（2,4-DBE）、马拉硫磷和氯苯胺灵。实验的天然水取自美国 14 个州的 40 个采样点。每升含细菌数 $10^5 \sim 10^8$ 个，水的温度为 $1 \sim 29$℃，pH 为 $5.2 \sim 8.2$。水的硬度为 $10 \sim 420$ mg/L（$CaCO_3$），总有机碳的含量为 $1.6 \sim 28.8$ mg/L。从这些广泛的天然水性质和不同天然细菌群落结构所测出的速率常数，其再现性是能够满意的。结果是 2,4-DBE：$(5.4 \pm 2.7) \times 10^{-10}$；马拉硫磷：$(4.4 \pm 2.9) \times 10^{-11}$；氯苯胺灵：$(2.6 \pm 1.3) \times 10^{-14}$。单位均为 L/(cell·h)，如果细菌浓度 $[B]$ 为 5×10^8 cells/L，2，4-DBE、马拉硫磷和氯苯胺灵的半衰期分别为 26h，82h 和 53000h。

参 考 文 献

陈静生. 1987. 水环境化学[M]. 北京: 高等教育出版社.

彭安, 王文华, 孙景芳. 1983. 蓟运河中腐殖酸对汞迁移转化的影响[J]. 环境化学, 2(1): 33-38.

钱会, 马致远, 李陪月. 2012. 水文地球化学[M]. 2 版. 北京: 地质出版社.

任加国, 武倩倩. 2014. 水文地球化学基础[M]. 北京: 地质出版社.

汤鸿霄. 1979. 用水废水化学基础[M]. 北京: 中国建筑工业出版社.

王晓蓉, 顾雪元. 2018. 环境化学[M]. 北京: 科学出版社.

Mabey W, Mill T. 1978. Critical-review of hydrolysis of organic-compounds in water under environmental-conditions[J]. Journal of Physical and Chemical Reference Data, 7(2): 383-415.

Manahan S E. 2010. Environmental Chemistry [M]. 9th edn. Boca Raton: CRC Press.

Mantoura R F C, Dickson A, Riley J P. 1978. The complexation of metals with humic materials in natural waters[J]. Estuarine and Coastal Marine Science, 6(4): 387-408.

Matson W, Allen H, Rekshan P. 1969. Trace metal organic complexes in Great Lakes[J]. Abstracts of Papers of the American Chemical Society.

Paris D F, Lewis D L. 1974. Rates and products of degradation of malathion by bacteria and fungi from aquatic systems[J]. Abstracts of Papers of the American Chemical Society.

Paris D F, Steen W C. 1981. Second-order model to predict microbial degradation of organic compounds in natural waters[J]. Appl. Environ. Microbiol., 5: 603-609.

Paris D F, Steen W C, Baughman, G L. 1979. Kinetics of microbial transformation of pollutants in natural-waters[J]. Abstracts of Papers of the American Chemical Society.

Steen W C, Paris D F, Baughman G L. 1980. Effect of sediment sorption on microbial degradation of toxic substances [J]. Contaminants and Segments, 1: 477-482.

Stumm W, Morgan J J. 1996. Aquatic Chemistry [M]. 3nd ed. New York: John Wiley & Sons, Inc.

Ward D M, Brock T D. 1976. Environmental factors influencing the rate of hydrocarbon oxidation in temperate lakes [J]. Applied and Environmental Microbiology, 31(5): 764-772.

第6章 地下水污染物迁移

6.1 地下水运动基本原理

6.1.1 地下水运动特征

6.1.1.1 渗流

1. 水在多孔介质中的运动

地下水赋存于岩石的孔隙、裂隙和溶隙中，并在其间运动。把具有孔隙的岩石称为多孔介质。含有孔隙水的岩层，如砂层、疏松砂岩等称为孔隙介质。广义地说，可以把孔隙介质、裂隙介质和某些岩溶不十分发育的由石灰岩和白云岩组成的介质都称为多孔介质。

岩层或岩石中发育的孔隙和裂隙形状、大小、连通程度在不同的部位各不相同，其间空隙连接的通道大小不一、路径弯弯曲曲[图6.1（a）]，所以地下水运动状况也各不相同。研究个别孔隙或裂隙中地下水的运动很困难，实际上也无此必要。因此，人们不去直接研究单个地下水质点的运动特征，而研究具有平均性质的渗透规律。这种方法实际上把多孔介质中的水看作充满整个含水层（包括全部的颗粒骨架和空隙），用这种假想的水流代替水在空隙介质流动的真实水流，以此达到了解和研究真实水流的目的。当然这种假想的水流还得满足：①通过任意断面的流量与实际水流通过的断面流量相等；②它在某一断面上的压力或水头等于真实水流的压力或水头；③它在任意岩石体积内所受的阻力等于真实水流所受的阻力。满足上述条件的假想水流称为渗流[图6.1（b）]。其中，假想水流所占的区域称为渗流区。

这样做的优点是可以把实际上并不处处连续的水流当作连续水流来研究，以便有可能利用现有水力学和流体力学的成果。研究时，既避开了研究个别空隙中液体质点运动的困难，得到的流量、阻力和水头等，又和实际水流相同，满足了实际需要。

2. 典型单元体

在渗流研究中，要牵涉到某一点的物理量，如某一点的孔隙度、压力、水头等。对于一个真实的连续水流，如河水，某一点的压力、水头、速度等的物理

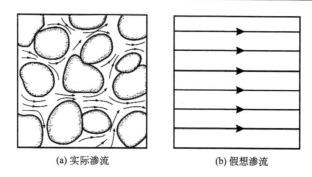

(a) 实际渗流　　　　　　　　(b) 假想渗流

图 6.1　概化后的理想渗流

含义很明确，但对于多孔介质则不然。例如，孔隙度 n，如果在固体骨架上，显然 $n=0$；而在孔隙中，则 $n=1$，就变得不连续了。为了对多孔介质中地下水运动作连续性近似，引进了"典型单元体"（representative elementary volume，REV）的概念。

　　仍以孔隙度作为例子。设 P 为多孔介质中的一个数学点，它可能落在孔隙中，也可能落在固体骨架上。以 P 为中心，任取一体积 V_i，求出其孔隙度 n_i。当所取体积 V_i 大小不同时，孔隙度 n_i 的值可能有变化；以 P 点为中心取一系列不同大小的体积 V_i（$i=1,2,\cdots,N$），相应地得到一系列的孔隙度 n_i（$i=1,2,\cdots,N$）。作 n_i 和 V_i 的关系曲线，如图 6.2 所示。从图中可以看出，当 V_i 小于某一数值 $V_{\min}$（该值大致接近于单个孔隙的大小）时，孔隙度值 n_i 突然出现大的波动，而且波动越来越大；当 V_i 趋近于零时，孔隙度或为 1 或为 0。当体积 V_i 增大到某一个值 $V_{\max}$ 时，若多孔介质为非均质的，则孔隙度 n_i 会发生明显变化。但当体积大小在 $V_{\min}$ 和 $V_{\max}$ 之间时，孔隙度 n_i 值的波动消失，只有由 P 点周围孔隙大小的随机分布所引起的小振幅波动。我们把该范围内的体积称为"典型单元体积"，记为 V_0（$V_{\min}<V_0<V_{\max}$）。

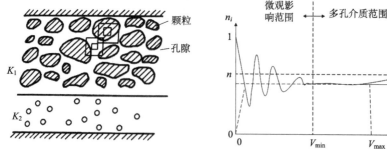

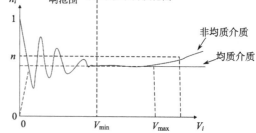

图 6.2　多孔介质孔隙度的计算

引进 REV 后就可以把多孔介质处理为连续体，将以 P 为中心的典型单元体的孔隙度定义为 P 点的孔隙度，这样多孔介质就处处有孔隙度了。同理，P 点的其他物理量，无论是标量还是矢量，也用以 P 点为中心的典型单元体内该物理量的平均值来定义。

在 REV 的基础上，引入理想渗流的概念，即地下水充满整个含水层或含水系统（包括空隙和固体骨架），渗流充满整个渗流场。

3. 渗流速度与实际速度

前面已提到，渗流是充满整个岩石截面的假想水流。在垂直于渗流方向取得一个岩石截面，称为过水断面，其包括空隙和颗粒骨架所占的空间，用面积 A 表示，而实际地下水水流只通过过水断面的空隙部分，如图 6.3 所示。

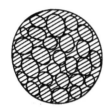
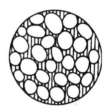

(a) 渗流过水断面　　　　　　(b) 实际水流过水断面

图 6.3　渗流过水断面与实际水流过水断面（钱家忠，2009）

渗流在其过水断面上的平均速度称为渗流速度，可表示如下：

$$v = \frac{Q}{A} \tag{6-1}$$

式中，v 为渗流速度，L/T；A 为过水断面面积，L^2；Q 为渗流流量，即单位时间内通过过水断面的流量，L^3/T。

实际地下水流速度仅在岩石空隙中，流动平均速度可表示为

$$u = \frac{Q}{A'} = \frac{Q}{nA} \tag{6-2}$$

式中，u 为地下水的实际速度，L/T；A' 为过水断面中空隙所占面积，L^2；n 为岩石的空隙度。

比较式（6-1）及式（6-2）可以看出，渗流速度与实际速度之间关系如下：

$$v = n \cdot u \tag{6-3}$$

4. 地下水的水头和水力坡度

地下水的水头：

$$H = z + \frac{p}{\gamma} + \frac{u^2}{2g} \qquad (6\text{-}4)$$

式中，z 为位置水头；$\frac{p}{\gamma}$ 为承压水头；这两者之和为测压管水头 H_n；$\frac{u^2}{2g}$ 为流速水头（很小可忽略不计）。例如，当地下水流速 $v=1\text{cm/s}=864\text{m/d}$ 时（这对地下水来说已经是很快的运动速度了），流速水头仅仅为 0.0005cm 左右，比测压管水头少几个数量级，显然可以忽略不计。

等水头面是渗流场内水头值相同的各点连成的面。等水头线是等水头面与某一平面的交线。水力坡度是大小等于梯度值，方向沿着等水头面的法线指向水头降低方向的矢量（$\boldsymbol{n}$ 为法线方向单位矢量），如图 6.4 所示。

$$\boldsymbol{J} = -\text{grad}H = -\frac{\text{d}H}{\text{d}n}\boldsymbol{n}$$

$$J_x = -\frac{\partial H}{\partial x} \quad J_y = -\frac{\partial H}{\partial y} \quad J_z = -\frac{\partial H}{\partial z}$$

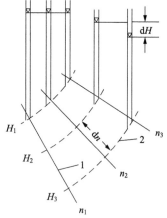

图 6.4　水力坡度示意图（钱家忠，2009）

5. 地下水流态

在自然界条件下，液体的运动速度差别很大，根据流体运动速度，其运动状态分为两种类型——层流和紊流（图 6.5）。

当流体流束呈现有规律而不是杂乱无章的流动，称为层流运动。当流体呈现相互混杂而无规则的运动，称为紊流运动。液体从缓慢运动到急速运动，其流态由层流运动逐渐向紊流运动过渡。

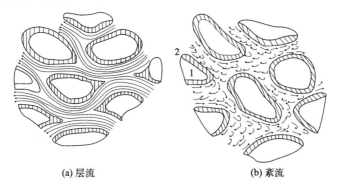

(a) 层流　　　　　　　　　　(b) 紊流

图 6.5　孔隙岩石中地下水的层流和紊流（薛禹群和吴吉春，2010）

1 表示固体颗粒；2 表示结合水；箭头表示水流运动方向

判别地下水流态的方法有多种，但常用的还是利用 Reynolds 数来判别，其表达式为

$$Re = \frac{vd}{\lambda} \tag{6-5}$$

式中，v 为地下水的渗透流速，L/T；d 为含水层颗粒的平均粒径，L；λ 为地下水的运动黏度（黏滞系数），L^2/T。

通常地下水在自然状态下，由于水力坡度较小，流动缓慢，处于层流状态，只有在地下水水位落差较大的部位或透水性较好的含水层，且水力坡度较陡的位置，如抽水井附近，才有可能处于紊流状态。有学者指出，层流的临界 Reynolds 数为 150～300。

6.1.1.2　渗流的基本定律

1. 达西定律

1856 年，法国水力学家达西（Darcy）在实验室用砂柱做了大量的试验，如图 6.6 所示。

根据多次试验结果得到如下关系式：

$$Q = KA\frac{H_1 - H_2}{l} = KAJ \tag{6-6}$$

或

$$v = \frac{Q}{A} = KJ \tag{6-7}$$

式中，Q 为渗流流量（通过砂柱各横断面的流量）（m³/d）；A 为过水断面面积（砂柱的横断面面积）（m²）；H_1、H_2 为通过砂样前后的水头值（m）；ΔH 为水头损失（$\Delta H = H_1 - H_2$）（m）；J 为水力坡度（$J = \dfrac{H_1 - H_2}{l} = \dfrac{\Delta H}{l}$）；$K$ 为渗透系数（m/d）。

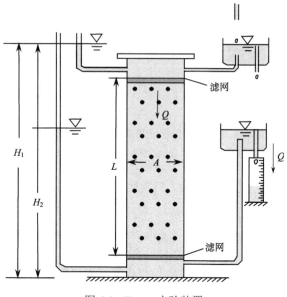

图 6.6　Darcy 实验装置

式（6-6）和式（6-7）就是达西公式，它指出渗流速度 v 与水力坡度 J 的线性关系，故又称线性渗透定律。

实际的地下水流中，水力坡度各处是不同的，通常用任一断面的渗流流速的表达式，也就是微分形式的达西公式，即

$$v = KJ = -K\frac{\mathrm{d}H}{\mathrm{d}l} \tag{6-8}$$

$$v_x = -K\frac{\partial H}{\partial x} \quad v_y = -K\frac{\partial H}{\partial y} \quad v_z = -K\frac{\partial H}{\partial z}$$

Darcy 定律有一定的适用范围，超出这个范围地下水的运动不再符合 Darcy 定律。我们先讨论 Darcy 定律适用的上限。作渗流速度和水力坡度的关系曲线（图 6.7），若符合 Darcy 定律则为直线。直线的斜率为渗透系数的倒数。但图上的曲线表明，只有当 Reynolds 数为 1～10 时，地下水的运动才符合 Darcy 定律。读者可能注意到，在上一节中我们提到层流的临界 Reynolds 数为 150～300，它比上述 Reynolds 数的数值要大，即层流范围大，但适用 Darcy 定律的范围小，在两者之间为由层流向紊流转变的过渡带。一般用惯性力的影响来解释这一现象。由于地下水沿着弯弯曲曲的路径运动，并且在不断地改变它的运动速度、加速度和流动方向，这种变动有时很剧烈，因而受到惯性力的影响，使水流的运动不服从

Darcy 定律。地下水流动方向和流速的变化取决于孔隙或裂隙通道在空间的弯曲率以及通道横断面积的变化情况。当地下水运动速度较小时，这些惯性力的影响是不大的，有时是微不足道的。这时由液体黏滞性产生的摩擦阻力对水流运动的影响远远超过惯性力对它的影响，黏滞力占优势，液体运动服从 Darcy 定律。随着运动速度的加快，惯性力也相应地增大了。当惯性力占优势的时候，由于惯性力与速度的平方成正比，Darcy 定律就不再适用了。这时地下水的运动仍然属于层流运动。因此，不要把这种偏离 Darcy 定律的情况和层流向紊流的转变等同起来。

因此，当渗流速度由低到高时，可把多孔介质中的地下水运动状态分为三种情况（图 6.8）：①当地下水低速运动时，即 Reynolds 数小于 1～10 的某个值时，为黏滞力占优势的层流运动，适用 Darcy 定律。②随着流速的增大，当 Reynolds 数大致在 1～100 时，为一过渡带，由黏滞力占优势的层流运动转变为惯性力占优势的层流运动再转变为紊流运动。③高 Reynolds 数时为紊流运动。

即使这样，绝大多数的天然地下水运动仍服从 Darcy 定律。例如，当地下水通过平均粒径 d=0.05mm 的粗砂层，水温为 15℃时，运动黏滞度 λ=0.1m^2/d；当 Reynolds 数 Re=1 时，代入式（6-5）中：

$$v = 1 \times \frac{0.1\mathrm{m}^2/\mathrm{d}}{0.0005\mathrm{m}} = 200\mathrm{m/d}$$

这表明，在粗砂中，当渗流速度 v<200 m/d 时，服从 Darcy 定律。在天然状况下，若取粗砂的渗透系数 K=100 m/d，水力坡度 J=1/500，代入 Darcy 定律，给出天然状态下的地下水渗透速度为

$$v = KJ = 100 \times \frac{1}{500} = 0.2\mathrm{m/d}$$

该值远小于 200m/d。显然，在多数情况下粗砂中的地下水运动是服从 Darcy 定律的。

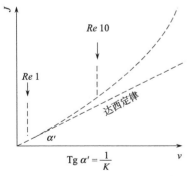

图 6.7　渗透速度和水力坡度的实验关系

（据 Bear，1985）

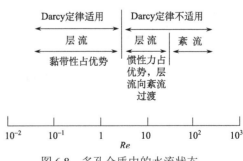

图 6.8　多孔介质中的水流状态

有些学者讨论了 Darcy 定律的下限问题。对于某些黏性土，渗流速度和水力坡度的关系如图 6.9 所示，即存在一个起始水力坡度 J_0。当实际水力坡度小于起始水力坡度 J_0 时，几乎不发生流动。起始水力坡度的机制尚未完全研究清楚，不同学者有不同看法。

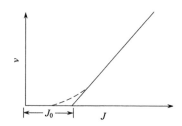

图 6.9　起始水力坡度（据 Bear，1985）

对于裂隙岩石中的地下水运动，有学者曾在裂隙模型中进行了大量的试验，并确定了不符合达西定律的临界水力坡度（表 6.1），这些临界值均大于天然情况下地下水流的实际坡度。因此，认为裂隙岩层中的渗透在多数情况下也服从达西定律。

表 6.1　临界水力坡度值

裂隙宽度	相对粗糙度 α					
/cm	0.0	0.1	0.2	0.3	0.4	0.5
0.1	2.600	1.508	1.404	1.352	1.274	1.144
0.2	0.325	0.189	0.176	0.169	0.159	0.143
0.3	0.096	0.056	0.052	0.050	0.047	0.042
0.4	0.041	0.024	0.022	0.021	0.020	0.018
0.5	0.021	0.012	0.011	0.011	0.010	0.009

2. 渗透系数

渗透系数 K，也称水力传导系数，是一个重要的水文地质参数。根据式（6-7），当水力坡度 $J=1$ 时，渗透系数在数值上等于渗流速度。因为水力坡度的量纲为 1，所以渗透系数具有速度的量纲，即渗透系数的单位和渗流速度的单位相同，常用 cm/s 或 m/d 表示。

渗透系数不仅取决于岩石的性质（如粒度、成分、颗粒排列、充填状况、裂隙性质及其发育程度等），而且与渗透液体的物理性质（容重、黏滞性等）有关。理论分析表明，空隙大小对 K 值起主要作用，这就在理论上说明了为什么颗粒越粗，透水性越好。如果在同一套装置中对于同一块土样分别用水和油来做渗透试验，在同样的压差作用下，得到的水的流量要大于油的流量，即水的渗透系数要大于油的渗透系数。这说明，对同一岩层而言，不同的液体具有不同的渗透系数。考虑到渗透液体性质的不同，Darcy 定律有如下形式：

$$v = -\frac{k\rho g}{\mu}\frac{\mathrm{d}H^*}{\mathrm{d}S} \tag{6-9}$$

式中，ρ 为液体的密度；g 为重力加速度；μ 为动力黏度；$H^* = z + \dfrac{p}{\gamma}$ 等，对于水就是水头；k 为表征岩层渗透性能的常数，称为渗透率或内在渗透率，k 仅仅取决于岩石的性质，而与液体的性质无关。

比较式（6-7）和式（6-9），可求出渗透系数和渗透率之间的关系为

$$K = \frac{\rho g}{\mu}k = \frac{g}{\lambda}k \tag{6-10}$$

由上式可导出渗透率的量纲

$$k = \frac{K\lambda}{g} = \frac{[\mathrm{LT^{-1}}][\mathrm{L^2T^{-1}}]}{[\mathrm{LT^{-2}}]} = [\mathrm{L^2}] \tag{6-11}$$

通常采用的单位是 $\mathrm{cm^2}$ 或 D（达西）。D 是这样定义的：在液体的动力黏度为 0.001Pa·s，压强差为 101325Pa 的情况下，通过面积为 $1\mathrm{cm^2}$、长度为 1cm 岩样的流量为 $1\mathrm{cm^3/s}$ 时，岩样的渗透率为 1D。D 和 $\mathrm{cm^2}$ 这两个单位之间的关系为

$$1\mathrm{D} = 9.8697 \times 10^{-9}\ \mathrm{cm^2}$$

在一般情况下，地下水的容重和黏滞性改变不大，可以把渗透系数近似当作表示透水性的岩层常数。但当水温和水的矿化度急剧改变时，如热水、卤水的运动，容重和黏滞性改变的影响就不能忽略了。

近年来的研究证实，渗透系数值和试验范围（如抽水试验的影响范围）有关，一般随着它的增大而增大。这种现象称为尺度效应。因而渗透系数是尺度 x 的函数，$K = K(x)$。这就不难解释用长时间大降深群孔抽水试验求得的渗透系数值较用短时间小降深抽水试验求得的渗透系数值大的原因了。抽水试验持续时间越长，影响范围越大，在一定范围内，渗透系数值会随着抽水持续时间的增长而增大。

3. 非线性运动方程

对于 Reynolds 数大于 1～10 之间某个值的流动，还没有一个被普遍接受的非线性运动方程。比较常用的是 P. Forchheimer 公式：

$$J = av + bv^2 \tag{6-12}$$

或

$$J = av + bv^m \qquad 1.6 \leqslant m \leqslant 2 \tag{6-13}$$

式中，a 和 b 为由实验确定的常数。当 $a=0$ 时，上式变为

$$v = K_c J^{\frac{1}{2}} \tag{6-14}$$

称为 Chezy 公式，它和计算河渠水流的 Chezy 公式类似，表明渗流速度与水力坡度的 1/2 次方成正比，K_c 为该情况下的渗透系数。

　　自然界的地下水运动多数服从 Darcy 定律，大于临界 Reynolds 数的流动很少出现，仅在喀斯特岩层中或井壁及泉水出口处附近可能见到。

4. 岩层透水特征分类和渗透系数张量

　　根据岩层的透水性和空间坐标的关系划分为均质岩层和非均质岩层。均质岩层在渗流场中，所有点都具有相同的渗透系数。如果不同点具有不同的渗透系数则为非均质岩层。自然界中绝对均质的岩层是没有的，均质与非均质只是相对的。

　　非均质岩层有两种类型：一类透水性是渐变的，如山前洪积扇，由山口至平原，K 逐渐变小；另一类透水性是突变的，如在砂层中夹有一些小的黏土透镜体。

　　根据岩层透水性和渗流方向的关系，可以分为各向同性和各向异性两类。如果渗流场中某一点的渗透系数不取决于方向，即不管渗流方向如何都具有相同的渗透系数，则介质是各向同性的；否则是各向异性的。当然，各向同性和各向异性也是相对而言的。某些扁平形状的细粒沉积物，水平方向的渗透系数常较垂直方向大。在基岩区，构造断裂常有方向性，沿裂隙方向渗透系数较大。

　　必须注意，不要把均质与非均质的概念和各向同性与各向异性的概念混淆起来。前者是岩层透水性和空间坐标的关系，后者是指岩层透水性和水流方向的关系。均质岩层也可以是各向异性的。如某些黄土，垂直方向的渗透系数大于水平方向的渗透系数，因而是各向异性的，而不同点上相同方向的渗透系数又是相等的，因而是均质的。图 6.10 用椭圆表示渗流场中 A 点和 B 点的渗透系数，两椭圆形状完全相同，表示同一方向有相同的渗透系数。类似地，也有非均质各向同性介质。

　　在各向同性介质中，渗透系数和渗流方向无关，是一个标量。在各向异性介质中，渗透系数和渗流方向有关，水力坡度和渗流的方向一般是不一致的，这时，渗透系数是一个张量。需要注意的是，在各向异性介质中，有三个主渗流方向，渗透系数分别为 K_x、K_y、K_z。渗透系数的张量表达式为

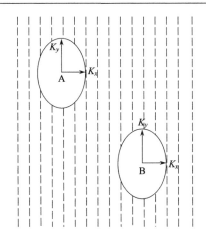

图 6.10　均质各向异性介质渗透系数（表示与 xy 剖面平行的剖面示意图）

$$\boldsymbol{K} = \begin{bmatrix} K_{xx} & K_{xy} & K_{xz} \\ K_{yx} & K_{yy} & K_{yz} \\ K_{zx} & K_{zy} & K_{zz} \end{bmatrix}$$

6.1.2　地下水流模型

描述地下水运动的数学模型是将实际的地下水问题进行简化和概化，用一系列的数学关系式刻画其数量关系和时空形式，以达到仿真的目的。随着现代科技的进步和电子计算机技术的发展，许多自然科学和工程技术问题都用建立和求解数学模型的方法解决，地下水科学也不例外。

数学模型有两类：一类为确定性模型，该模型中各变量之间有严格确定的关系，当输入含水层参数、某些给定的值（如抽水量、补给量等）和定解条件时，可得到在指定时间指定地点确定的数值解；另一类为随机模型，是以含水层参数的概率分布为基础，随机模型的解不是给出某一确定的数值，而是给出可能的结果出现的范围，即结果（水头、溶质浓度）落在某一范围内的概率是多少。

以确定性数学模型为例，必须具备以下两项：

（1）描述地下水运动规律的偏微分方程（或积分方程），地下水流动区域的范围、形状，以及方程中出现的参数值。

（2）定解条件。定解条件包括边界条件和初始条件。对于地下水稳定流动问题，只需要边界条件，而对于非稳定流问题，必须同时给出初始条件和边界条件。

对于一个具体问题，如只给出方程而没有定解条件是无法求解的。因为不同的物理问题往往有相同的方程，而边界条件则各异。

下面对不同的地下水问题的方程和定解条件分别进行论述。

6.1.2.1　渗流的连续性方程

在渗流场中，各点渗流速度的大小、方向都可能不同。为了反映一般情况下液体运动中的质量守恒关系，就需要在三维空间建立以微分方程形式表达的连续性方程。设在充满液体的渗流区域，以 $P(x,y,z)$ 点为中心取一无限小的平行六面体（其各边长度为 Δx、Δy、Δz，且和坐标轴平行）作为均衡单元体（图 6.11）。如 P 点沿坐标轴方向的渗流速度分量为 v_x、v_y、v_z，液体密度为 ρ，则单位时间内通过垂直于坐标轴方向单位面积的水流质量分别为 ρv_x、ρv_y、ρv_z。那么，通过 $abcd$ 面中点 $P_1\left(x-\dfrac{\Delta x}{2},y,z\right)$ 的单位时间、单位面积的水流质量 ρv_{x_1}，可利用 Taylor 级数求得

$$
\begin{aligned}
\rho v_{x_1} &= \rho v_x\left(x-\frac{\Delta x}{2},y,z\right) \\
&= \rho v_x(x,y,z) + \frac{\partial(\rho v_x)}{\partial x}\left(-\frac{\Delta x}{2}\right) \\
&\quad + \frac{1}{2!}\frac{\partial^2(\rho v_x)}{\partial x^2}\left(-\frac{\Delta x}{2}\right)^2 + \cdots + \frac{1}{n!}\frac{\partial^n(\rho v_x)}{\partial x^n}\left(-\frac{\Delta x}{2}\right)^n + \cdots
\end{aligned}
$$

略去二阶导数以上的高次项，于是 Δt 时间内由 $abcd$ 面流入单元体的质量为

$$
\left[\rho v_x - \frac{1}{2}\frac{\partial(\rho v_x)}{\partial x}\Delta x\right]\Delta y\Delta z\Delta t
$$

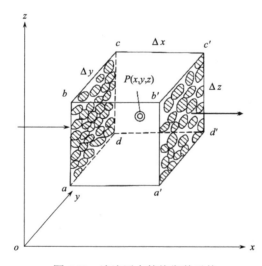

图 6.11　渗流区中的均衡单元体

同理，可求出右侧 $a'b'c'd'$ 面流出的质量为

$$\left[\rho v_x + \frac{1}{2}\frac{\partial(\rho v_x)}{\partial x}\Delta x\right]\Delta y\Delta z\Delta t$$

因此，沿 x 轴方向流入和流出单元体的质量差为

$$\left\{\left[\rho v_x - \frac{1}{2}\frac{\partial(\rho v_x)}{\partial x}\Delta x\right]\Delta y\Delta z - \left[\rho v_x + \frac{1}{2}\frac{\partial(\rho v_x)}{\partial x}\Delta x\right]\Delta y\Delta z\right\}\Delta t$$

$$= -\frac{\partial(\rho v_x)}{\partial x}\Delta x\Delta y\Delta z\Delta t$$

均衡单元体取得越小，这个式子就越正确。同理，可以写出沿 y 轴方向和沿 z 轴方向流入和流出这个单元体的液体质量差，分别为

$$-\frac{\partial(\rho v_y)}{\partial y}\Delta x\Delta y\Delta z\Delta t \text{ 和 } -\frac{\partial(\rho v_z)}{\partial z}\Delta x\Delta y\Delta z\Delta t$$

因此，在 Δt 时间内，流入与流出这个单元体的总质量差为

$$-\left[\frac{\partial(\rho v_x)}{\partial x} + \frac{\partial(\rho v_y)}{\partial y} + \frac{\partial(\rho v_z)}{\partial z}\right]\Delta x\Delta y\Delta z\Delta t$$

在均衡单元体内，液体所占的体积为 $n\Delta x\Delta y\Delta z$，其中 n 为孔隙度。相应的，单元体内的液体质量为 $\rho n\Delta x\Delta y\Delta z$。因此在 Δt 内，单元体内液体质量的变化量为

$$\frac{\partial}{\partial t}[\rho n\Delta x\Delta y\Delta z]\Delta t$$

单元体内液体质量的变化是由流入与流出这个单元体的液体质量差造成的。在连续流条件下（渗流区充满液体等），根据质量守恒定律，两者应该相等。因此，

$$-\left[\frac{\partial(\rho v_x)}{\partial x} + \frac{\partial(\rho v_y)}{\partial y} + \frac{\partial(\rho v_z)}{\partial z}\right]\Delta x\Delta y\Delta z = \frac{\partial}{\partial t}[\rho n\Delta x\Delta y\Delta z] \qquad (6\text{-}15)$$

式（6-15）称为渗流的连续性方程。它表达了渗流区内任何一个"局部"所必须满足的质量守恒定律。式（6-15）右端的计算比较困难。具体应用时，为了简化计算，往往做一些假设，如假设只有垂直方向上有压缩（或膨胀）或将 Δx、Δy、Δz 都视为常量等。如把地下水看成不可压缩的均质液体，ρ=常数；同时，假设含水层骨架不被压缩，这时 n 和 Δx、Δy、Δz 都保持不变，式（6-15）右端项等于零，于是有

$$\frac{\partial v_x}{\partial x} + \frac{\partial v_y}{\partial y} + \frac{\partial v_z}{\partial z} = 0 \qquad (6\text{-}16)$$

此式表明，在同一时间内，流入单元体的水体积等于流出的水体积，即体积守恒。当地下水的流动是稳定流时，也可以得到相同的结果，即式（6-16）。

连续性方程是研究地下水运动的基本方程。各种研究地下水运动的微分方程都是根据连续性方程和反映动量守恒定律的方程（如 Darcy 定律）建立起来的。

6.1.2.2　承压水运动的基本微分方程

对于承压含水层来说，由于侧向受到限制，可假设 Δx 和 Δy 为常量，只考虑垂向压缩。于是，只有水的密度 ρ、孔隙度 n 和单元体的高度 Δz 三个量随压力而变化，则式（6-15）的右端可改成：

$$\frac{\partial}{\partial t}[\rho n \Delta x \Delta y \Delta z] = \left[n\rho \frac{\partial(\Delta z)}{\partial t} + \rho \Delta z \frac{\partial n}{\partial t} + n\Delta z \frac{\partial \rho}{\partial t}\right]\Delta x \Delta y \tag{6-17}$$

上式经推导可得（推导过程略）

$$\left[-\rho\left(\frac{\partial v_x}{\partial x} + \frac{\partial v_y}{\partial y} + \frac{\partial v_z}{\partial z}\right) - \left(v_x\frac{\partial \rho}{\partial x} + v_y\frac{\partial \rho}{\partial y} + v_z\frac{\partial \rho}{\partial z}\right)\right]\Delta x \Delta y \Delta z = \rho^2 g(\alpha + n\beta)\frac{\partial H}{\partial t}\Delta x \Delta y \Delta z$$

式中，α 为含水层的压缩系数；β 为水的体积压缩系数。

上式左端第二个括弧比第一个括弧要小得多。因此，我们假设左端第二个括弧项代表的 ρ 的空间变化远小于右端项中所包含的 ρ 的局部的、瞬时的变化，即 $v \cdot \mathrm{grad}\rho$ 远远小于 $n\Delta z \frac{\partial \rho}{\partial t}$，因而可以忽略不计，于是上式变为

$$-\rho\left(\frac{\partial v_x}{\partial x} + \frac{\partial v_y}{\partial y} + \frac{\partial v_z}{\partial z}\right)\Delta x \Delta y \Delta z = \rho^2 g(\alpha + n\beta)\frac{\partial H}{\partial t}\Delta x \Delta y \Delta z$$

同时，根据 Darcy 定律在各向同性介质中，有

$$v_x = -K\frac{\partial H}{\partial x}, v_y = -K\frac{\partial H}{\partial y}, v_z = -K\frac{\partial H}{\partial z}$$

将其代入上式，得

$$\left[\frac{\partial}{\partial x}\left(K\frac{\partial H}{\partial x}\right) + \frac{\partial}{\partial y}\left(K\frac{\partial H}{\partial y}\right) + \frac{\partial}{\partial z}\left(K\frac{\partial H}{\partial z}\right)\right]\Delta x \Delta y \Delta z = \rho g(\alpha + n\beta)\frac{\partial H}{\partial t}\Delta x \Delta y \Delta z$$

$$\tag{6-18}$$

令

$$\rho g(\alpha + n\beta) = S_s \tag{6-19}$$

式中，S_s 为贮水率，表示面积为一个单位面积，厚度为一个单位的含水层，当水头降低一个单位时释放的水量，量纲为 $[L^{-1}]$。其中，$\rho g\alpha$ 表示由于含水层骨架的压缩，造成充满于含水层孔隙中水的释出，$\rho gn\beta$ 表示由于水的弹性膨胀造成水的释出。

式（6-18）可改写为

$$\left[\frac{\partial}{\partial x}\left(K\frac{\partial H}{\partial x}\right) + \frac{\partial}{\partial y}\left(K\frac{\partial H}{\partial y}\right) + \frac{\partial}{\partial z}\left(K\frac{\partial H}{\partial z}\right)\right]\Delta x \Delta y \Delta z = S_s\frac{\partial H}{\partial t}\Delta x \Delta y \Delta z$$

上式有明确的物理意义。等式左端表示单位时间内流入和流出单元体的水量差；右端表示该时间段内单元体弹性释放（或贮存）的水量。因为单元体没有其他流入或流出水的"源"或"汇"，水量差只可能来自弹性释水（或贮存），等式显然成立。单元体体积 $\Delta x \Delta y \Delta z$ 根据假设为无限小，可从等式两端约去，得

$$\frac{\partial}{\partial x}\left(K\frac{\partial H}{\partial x}\right)+\frac{\partial}{\partial y}\left(K\frac{\partial H}{\partial y}\right)+\frac{\partial}{\partial z}\left(K\frac{\partial H}{\partial z}\right)=S_s\frac{\partial H}{\partial t} \tag{6-20}$$

对于各向异性介质来说，如把坐标轴的方向取得和各向异性介质的主方向一致，则有

$$\frac{\partial}{\partial x}\left(K_{xx}\frac{\partial H}{\partial x}\right)+\frac{\partial}{\partial y}\left(K_{yy}\frac{\partial H}{\partial y}\right)+\frac{\partial}{\partial z}\left(K_{zz}\frac{\partial H}{\partial z}\right)=S_s\frac{\partial H}{\partial t} \tag{6-21}$$

对于均质各向同性的含水层来说，还可进一步简化为

$$\frac{\partial^2 H}{\partial x^2}+\frac{\partial^2 H}{\partial y^2}+\frac{\partial^2 H}{\partial z^2}=\frac{S_s}{K}\frac{\partial H}{\partial t} \tag{6-22}$$

在二维流的情况下，常写成下列形式：

$$\frac{\partial}{\partial x}\left(T\frac{\partial H}{\partial x}\right)+\frac{\partial}{\partial y}\left(T\frac{\partial H}{\partial y}\right)=S\frac{\partial H}{\partial t} \tag{6-23}$$

式中，$T=KM$，$S=S_s M$，分别为导水系数和贮水系数；M 为含水层厚度。贮水系数 S 表示在面积为 1 个单位、厚度为含水层全厚度 M 的含水层柱体中，当水头改变一个单位时弹性释放或贮存的水量，量纲为 1。

上述方程就是承压水非稳定运动的基本微分方程和它的几个常见特例，是研究承压含水层地下水运动的基础，反映了承压含水层地下水运动的质量守恒关系，表明单位时间流入、流出单位体积含水层的水量差等于同一时间内单位体积含水层弹性释放（或弹性贮存）的水量。它还通过应用 Darcy 定律反映了地下水运动中的质量守恒与转化关系。可见，基本微分方程表达了渗流区内任何一个"局部"都必须满足质量守恒和能量守恒定律。在推导过程中，从实用观点出发，除了已经谈到的假设外，还假设：①水流服从 Darcy 定律；②K 不因 $\rho=\rho(P)$ 的变化而改变；③S_s 和 K 也不受 n 变化（由于骨架变形）的影响。

有了这些概念就可以灵活地把基本微分方程应用于实际问题的解决。虽然方程中没有考虑抽水、注水及越流补给等的影响，但要考虑也不难。既然方程的左端代表单位时间内从各个方向流入单位体积含水层水量的总和，那只要在建立连续性方程时加一项来表示这些交换水量就行了。其结果是在运动方程的左端加一项 W，通常称为源汇项。它是位置和时间的函数。当垂向有水流流出（包括抽水）时，W 为负值，表示汇；当垂向有水流入（包括注水）含水层，W 为正，表示源。

但要注意，对于三维问题，W 表示单位时间从单位体积含水层流入或流出的水量；对于二维问题，W 表示单位时间在垂向从单位面积含水层中流入或流出的水量。如由式（6-20）得

$$\frac{\partial}{\partial x}\left(K\frac{\partial H}{\partial x}\right) + \frac{\partial}{\partial y}\left(K\frac{\partial H}{\partial y}\right) + \frac{\partial}{\partial z}\left(K\frac{\partial H}{\partial z}\right) + W = S_s\frac{\partial H}{\partial t} \tag{6-24}$$

由式（6-23）得

$$\frac{\partial}{\partial x}\left(T\frac{\partial H}{\partial x}\right) + \frac{\partial}{\partial y}\left(T\frac{\partial H}{\partial y}\right) + W = S\frac{\partial H}{\partial t} \tag{6-25}$$

地下水总是在不断地发展、变化着，在自然界一般不存在稳定流。所谓稳定只是在有限时间内的一种暂时平衡现象。当地下水变化极其缓慢时，可近似地看作一种相对的稳定状态。因此，地下水稳定运动，可以看成是地下水非稳定运动的特例。只要把非稳定运动方程右端的 $\frac{\partial H}{\partial t}$ 项等于零，就可以得到相应的稳定运动方程。对于一般的非均质各向同性含水层来说，由式（6-20）可得

$$\frac{\partial}{\partial x}\left(K\frac{\partial H}{\partial x}\right) + \frac{\partial}{\partial y}\left(K\frac{\partial H}{\partial y}\right) + \frac{\partial}{\partial z}\left(K\frac{\partial H}{\partial z}\right) = 0 \tag{6-26}$$

对于均质各向同性的含水层来说，由式（6-26）可得

$$\frac{\partial^2 H}{\partial x^2} + \frac{\partial^2 H}{\partial y^2} + \frac{\partial^2 H}{\partial z^2} = 0 \tag{6-27}$$

式（6-27）也称 Laplace 方程。稳定运动方程的右端都等于零，意味着同一时间内流入单元体的水量等于流出的水量。这个结论不仅适用于承压含水层，也适用于潜水含水层和越流含水层。

6.1.2.3　越流含水层（半承压含水层）中地下水非稳定运动的基本微分方程

在自然界中，有不少这样的情况：承压含水层的上、下岩层并不是绝对隔水的，其中一个或者两个可能是弱透水层。虽然含水层会通过弱透水层和相邻含水层发生水力联系，但它还是承压的，因此，称其为半承压含水层。当这个含水层和相邻含水层间存在水头差时，地下水便会从高水头含水层通过弱透水层流向低水头含水层。对指定含水层来说，可能流入也可能流出该含水层，这种现象称为越流。因此，半承压含水层也称越流含水层。在含水层中抽水，由于人为地造成水头降低，这种现象就更容易发生。

当弱透水层的渗透系数 K_1 比主含水层的渗透系数 K 小很多时，可以近似地

认为水基本上是垂直地通过弱透水层，折射 90° 后在主含水层中基本上是水平流
动的。研究发现，当主含水层的渗透系数比弱透水层的渗透系数大两个以上数量
级时，这个假定所引起的误差一般小于 5%。实际上，含水层的渗透系数常常比
相邻弱透水层的渗透系数高出三个数量级，故上述假设是允许的。在这种情况下，
主含水层中的水流可近似地按二维流问题处理，将水头看作是整个含水层厚度上
水头的平均值：

$$\bar{H} = \bar{H}(x, y, t) = \frac{1}{M} \int_0^M H(x, y, z, t) \mathrm{d}z$$

为简化起见，在以后叙述中略去 H 上方的横杠；同时假设，和主含水层释放的水
及相邻含水层的越流量相比，弱透水层本身释放的水量小到可以忽略不计。

　　图 6.12（a）表示一个各向同性越流含水层中的水流。厚度为 M 的承压含水
层的上、下各有一个厚度为 m_1 和 m_2、渗透系数为 K_1 和 K_2 的弱透水层。弱透水

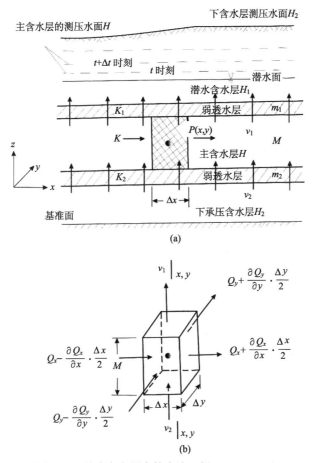

图 6.12　越流含水层中的水流（据 Bear，1985）

层的外面又上覆、下伏有潜水含水层或承压含水层。由于物理意义的实质相同，上述结果也适用于水流方向相反的情况。

由图 6.12（b）的均衡单元体，根据水均衡原理可以写出下列形式的连续性方程：

$$\left[\left(Q_x - \frac{\partial Q_x}{\partial x}\frac{\Delta x}{2}\right) - \left(Q_x + \frac{\partial Q_x}{\partial x}\frac{\Delta x}{2}\right)\right]\Delta t$$

$$+\left[\left(Q_y - \frac{\partial Q_y}{\partial y}\frac{\Delta y}{2}\right) - \left(Q_y + \frac{\partial Q_y}{\partial y}\frac{\Delta y}{2}\right)\right]\Delta t + (v_2 - v_1)\Delta x \Delta y \Delta t \qquad (6\text{-}28)$$

$$= S\frac{\partial H}{\partial t}\Delta x \Delta y \Delta t$$

式中，v_1、v_2 分别为通过上部和下部弱透水层的垂直越流速率或越流强度，即

$$v_1 = -K_1\frac{\partial H_1}{\partial z} = K_1\frac{H - H_1}{m_1}, v_2 = -K_2\frac{\partial H_2}{\partial z} = K_2\frac{H_2 - H}{m_2} \qquad (6\text{-}29)$$

式中，$H_1(x,y,t)$ 和 $H_2(x,y,t)$ 分别为上含水层（图中为潜水含水层）和下含水层中的水头，如以 T 表示主含水层的导水系数，则

$$Q_x = -T\frac{\partial H}{\partial x}\Delta y, \qquad Q_y = -T\frac{\partial H}{\partial y}\Delta x$$

把它们代入式（6-28），并在两端分别约去无限小的 $\Delta x \Delta y \Delta t$，则有

$$\frac{\partial}{\partial x}\left(T\frac{\partial H}{\partial x}\right) + \frac{\partial}{\partial y}\left(T\frac{\partial H}{\partial y}\right) + K_1\frac{H_1 - H}{m_1} + K_2\frac{H_2 - H}{m_2} = S\frac{\partial H}{\partial t} \qquad (6\text{-}30)$$

这就是不考虑弱透水层弹性释水条件下非均质各向同性越流含水层中非稳定运动的基本微分方程。对于均质各向同性介质来说，有

$$\frac{\partial^2 H}{\partial x^2} + \frac{\partial^2 H}{\partial y^2} + \frac{H_1 - H}{B_1^2} + \frac{H_2 - H}{B_2^2} = \frac{S}{T}\frac{\partial H}{\partial t} \qquad (6\text{-}31)$$

式中，$B_1 = \sqrt{\dfrac{Tm_1}{K_1}}, B_2 = \sqrt{\dfrac{Tm_2}{K_2}}$ 分别称为上、下两个弱透水层的越流因素。

越流因素 B 的量纲为[L]。弱透水层的渗透性越小，厚度越大，则 B 越大，越流量越小。在自然界中，越流因素值的变化很大，可以从几米到若干千米。对于一个完全隔水的覆盖层来说，B 为无穷大。另一个反映越流能力的参数是越流系数 σ'。其定义为当主含水层和供给越流的含水层间水头差为一个长度单位时，通过主含水层和弱透水层间单位面积界面上的水流量。因此，

$$\sigma' = \frac{K_1}{m_1} \qquad (6\text{-}32)$$

式中，K_1，m_1 分别为弱透水层的渗透系数和厚度。σ' 越大，相同水头差下的越流量越多。

6.1.2.4　潜水运动的基本微分方程

潜水面不是水平的，含水层中存在着垂向上的流速分量。潜水面又是渗流区的边界，随时间变化，它的位置在问题解出以前是未知的。为了较方便地求解，就引出了 Dupuit 假设。

Dupuit 于 1863 年根据潜水面的坡度对大多数地下水流而言是很小的这一事实，提出了如下假设（图 6.13），即对潜水面（在垂直的二维平面内）上任意一点 P 有

$$J = -\frac{dH}{ds} = -\frac{dz}{ds} = -\sin\theta \tag{6-33}$$

该点的渗流速度方向与潜水面相切，其大小，根据 Darcy 定律有

$$v_s = KJ = -K\sin\theta$$

由于坡角 θ 很小，可以用 $\tan\theta$ 代替 $\sin\theta$。这个 θ 很小的假设，意味着假设潜水面比较平缓，等水头面铅直，水流基本上水平，可忽略渗流速度的垂直分量 v_z，$H(x,y,z,t)$ 可近似地用 $H(x,y,t)$ 代替。这么一来，铅直剖面上各点的水头就变成相等的了；或者说，水头不随深度而变化，同一铅直剖面上各点的水力坡度和渗透速度都相等，渗流速度可以表示为

$$v_x = -K\frac{dH}{dx}, H = H(x)$$

相应地，通过宽度为 B 的铅直平面（在此假设下可近似看成是过水断面）的流量为

$$Q_x = -KhB\frac{dH}{dx}, H = H(x)$$

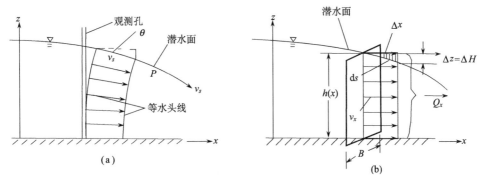

图 6.13　Dupuit 假设示意图（据 Bear, 1985 修改）

式中，Q_x 为 x 方向的流量；h 为潜水含水层厚度，在隔水层水平的情况下，$h=H$。

对于更一般的情况，$H = H(x, y)$，则有

$$v_x = -K\frac{\mathrm{d}H}{\mathrm{d}x}, \qquad v_y = -K\frac{\mathrm{d}H}{\mathrm{d}y}, \qquad H = H(x, y) \qquad (6\text{-}34)$$

Dupuit 假设在 θ 不大的情况下是合理的，很有用。它减少自变量 z，从而简化了计算。

引入 Dupuit 假设后，会产生多大误差，显然是人们关心的一个问题。经验算，应用 Dupuit 假设，相当于在流量公式中以 $\dfrac{h^2}{2}$ 代替 $h\overline{H} - \dfrac{h^2}{2}$，由此引起的误差为

$$0 < \frac{\dfrac{h^2}{2} - \left(h\overline{H} - \dfrac{h^2}{2}\right)}{\dfrac{h^2}{2}} < \frac{i^2}{1 + i^2}, \quad i \equiv \frac{\mathrm{d}h}{\mathrm{d}x}$$

故只要 $i^2 \ll 1$ （这里 i 是潜水面坡度），产生的误差是很小的。对于各向异性介质，$K_{xx} \ne K_{zz}$，则上式中的 i^2 应代之以 $\left(\dfrac{K_{xx}}{K_{zz}}\right)i^2$。

在 Dupuit 假设下，假定潜水水流都是水平运动，渗透速度没有垂直分量，可以大大简化计算量。值得注意的是，Dupuit 假设忽略了渗流速度的垂直分量 v_z，故在 v_z 大的地段就不能采用，例如在有入渗的潜水分水岭地段，渗漏面附近和垂直的隔水边界附近。后者只有在 $x > 2h_0$ 的地段才能把等势线看成是铅直线。在下游边界上，潜水面都终止在高出下游水面（河水面、井水面）的某个点上。在下游边界上，潜水面以下、下游水面以上的地段称为渗出面。渗出面上潜水面往往和边界面相切，有较大的垂向分速度。

潜水面是个自由面，相对压强 $p = 0$。因此，对整个含水层来说，可以不考虑水的压缩性。根据 Dupuit 假设，以一维问题为例，可以建立有关潜水含水层中地下水流的方程：

$$\frac{\partial}{\partial x}\left(h\frac{\partial H}{\partial x}\right) + \frac{W}{K} = \frac{\mu}{K}\frac{\partial H}{\partial t} \qquad (6\text{-}35)$$

式中，μ 为潜水含水层的给水度，表示地下水位下降一个单位深度，从地下水位延伸到地表面的单位水平面积岩石柱体在重力作用下释出的水的体积，量纲为 1；h 为潜水含水层厚度；W 为单位时间、单位面积上垂向补给含水层的水量（入渗补给或其他人工补给取正值，蒸发等取负值）。

式（6-35）为有入渗补给的潜水含水层中地下水非稳定运动的基本方程（沿 x 方向的一维运动），通常称为布西内斯克（Boussinesq）方程。

在二维运动情况下，可用类似方法导出相应的方程为

$$\frac{\partial}{\partial x}\left(h\frac{\partial H}{\partial x}\right)+\frac{\partial}{\partial y}\left(h\frac{\partial H}{\partial y}\right)+\frac{W}{K}=\frac{\mu}{K}\frac{\partial H}{\partial t} \tag{6-36}$$

当隔水层水平时，上式中 $h=H$。对于非均质含水层，Boussinesq 方程有如下形式：

$$\frac{\partial}{\partial x}\left(Kh\frac{\partial H}{\partial x}\right)+\frac{\partial}{\partial y}\left(Kh\frac{\partial H}{\partial y}\right)+W=\mu\frac{\partial H}{\partial t} \tag{6-37}$$

Boussinesq 方程是研究潜水运动的基本微分方程。方程中的含水层厚度 h 也是个未知数，因此，它是一个二阶非线性偏微分方程。除某些个别情况能找到几个特解外，一般没有解析解。为了求解，往往近似地把它转化为线性方程后求解。目前广泛采用的是数值法。

6.1.2.5　定解条件

从前面几节可以看出，不同类型的地下水流用不同形式的偏微分描述；同一形式的偏微分方程又代表着整个一大类地下水流的运动规律。例如，均质各向同性无越流承压含水层中地下水的稳定流都用一个 Laplace 方程描述。但由于补给、径流、排泄条件的差异及边界性质、边界形状的不同，不同含水层中水头的分布毫无共同之处。如用它来研究地下水向井的运动和坝下渗流，两者的水头分布是不会相同的。非稳定流问题的情况也是相似的。由于方程本身并不包含反映渗流区特定条件的信息，所以每个方程有无数个可能的解，每一个解对应于一个特定渗流区中的水流情况。

为了从大量可能解中求得和所研究特定问题相对应的唯一特解，就需要提供偏微分方程本身所没有包括的一些补充信息：

（1）方程中有关参数的值。方程中总是包含一些表示含水层水文地质特征的参数，如导水系数、贮水系数等，有时还包含表示含水层所受天然或人为影响的源汇项。只有当这些参数所在研究的渗流区中实际数值被确定后，方程本身才算确定。

（2）渗流区的范围和形状（边界有时是无限的，有时部分是未知的）。一个偏微分方程，只有规定了它所定义的区域（即渗流区）后，才能谈得上对它的求解。

（3）边界条件，即渗流区边界所处的条件，用来表示水头 H（或渗流量 q）在渗流区边界上应满足的条件，也就是渗流区内水流与其周围环境相互制约的关系。

（4）初始条件。非稳定渗流问题，除了需要列出边界条件外，还要列出初始

条件。所谓初始条件就是在某一选定的初始时刻（$t=0$）渗流区内水头 H 的分布情况。

　　边界条件和初始条件合称为定解条件。求解非稳定渗流问题要同时列出边界条件和初始条件；求解稳定渗流问题只要列出边界条件就够了。一个或一组数学方程与其定解条件加在一起，构成一个描述某实际问题的数学模型。前者用来刻画研究区地下水的流动规律，后者用来表明所研究实际问题的特定条件，两者缺一不可。我们用这样的模型再现一个实际水流系统。给定了方程或方程组和相应定解条件的数学物理问题又称定解问题。因此，所求的某个地下水问题的解，必然是这样的函数：一方面要适合描述该渗流区地下水运动规律的偏微分方程（或方程组），另一方面又要满足该渗流区的边界条件和初始条件。

　　如以 D 表示所考虑的渗流区，在三维空间中它是由光滑或分片光滑的曲面 S 所围成的一个立体；在二维空间中，它是由光滑或分段光滑的曲线 Γ 所围成的一个平面。除了由封闭曲线、曲面所围成的有限区域外，有时还可能碰到在某个方向或各个方向上可以把所考虑的渗流区视为无限延伸的区域的情况。

　　下面分别介绍地下水流问题中定解条件的类型。

1. 边界条件

地下水流问题中碰到的边界条件有下列几种类型：

1）第一类边界条件（Dirichlet 条件）

如果在某一部分边界（设为 S_1 或 Γ_1）上，各点在每一时刻的水头都是已知的，则这部分边界就称为第一类边界或给定水头的边界，表示为

$$H(x,y,z,t)\big|_{S_1} = \varphi_1(x,y,z,t), (x,y,z)\in S_1 \tag{6-38}$$

或

$$H(x,y,t)\big|_{\Gamma_1} = \varphi_2(x,y,t), (x,y)\in \Gamma_1 \tag{6-39}$$

式中，$H(x,y,z,t)$ 和 $H(x,y,t)$ 分别表示在三维和二维条件下边界段 S_1 和 Γ_1 上点 (x,y,z) 和 (x,y) 在 t 时刻的水头。$\varphi_1(x,y,z,t)$ 和 $\varphi_2(x,y,t)$ 分别是 S_1 和 Γ_1 上的已知函数。

　　可以作为第一类边界条件来处理的情况不少，如当河流或湖泊切割含水层，两者有直接水力联系时，这部分边界就可以作为第一类边界处理。此时，水头 φ_1 和 φ_2 是一个由河湖水位统计资料得到的关于 t 的函数。但要注意，某些河、湖底部及两侧沉积有一些粉砂、亚黏土和黏土，使地下水和地表水的直接水力联系受阻，就不能作为第一类边界条件来处理。区域内部的抽水井或疏干巷道也可以作为给定水头的内边界来处理。此时，水头通常是按某种要求事先给定的。

　　注意，给定水头边界不一定是定水头边界。上面介绍的都只是给定水头的边

界。所谓定水头边界，意味着函数 φ_1 和 φ_2 不随时间而变化。当区域内部的水头比它低时，它就供给水，要多少有多少。当区域内部的水头比它高时，它吸收水，需要它吸收多少就吸收多少。在自然界，这种情况很少见。就是附近有河流、湖泊，也不一定能处理为定水头边界，还要视河流、湖泊与地下水水力联系的情况，以及这些地表水体本身的径流特征而定。在没有充分依据的情况下，千万不要随意把某段边界确定为定水头边界，以免造成很大误差。

2）第二类边界条件（Neumann 条件）

当知道某一部分边界（设为 S_2 或 Γ_2）单位面积（二维空间为单位宽度）上流入（流出时用负值）的流量 q 时，称为第二类边界或给定流量的边界。相应的边界条件表示为

$$K\frac{\partial H}{\partial n}\bigg|_{S_2} = q_1(x,y,z,t),\ (x,y,z)\in S_2 \tag{6-40}$$

或

$$T\frac{\partial H}{\partial n}\bigg|_{\Gamma_2} = q_2(x,y,t),\ (x,y)\in \Gamma_2 \tag{6-41}$$

式中，n 为边界 S_2 或 Γ_2 的外法线方向；q_1 和 q_2 则为已知函数，分别表示 S_2 上单位面积和 Γ_2 上单位宽度的侧向补给量。

最常见的这类边界就是隔水边界，此时侧向补给量 $q=0$。在介质各向同性的条件下，上面两个表达式都可简化为

$$\frac{\partial H}{\partial n} = 0 \tag{6-42}$$

边界条件式（6-42）还可用在下列场合：①地下分水岭；②流线。

抽水井或注水井也可以作为内边界来处理。取井壁 Γ_W 为边界，根据 Darcy 定律有

$$2\pi rT\frac{\partial H}{\partial r} = Q(x,y,t)$$

式中，r 为径向距离；Q 为抽水井流量（$Q<0$，为注水井流量）。

由于此时外法线方向 n 指向井心，故上式可改写为下列形式：

$$T\frac{\partial H}{\partial n}\bigg|_{\Gamma_W} = -\frac{Q}{2\pi r_W} \tag{6-43}$$

式中，r_W 为井的半径。

3）第三类边界条件

若某段边界 S_3 或 Γ_3 上 H 和 $\dfrac{\partial H}{\partial n}$ 的线性组合已知，即

$$\frac{\partial H}{\partial n} + \alpha H = \beta \qquad\qquad (6\text{-}44)$$

式中，α，β 为已知函数，这种类型的边界条件称为第三类边界条件或混合边界条件。

当研究区的边界上如果分布有相对较薄的一层弱透水层（带），边界的另一侧是地表水体或另一个含水层分布区时，则可以看作是这类边界。如图 6.14 所示，淤泥层两侧的同一位置上的 A 点和 P 点有水头差，如以 H 表示边界内侧研究区的水头，H_n 为边界外侧的水头，当忽略弱透水层内贮存的变化时，有

$$K\frac{\partial H}{\partial n}\bigg|_{S_3} = \frac{K_1}{m_1}(H_n - H) = q(x,y,z,t)$$

式中，K 为研究区的渗透系数；K_1 和 m_1 分别为弱透水层的渗透系数和宽度；q 为和式（6-40）中 q_1 相当的侧向流入量（流出为负值）。上式还可进一步改写为

$$K\frac{\partial H}{\partial n} - \frac{H_n - H}{\sigma'} = 0 \qquad 在 S_3 上 \qquad (6\text{-}45)$$

式中，$\sigma' = \dfrac{K_1}{m_1}$。对于图 6.14 这种二维情况，则有

$$T\frac{\partial H}{\partial n} - M\frac{H_n - H}{\sigma'} = 0 \qquad 在 \Gamma_3 上 \qquad (6\text{-}46)$$

这就是第三类边界条件。

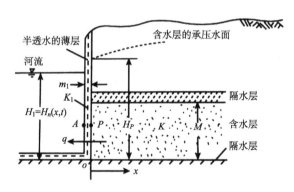

图 6.14　第三类边界条件（据 Bear, 1985 修改）

边界的性质和边界距抽水井的距离对计算结果有很大影响。具体选用时必须慎重。在实际工作中，必须用相当多的勘探工作量查明边界的性质，以便正确地确定边界条件。下面以不考虑入渗补给的地下水向井中的稳定运动（图 6.15）作为例子来具体说明它的边界条件。在图 6.15 所示的渗流区中，水头 H 在各边界上必须适合的条件如下。

在上游边界 C_1 上，水头均假设等于 H_0，所以有边界条件：

$$H|_{C_1} = H_0 \tag{6-47}$$

浸润曲线 C_2 上，压强等于大气压强，测压管高度等于零，C_2 上任何一点的水头 H^* 应等于该点的纵坐标 z：

$$H^*|_{C_2} = z \tag{6-48}$$

同时，浸润曲线又是一条流线，所以有边界条件：

$$\left.\frac{\partial H^*}{\partial n}\right|_{C_2} = 0 \tag{6-49}$$

渗出面 C_3 上，压强也等于大气压强，故有

$$H|_{C_3} = z$$

井壁 C_4 上，边界条件为

$$H|_{C_4} = h_{\mathrm{w}}$$

隔水边界 C_5 上，边界条件为

$$\left.\frac{\partial H}{\partial n}\right|_{C_5} = 0$$

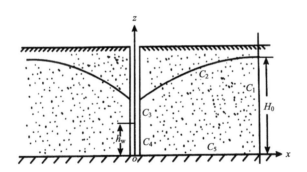

图 6.15　地下水向井中的稳定运动边界条件（薛禹群和吴吉春，2010）

对于非稳定渗流问题，情况相似，只是边界条件中有关值都是时间的函数。

要注意，对于有浸润曲线的渗流问题（如排水沟降低地下水位问题、土坝渗流问题等），由于这时浸润曲线本身在不断地变化着，此边界条件就要另行描述了，即除了要满足式（6-48）外，还要满足反映浸润面移动规律的条件。描述的方式有多种，本书介绍一种数值计算中常用的方法。这种方法把浸润曲线作为有流量补给的边界来处理。图 6.16 上表示出 t 时刻和 $t+\mathrm{d}t$ 时刻的两条浸润曲线。在其间取一宽为 $\mathrm{d}r$、y 方向长为 1 个单位长度的小土体。如以 q 表示从浸润曲线边界流

入渗流区的单位面积流量，则在 dt 时间内通过小土体这部分边界的补给量为 $qdrdt$。若取流入为正，则相应的边界条件为

$$K\frac{\partial H}{\partial n}\bigg|_{C_2} = q \qquad (6\text{-}50)$$

当浸润曲线下降时，从浸润曲线边界流入渗流区的单位面积流量 q 为

$$q = \mu\frac{\partial H^*}{\partial t}\cos\theta \qquad (6\text{-}51)$$

式中，μ 为给水度；θ 为浸润曲线外法线与铅垂线间的夹角。

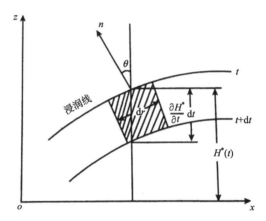

图 6.16　浸润线边界条件（薛禹群和吴吉春，2010）

2. 初始条件

所谓初始条件，就是给定某一选定时刻（通常表示为 $t=0$）渗流区内各点的水头值，即

$$H(x,y,z,t)\big|_{t=0} = H_0(x,y,z),\ (x,y,z)\in D \qquad (6\text{-}52)$$

或

$$H(x,y,t)\big|_{t=0} = H_0'(x,y),\ (x,y)\in D \qquad (6\text{-}53)$$

式中，H_0, H_0' 为 D 上的已知函数。初始条件对计算结果的影响将随着计算时间的延长逐渐减弱。可以根据需要，任意选择某一个瞬时作为初始时刻，不一定是实际开始抽水的时刻，也不要把初始状态理解为地下水没有开采以前的状态。

6.2　地下水中的溶质运移

随着近几十年来地下水不断遭到不同程度的污染，地下水中的溶质（污染物）

运移研究越来越引起人们的关注。研究成果可以用来模拟地下水中污染物的运移过程，预测地下水污染的发展趋势，控制地下水污染扩散，还可以用于防止海水入侵及污染修复措施的制定等方面。

6.2.1　溶质运移机理

地下水系统相当复杂，污染物可进一步根据其水溶性分为可溶相和有机相两类。本节仅考虑地下水中可溶污染物（溶质）的运移，目的是讨论控制地下水流中污染物运动和积聚的规律，并构建能够预报未来含水层中污染物分布的模型。影响多孔介质中污染物运移的机理包括对流、弥散和扩散、固体-溶质相互作用及作为源汇项处理的各种化学反应及衰变现象。

6.2.1.1　对流

这是一种溶质随水流一起运移的运动。需要注意的是，一部分被分子引力束缚在固体介质上的结合水及死端孔隙中的水是不参与这种流动的，只有在水力坡度作用下参与循环的水才参与这种流动。因此，多孔介质中只有相当于有效孔隙度的这部分孔隙是有效的。

6.2.1.2　水动力弥散

先考察两个实例。通过它们可以大致了解水动力弥散现象是怎么回事。

【例1】若在一口井中瞬时注入某种浓度的一种示踪剂，则在附近观测孔中可以观察到示踪剂不仅随地下水流一起位移，而且逐渐扩散开来，超出了仅按平均实际流速所预期到达的范围，并有垂直于水流方向的横向扩散（图6.17），不存在突变的界面。

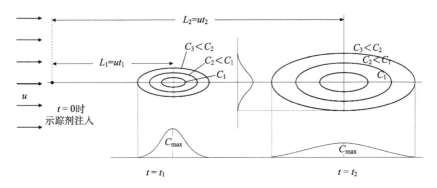

图 6.17　示踪剂的纵向、横向扩展（据 Bear，1985）

【例2】将装满均质砂的圆柱形管用水饱和，并让水流不断地稳定均匀通过，在某一时刻（$t=0$）开始注入含有示踪剂浓度为 c_0 的水去替代原来不含示踪剂的水，在砂柱末端测量示踪剂浓度的变化 $c(t)$。绘制示踪剂相对浓度随时间变化的曲线（图6.18）。曲线呈S形，而不是图中虚线所示的形状。

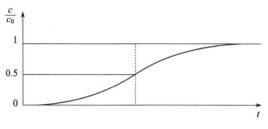

图6.18　砂柱中一维流动的穿透曲线

上述事实说明，存在一种特殊的现象。因为如果不存在这种现象，示踪剂应按水流的平均流速移动；含示踪剂和不含示踪剂的水的接触界面应该是突变的；示踪剂也不应在横向扩展开来。图6.18中，曲线应出现虚线所示形状，即有一个以实际平均流速移动的直立锋面。以上事实说明，在两种成分不同的可以混溶的液体之间存在着一个不断加宽的过渡带。这种现象称为水动力弥散。因此，所谓水动力弥散就是多孔介质中所观察到的两种成分不同的可混溶液之间过渡带的形成和演化过程。这是一个不稳定的不可逆转的过程。

水动力弥散是由溶质在多孔介质中的机械弥散和分子扩散所引起的，现分述如下。

1. 机械弥散

在多孔介质中，液体运动速度的大小和方向都是很不均一的。这主要和下列情况有关：由于液体有黏滞性以及结合水对重力水的摩擦阻力，使得最靠近隙壁部分的（重力）水流速度趋近于零，向轴部流速逐渐增大，至轴部最大[图6.19（a）]，孔隙的大小不一，造成不同孔隙间轴部最大流速有差异[图6.19（b）]；孔隙本身弯弯曲曲，水流方向也随之不断改变，因此对水流平均方向而言，具体流线的位置在空间是摆动的[图6.19（c）]。这几种现象是同时发生的，由此造成开始时彼此靠近的示踪剂质点群在流动过程中不是一律按平均流速运动，而是不断向周围扩展，超出按平均流速所预期的扩散范围。沿平均速度方向和垂直它的方向上，都可以看到这种扩展现象。液体通过多孔介质流动时，由于速度不均一所造成的这种物质运移现象称为机械弥散。

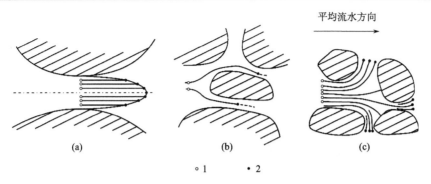

图 6.19　机械弥散引起的示踪剂扩展（据 Bear，1985）

1 和 2 分别表示 t 时刻和 $t+\Delta t$ 时刻液体质点的位置

2. 分子扩散

虽然上面提到的扩散在纵向，即水平水流方向和垂直平均水流方向都有（最初在前者方向），但仅靠这种速度变化只能导致垂直平均水流方向上很少量的扩散，无法解释垂直水流方向上示踪剂质点占据宽度的不断扩大。为了解释这种现象，必须归因于分子扩散。

分子扩散是由于液体中所含溶质的浓度不均一而引起的一种物质运移现象。浓度梯度使得物质从浓度高的地方向浓度低的地方运移，以求浓度趋向均一。因此，即使在静止液体中也会发生分子扩散，使示踪剂扩散到越来越大的范围。分子扩散使同一流束内的浓度趋于均一，而且相邻流束间在浓度梯度的作用下也有物质交换，导致横向浓度差的减小。

物理学的知识告诉我们，分子扩散服从菲克（Fick）定律。该定律揭示了溶液中溶质的扩散，在单位时间内通过单位面积的溶质质量 I_s 与该溶质的浓度梯度成正比，即

$$I_s = -D_d \frac{\partial c}{\partial s} \tag{6-54}$$

式中，$\frac{\partial c}{\partial s}$ 为该溶质在溶液中的浓度 c 沿方向 s 变化的浓度梯度；比例系数 D_d 称为扩散系数，量纲为 $[L^2 T^{-1}]$。不同溶质的扩散系数各不相同，同一物质在不同温度下的扩散系数也不同。在浓度低的情况下，可以认为它是一个与浓度无关的常数。由于扩散是沿着浓度减小的方向进行的，而扩散系数总是正的，所以式中要加一负号。

液体在多孔介质中流动时，机械弥散和分子扩散是同时出现的，事实上也不可分。这种划分带有某种人为的性质。事实上，"纯"机械弥散不可能存在。因为

当示踪剂质点沿着小的流管运移时，分子扩散不仅使流管中的浓度趋于拉平，而且还使示踪剂质点从一条流管移向相邻的另一条流管，导致横向浓度差的减小。但分子扩散即使在没有水流运动的情况下也能单独存在。当流速较大时，机械弥散是主要的；当流速甚小时，分子扩散的作用就变得很明显。显然，机械弥散和分子扩散都会使溶质既沿平均流动方向扩展又沿垂直于它的方向扩展。前者称为纵向弥散，后者称为横向弥散。

机械弥散和分子扩散是传统上认为导致溶质在地下水中运移的主要因素。此外，某些其他现象也会影响多孔介质中溶质的浓度分布，如多孔介质中固体颗粒表面对溶质的吸附、沉淀，水对固体骨架的溶解及离子交换等。此外，液体内部的化学反应也可导致溶质浓度的变化。

一般来说，溶质浓度的变化会导致液体密度和黏度的变化。这些变化反过来会影响水流状态，即流速的变化，但在通常情况下，这类影响不大，可以忽略。

6.2.2　弥散通量、扩散通量和水动力弥散系数

由于多孔介质几何结构的复杂性，从微观水平上研究一个点的运动规律实际上是不可能的；同样，从微观水平来研究弥散也是困难的。因此，和定义渗流速度一样，也从宏观上来描述弥散现象。下面所述及的物理量和渗流速度一样，都是定义在典型单元体（REV）上的平均值。

6.2.2.1　弥散通量和扩散通量

分子扩散服从 Fick 定律，通过实验和理想模型的研究，证实机械弥散也能用这个定律来描述。根据 Fick 定律，多孔介质中的分子扩散可用下式描述：

$$\boldsymbol{I''} = -\boldsymbol{D''} \cdot \nabla c \qquad (6\text{-}55)$$

式中，$\boldsymbol{I''}$ 为由于分子扩散在单位时间内通过单位面积的溶质质量，即扩散通量；$\boldsymbol{D''}$ 为多孔介质中的分子扩散系数，量纲为$[L^2T^{-1}]$，是二秩张量；c 为该溶质在溶液中的浓度；∇ 为梯度算子，定义 $\nabla(\cdot) = \dfrac{\partial(\cdot)}{\partial x}\boldsymbol{i} + \dfrac{\partial(\cdot)}{\partial y}\boldsymbol{j} + \dfrac{\partial(\cdot)}{\partial z}\boldsymbol{k}$。其中 $\boldsymbol{i}, \boldsymbol{j}, \boldsymbol{k}$ 为三个坐标轴方向的单位矢量。对于机械弥散有

$$\boldsymbol{I'} = -\boldsymbol{D'} \cdot \nabla c \qquad (6\text{-}56)$$

式中，$\boldsymbol{D'}$ 为机械弥散系数，量纲为$[L^2T^{-1}]$，也是二秩张量；$\boldsymbol{I'}$ 为由于机械弥散造成的在单位时间内通过单位面积的溶质质量，即弥散通量；c 的含义同前。$\boldsymbol{D'}$ 和 $\boldsymbol{D''}$ 的量纲相同，由此定义水动力弥散系数 $\boldsymbol{D}$：

$$\boldsymbol{D} = \boldsymbol{D'} + \boldsymbol{D''} \qquad (6\text{-}57)$$

$\boldsymbol{D}$ 也是二秩张量。水动力弥散在单位时间内通过单位面积的溶质质量（水动力弥

散通量）I 为

$$I = I' + I'' = -D \cdot \nabla c \tag{6-58}$$

它和渗流速度一样应用于介质的整个断面。

6.2.2.2 水动力弥散系数

水动力弥散系数 D 有下列特点：

（1）它是二秩张量，通常认为是对称的；

（2）它有主方向，一个与水流速度矢量的方向（即与流体有关，与介质无关）一致，另外两个方向一般是任意的，但要与第一个方向垂直。

（3）该系数大小取决于水流速度的模量。

因此，D 具有各向异性的特点，即使介质的渗透性各向同性，弥散系数仍然可能具有各向异性的特点，因弥散张量的各向异性源于浓度的传播在速度方向上要快于其横向传播。如果选择 x 轴与该点处的平均流速方向一致，y 轴和 z 轴则与平均流速方向垂直，则上式也可以写成下列更容易被理解的形式：

$$I_x = -D_{xx} \frac{\partial c}{\partial x}, I_y = -D_{yy} \frac{\partial c}{\partial y}, I_z = -D_{zz} \frac{\partial c}{\partial z} \tag{6-59}$$

或

$$\begin{bmatrix} I_x \\ I_y \\ I_z \end{bmatrix} = \begin{bmatrix} D_{xx} & 0 & 0 \\ 0 & D_{yy} & 0 \\ 0 & 0 & D_{zz} \end{bmatrix} \begin{bmatrix} \dfrac{\partial c}{\partial x} \\ \dfrac{\partial c}{\partial y} \\ \dfrac{\partial c}{\partial z} \end{bmatrix} \tag{6-60}$$

此时水动力弥散系数张量：

$$D = \begin{bmatrix} D_{xx} & 0 & 0 \\ 0 & D_{yy} & 0 \\ 0 & 0 & D_{zz} \end{bmatrix} = \begin{bmatrix} D_L & 0 & 0 \\ 0 & D_T & 0 \\ 0 & 0 & D_T \end{bmatrix} \tag{6-61}$$

坐标轴方向称为弥散主轴。D_{xx} 或 D_L 称为纵向弥散系数（沿水流方向）；D_{yy}, D_{zz} 或 D_T 称为横向弥散系数（与速度成正交的两个方向）。由于弥散主轴的方向依赖于流速方向，即使在均质各向同性介质中，各点弥散主轴的方向也会随着水流方向的改变而各不相同。

水动力弥散系数在研究地下水物质运移问题中的意义可以和渗透系数在研究地下水运动问题中的意义相比拟，是一个很重要的参数。通过大量在未固结的多孔介质中的实验，得到了如图 6.20 所示的曲线。图中，纵坐标是从实验室得到

的纵向弥散系数 D_L 与溶质在所研究的液相中的分子扩散系数 D_d 的比值，横坐标是一个量纲为 1 的量，称为佩克莱（Peclet）数：

$$Pe = \frac{ud}{D_d} \tag{6-62}$$

式中，u 为实际平均流速；d 为多孔介质的某种特征长度，如多孔介质的平均粒径等。该数表示实际流速和分子扩散系数相比的相对大小，Pe 数越大，表示流速相对越大。根据这条曲线的变化情况，大致上可以分五个区。

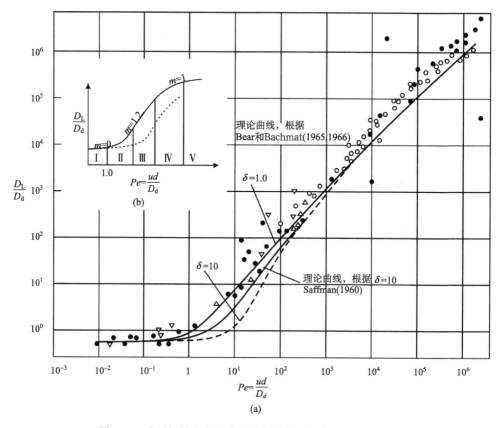

图 6.20　分子扩散和水动力弥散间的关系（据 Bear，1985）

第Ⅰ区：实际流速很小，以分子扩散为主，相当于曲线上 D_L/D_d 接近于常数的一段。

第Ⅱ区：对应的 Peclet 数 Pe 在 0.4～5，曲线开始向上弯曲，机械弥散已达到和分子扩散相同的数量级。因此，应当研究两者的和，而不应忽略其中的任何一个。

　　第Ⅲ区：物质运移主要由机械弥散和横向分子扩散相结合而产生。横向分子扩散往往会削弱纵向的物质运移，实验结果得出 $D_L/D_d = \alpha\left(Pe\right)^m$，$\alpha \approx 0.5$，$1 < m < 1.2$。

　　第Ⅳ区：以机械弥散为主，分子扩散的作用已经可以忽略不计，但流速尚未达到偏离 Darcy 定律的程度。本区相当于图中的直线部分。实验给出 $D_L/D_d = \beta Pe$，$\beta \approx 1.8$。

　　第Ⅴ区：仍属于机械弥散为主的区域，与第Ⅳ区的区别在于水流速度已达到越出 Darcy 定律适用的范围。惯性力和紊流的影响造成纵向物质运移的减少，曲线斜率减缓。

　　上述曲线说明，弥散系数和水流速度、分子扩散有关。它们间的关系如下式所示：

$$D'_{ij} = \sum_{k=1}^{3}\sum_{m=1}^{3}\alpha_{ij,km}\frac{u_k u_m}{u}f\left(Pe,\delta\right) \tag{6-63}$$

式中，D'_{ij} 为机械弥散系数，为二秩对称张量，这是它的一个分量；$\alpha_{ij,km}$ 为多孔介质的弥散度，为四秩张量。在饱和流动中它反映多孔介质固体骨架的几何性质，量纲[L]；u 为地下水实际平均流速，u_k，u_m 分别为它在坐标轴 x_k 和 x_m 上的分量；δ 为表示水流通道形状特征的系数，量纲为 1；$f\left(Pe,\delta\right) = \dfrac{Pe}{2 + Pe + 4\delta^2}$ 为在微观水平上考虑相邻流线之间由分子扩散所引起的对物质运移影响的函数，这个影响和机械弥散是不可分的。

　　Pe 较大时，由 $f\left(Pe,\delta\right)$ 的表达式可以看出，$f\left(Pe,\delta\right) \approx 1$。也就是说，分子扩散对机械弥散系数的影响就变得微不足道了。由式（6-63）不难看出，这时机械弥散系数和实际平均流速之间呈线性关系。对于大多数实际问题来说，都属于这种情形，总是假定 $f(Pe,\delta)=1$。

　　如果在某一点上选择坐标轴，使得其中一个轴如 x 轴和该点处的平均流速 u 方向一致（即弥散主轴），并忽略分子扩散，则该点上有

$$D'_{xx} = \alpha_L u, D'_{yy} = \alpha_T u, D'_{zz} = \alpha_T u, D'_{xy} = D'_{yz} = D'_{xz} = \cdots = 0 \tag{6-64}$$

式中，α_L，α_T 分别称为纵向弥散度和横向弥散度。纵向机械弥散系数 D'_{xx} 和横向机械弥散系数 D'_{yy} 及 D'_{zz} 称为弥散系数的主值。由于弥散主轴依赖于水流方向，所以除了均匀流（$u_x =$ 常数，$u_y = u_z = 0$）以外，一般说来即使在各向同性介质中各点的弥散系数也各不相同，随空间位置而变化。

6.2.3　对流-弥散方程及其定解条件

　　考虑由某种溶质和溶剂组成的二元体系。以充满液体的渗流区内任一点 P 为中心，取一无限小的六面体单元，各边长为 Δx、Δy 和 Δz，选择 x 轴与 P 点处的

平均流速方向一致，研究该单元中溶质的质量守恒。

先研究由水动力弥散所引起的物质运移。Δt 时间内沿 x 轴方向水动力弥散流入的溶质质量为 $I_x n \Delta y \Delta z \Delta t$。其中，$n$ 为空隙度。而 Δt 时间内从单元体流出的溶质的质量为 $\left(I_x + \dfrac{\partial I_x}{\partial x} \Delta x \right) n \Delta y \Delta z \Delta t$。因此，沿 x 轴方向流入与流出单元体的溶质质量差，即单元体内溶质质量的变化为

$$-\frac{\partial I_x}{\partial x} n \Delta x \Delta y \Delta z \Delta t$$

同理，沿 y 轴方向和 z 轴方向单元体内溶质质量的变化分别为

$$-\frac{\partial I_y}{\partial y} n \Delta x \Delta y \Delta z \Delta t , \quad -\frac{\partial I_z}{\partial z} n \Delta x \Delta y \Delta z \Delta t$$

如前所述，溶质还要随水流一起运移，现在来研究由于这种运动所引起的单元体内溶质质量的变化。Δt 时间内沿 x 轴方向随水流一起流入的溶质的质量为 $c v_x \Delta y \Delta z \Delta t$，流出单元体的溶质的质量为 $\left(c v_x + \dfrac{\partial (v_x c)}{\partial x} \Delta x \right) \Delta y \Delta z \Delta t$。因此，沿 x 轴方向流入与流出的溶质质量差，即由水流运动所引起的单元体内溶质质量的变化为

$$-\frac{\partial (v_x c)}{\partial x} \Delta x \Delta y \Delta z \Delta t$$

同理，沿 y 轴和 z 轴方向由水流运动引起的单元体内溶质质量的变化分别为

$$-\frac{\partial (v_y c)}{\partial y} \Delta x \Delta y \Delta z \Delta t , \quad -\frac{\partial (v_z c)}{\partial z} \Delta x \Delta y \Delta z \Delta t$$

在 Δt 时间内，由于弥散和水流运动引起的单元体内总的溶质质量变化为

$$-\left[n \left(\frac{\partial I_x}{\partial x} + \frac{\partial I_y}{\partial y} + \frac{\partial I_z}{\partial z} \right) + \frac{\partial (v_x c)}{\partial x} + \frac{\partial (v_y c)}{\partial y} + \frac{\partial (v_z c)}{\partial z} \right] \Delta x \Delta y \Delta z \Delta t$$

若 Δt 时间内单元体内溶质的浓度发生了 $\dfrac{\partial c}{\partial t} \Delta t$ 的变化，单元体内的液体体积为 $n \Delta x \Delta y \Delta z$，则由它所引起的该单元体中溶质质量的变化为

$$n \frac{\partial c}{\partial t} \Delta x \Delta y \Delta z \Delta t$$

如果没有由于化学反应及其他原因（如抽水、吸附等）所引起的溶质质量变化，则根据质量守恒定律，两者应该相等，即

$$n\frac{\partial c}{\partial t}\Delta x\Delta y\Delta z\Delta t = -\left[n\left(\frac{\partial I_x}{\partial x}+\frac{\partial I_y}{\partial y}+\frac{\partial I_z}{\partial z}\right)+\frac{\partial(v_x c)}{\partial x}+\frac{\partial(v_y c)}{\partial y}+\frac{\partial(v_z c)}{\partial z}\right]\Delta x\Delta y\Delta z\Delta t$$

当坐标轴与水流平均流速方向一致时，根据式（6-59）

$$I_x = -D_{xx}\frac{\partial c}{\partial x},\ I_y = -D_{yy}\frac{\partial c}{\partial y},\ I_z = -D_{zz}\frac{\partial c}{\partial z}$$

把它们代入上式，并化简得

$$\frac{\partial c}{\partial t}=\frac{\partial}{\partial x}\left(D_{xx}\frac{\partial c}{\partial x}\right)+\frac{\partial}{\partial y}\left(D_{yy}\frac{\partial c}{\partial y}\right)+\frac{\partial}{\partial z}\left(D_{zz}\frac{\partial c}{\partial z}\right)-\frac{\partial(u_x c)}{\partial x}-\frac{\partial(u_y c)}{\partial y}-\frac{\partial(u_z c)}{\partial z} \quad (6-65)$$

式（6-65）称为对流-弥散方程（水动力弥散方程）。它右端后三项表示水流运动（对流）所造成的溶质运移，前三项表示水动力弥散所造成的溶质运移。

如果还有化学反应或其他原因所引起的溶质质量变化，且单位时间单位体积含水层内由此引起的溶质质量的变化为 f，则应把它加到式（6-65）的右端，有

$$\frac{\partial c}{\partial t}=\frac{\partial}{\partial x}\left(D_{xx}\frac{\partial c}{\partial x}\right)+\frac{\partial}{\partial y}\left(D_{yy}\frac{\partial c}{\partial y}\right)+\frac{\partial}{\partial z}\left(D_{zz}\frac{\partial c}{\partial z}\right)-\frac{\partial(u_x c)}{\partial x}-\frac{\partial(u_y c)}{\partial y}-\frac{\partial(u_z c)}{\partial z}+f \quad (6-66)$$

上式中的 f 通常称为源汇项，它可以有多种形式。如所研究组分（溶质）有放射性衰变时，此时 f 为单位时间单位体积多孔介质中由于放射性衰变而减少的该组分的质量。若放射性衰变系数为 K_f，则

$$f = -K_f c \quad (6-67)$$

如有水井注水，则

$$f = \frac{W_R}{n}c^* \quad (6-68)$$

式中，W_R 为单位时间单位体积（三维问题；若为二维问题，则为单位时间单位面积）含水层的注水量；c^* 为注入水的溶质浓度。

如有水井抽水，则

$$f = -\frac{W}{n}c \quad (6-69)$$

式中，W 为单位时间单位体积（三维问题；若为二维问题，则为单位时间单位面积）含水层中的抽水量。对于固相和液相界面处的吸附和解吸等，也可用源汇项来处理。

如固相和液相界面处，有吸附存在，则液相中的溶质被固相表面吸引，会转移到固相表面，从而降低液相中溶质的浓度；反之，则为解吸。这种情况下，式（6-65）需修改为下列形式：

$$R_{\mathrm{d}}\frac{\partial c}{\partial t} = \frac{\partial}{\partial x}\left(D_{xx}\frac{\partial c}{\partial x}\right) + \frac{\partial}{\partial y}\left(D_{yy}\frac{\partial c}{\partial y}\right) + \frac{\partial}{\partial z}\left(D_{zz}\frac{\partial c}{\partial z}\right) - \frac{\partial(u_x c)}{\partial x} - \frac{\partial(u_y c)}{\partial y} - \frac{\partial(u_z c)}{\partial z}$$

（6-70）

或

$$\frac{\partial c}{\partial t} = \frac{\partial}{\partial x}\left(\frac{D_{xx}}{R_{\mathrm{d}}}\frac{\partial c}{\partial x}\right) + \frac{\partial}{\partial y}\left(\frac{D_{yy}}{R_{\mathrm{d}}}\frac{\partial c}{\partial y}\right) + \frac{\partial}{\partial z}\left(\frac{D_{zz}}{R_{\mathrm{d}}}\frac{\partial c}{\partial z}\right) - \frac{\partial}{\partial x}\left(\frac{u_x}{R_{\mathrm{d}}}c\right) - \frac{\partial}{\partial y}\left(\frac{u_y}{R_{\mathrm{d}}}c\right) - \frac{\partial}{\partial z}\left(\frac{u_z}{R_{\mathrm{d}}}c\right)$$

（6-71）

式（6-65）和式（6-71）中的 R_{d} 为阻滞（延迟）因子，由吸附导致。有关吸附对溶质运移的影响将在后续 6.3.1 节中详细论述。

以上介绍的是在饱和带中的对流-弥散方程，有关理论也可延伸到非饱和流，与式（6-65）对应的方程为

$$\frac{\partial(\theta c)}{\partial t} = \frac{\partial}{\partial x}\left(\theta D_{xx}\frac{\partial c}{\partial x}\right) + \frac{\partial}{\partial y}\left(\theta D_{yy}\frac{\partial c}{\partial y}\right) + \frac{\partial}{\partial z}\left(\theta D_{zz}\frac{\partial c}{\partial z}\right) - \frac{\partial(\theta u_x c)}{\partial x} - \frac{\partial(\theta u_y c)}{\partial y} - \frac{\partial(\theta u_z c)}{\partial z}$$

（6-72）

式中，θ 为介质含水率。

要确定一个地下水污染问题的解，即求得浓度分布，除上述对流-弥散方程外还必须给出下列信息：

（1）研究区域 Ω 的范围、形状以及时间区间 $[0,T]$ 的说明。

（2）所研究污染物组分浓度 $c(x,t)$ 的说明，如各组分间相互作用，则需要提供彼此如何作用的信息。由于对流-弥散方程以及水动力弥散系数（D）的组成部分中都含有速度 $u(x,t)$，为此必须有 $u(x,t)$ 的信息。它或作为模型输入的一部分提供，或可以通过单独构建一个求解速度的模型来获得，此时需要给出研究区域水头场分布的信息。如果污染物的浓度比较大，浓度的变化会影响水的密度 $\rho(x,t)$，密度就成为一个变量，需要提供 $\rho = \rho(c)$ 的信息。当污染物浓度很低时，浓度变化对 ρ 的影响很小，此时可把 ρ 看成常数，流体则近似地看成均质的。

（3）有关参数，如弥散度 α_{L} 和 α_{T}、分子扩散系数等和源汇项的数值。

（4）边界条件和初始条件。

初始条件给出初始时刻（$t=0$）区域 Ω 上的浓度分布，即

$$c(x,y,z,0) = c_0(x,y,z)$$

（6-73）

式中，c_0 为已知函数。

边界条件通常有两种类型：一种是已知浓度的边界条件，即

$$c(x,y,z,t)\big|_{\Gamma_1} = \varphi(x,y,z)\big|_{(x,y,z)\in\Gamma_1} \qquad 0 < t < T$$

（6-74）

式中，Γ_1 为研究区的边界；φ 是已知函数。

另一种是已知单位时间内通过边界单位面积的溶质质量的边界条件。在三维条件下，形式复杂，不易理解。兹以一维问题的常见例子具体说明如下：

① 多孔介质 a 的边界外为另一多孔介质 b，根据边界两侧通量保持连续的原则，有

$$\left(uc - D_{\mathrm{L}}\frac{\partial c}{\partial x}\right)\bigg|_a = \left(uc - D_{\mathrm{L}}\frac{\partial c}{\partial x}\right)\bigg|_b \tag{6-75}$$

② 如边界为隔水边界，则通过边界的流量和溶质的量均为零，由上式 $uc - D_{\mathrm{L}}\dfrac{\partial c}{\partial x} = 0$ 及 $v = 0$，边界 Γ_2 上有边界条件

$$\frac{\partial c}{\partial x}\bigg|_{\Gamma_2} = 0 \tag{6-76}$$

下面以两个简单问题的解析解来说明模型。

【问题 1】　考虑流速方向与 x 轴方向一致的半无限一维均匀流的情况，示踪剂连续注入，纵向弥散系数 $D_{xx} = D_{\mathrm{L}}$，在均匀流情况下不随坐标 x 而变化，$u_x = u$ 为常数，一维情况下式（6-65）化为

$$\frac{\partial c}{\partial t} = D_{\mathrm{L}}\frac{\partial^2 c}{\partial x^2} - u\frac{\partial c}{\partial x} \tag{6-77}$$

同时有定解条件：

$$\begin{cases} c(x,0) = 0 & 0 \leqslant x < \infty \\ c(0,t) = c_0 & t > 0 \\ c(\infty,t) = 0 & t > 0 \end{cases} \tag{6-78}$$

该问题的解为

$$c(x,t) = \frac{c_0}{2}\,\mathrm{erfc}\left(\frac{x-ut}{2\sqrt{D_{\mathrm{L}}t}}\right) + \exp\left(\frac{ux}{D_{\mathrm{L}}}\right)\mathrm{erfc}\left(\frac{x+ut}{2\sqrt{D_{\mathrm{L}}t}}\right) \tag{6-79}$$

当 x/α_{L} 足够大时，式（6-79）的第二项可以忽略不计，这个条件在实际中一般是能够满足的（当 $x/\alpha_{\mathrm{L}} > 500$ 时，误差小于 3%），于是有近似式：

$$c(x,t) \approx \frac{c_0}{2}\,\mathrm{erfc}\left(\frac{x-ut}{2\sqrt{D_{\mathrm{L}}t}}\right) = \frac{C_0}{\sqrt{\pi}}\int_{\frac{x-ut}{2\sqrt{D_{\mathrm{L}}t}}}^{+\infty} \mathrm{e}^{-y^2}\mathrm{d}y \tag{6-80}$$

利用式（6-79）和式（6-80）可以求得任意时刻（t）、任意距离（x）处的浓度 $c(x,t)$。反之，也可以利用野外或实验室一维弥散的实际观测资料，求出纵向弥散系数（D_{L}）。因为流速（u）已知，也可以由它算出纵向弥散度（α_{L}）。

【问题 2】　在坐标原点向无限平面的均匀稳定流中注入示踪剂，瞬时注入的

质量为 $dM = c_0 Q dt$（Q 为流量，c_0 为浓度），x 为水流方向，则此时的对流-弥散方程为

$$\frac{\partial c}{\partial t} = D_L \frac{\partial^2 c}{\partial x^2} + D_T \frac{\partial^2 c}{\partial y^2} - u \frac{\partial c}{\partial x} \tag{6-81}$$

该问题的解为

$$dc(x, y, t) = \frac{dM}{4\pi t \sqrt{D_L D_T}} \exp\left[-\frac{(x - ut)^2}{4 D_L t} - \frac{y^2}{4 D_T t} \right] \tag{6-82}$$

当原点注入连续时（浓度为 c_0，假设流量 Q 很小，不足以干扰原来的水流），也可以方便地求得它的解。如时间 $t \to \infty$，则可得稳态浓度分布

$$c(x, y, \infty) = \frac{c_0 Q}{2\pi \sqrt{D_L D_T}} \exp\left(\frac{xu}{2 D_L} \right) K_0 \left[\sqrt{\frac{u^2}{4 D_L} \left(\frac{x^2}{D_L} + \frac{y^2}{D_T} \right)} \right] \tag{6-83}$$

式中，K_0 为第二类零阶修正 Bessel 函数。

以上只是两个简单问题的解析，实际问题要复杂很多。因此，一般很难求得它们的解析解，只好采用数值法求解，有关这方面的知识请参阅相关文献。

根据对流-弥散方程，在适当的初始条件、边界条件下求得的解，可以用来预报地下水中污染物的时空分布。其结果和实验室的试验结果一般也拟合得很好。但应用于同一多孔介质的野外试验时，却发现根据野外试验资料，利用对流-弥散方程反求得的弥散度值要比同一介质实验室实验所得的值大几个数量级，而且弥散度值和污染物分布的范围有关，随着范围的增大而增大（这种现象称为尺度效应）。资料表明，在实验室以砂柱测定，α_L 的量级仅几个厘米。在野外，量级则为 1~100m，这取决于岩层的非均质性。可是 α_T 则特别小，介于 α_L 的 1/100~1/5。目前，普遍认为这种现象的产生是受岩层非均质性影响的结果。非均质性引起复杂的速度分布，由此导致类似于机械弥散的污染物分布。因此，实验室测定的参数很少用到野外实际问题中。野外非均质性的尺度多样，所以必须利用野外示踪实验，根据实验结果通过解析法或数值法来获得有关参数。

6.3　溶质运移过程中的反应动力学

污染物在随地下水渗流的过程中经历着复杂的物理、化学和生物作用。大多数影响污染物运移的化学反应可以根据是否瞬时完成大致分为两类：①速度"足够快"、可逆的反应，可以假定局部平衡，即假设运移体系在滞留时间内每个位置上的反应达到平衡；②反应不够快或不可逆的反应，不适合采用局部平衡假设。

本节主要介绍地下水溶质运移过程中几种常见的化学反应，包括吸附反应、一级放射衰变作用、莫诺生物转化作用以及母子连锁反应。

6.3.1　平衡吸附

孔隙介质中含有某种溶解物质的饱和水溶液时，该溶质会受静电或化学力的作用离开溶剂，并被固定于孔隙介质固体基质的表面或内部，这个过程称为吸附作用。相反的过程是，溶质离开固体基质重新进入溶解相中，称为解吸作用。吸附作用是一个统称，包括吸附与吸收。吸附是指化学组分主要附着于孔隙基质的表面，而吸收是指化学组分或多或少地均匀进入固体颗粒之中。

本节只讨论平衡吸附作用。值得注意的是，局部平衡假设并不总是适用于描述吸附作用。当溶质与固体颗粒接触的时间较长，而吸附（解吸）作用不够快时，用非平衡或速率受限制的反应过程来描述吸附作用更恰当（参见 6.3.2 节）。但实际当中，由于难以获取非平衡吸附作用的速率常数，常假定平衡吸附。

6.3.1.1　污染物运移方程中的吸附项

通常采用单位质量含水层所吸附的溶质质量表示吸附量。例如，假设前述 6.2.3 节中无限小六面体单元中的介质（砂）对某种污染物具有吸附性；$\bar{C}$ 表示单位质量砂所吸附的污染物的质量，ρ_b 表示单位体积孔隙介质中砂的质量，即砂的体积干密度。因此，体积 $\Delta x\Delta y\Delta z$ 内砂的质量为 $\rho_b\Delta x\Delta y\Delta z$，体积 $\Delta x\Delta y\Delta z$ 内吸附的化合物质量为 $\bar{C}\rho_b\Delta x\Delta y\Delta z$。

假定溶液中的化合物浓度与被吸附到孔隙介质的化合物浓度达到平衡。因此，如果在单元体中的水体里含有溶质浓度为 C_1 的某给定物质，令该物质在固相中的相应吸附浓度为 $\bar{C}_1$；如果水中的浓度变为 C_2，系统将达到新的平衡，吸附浓度会达到新的 $\bar{C}_2$，以此类推。可以想象，如果实验过程中水被反复替换，每次使用比前一次更高的浓度，且每次替换都允许有足够的时间让吸附相和溶解相之间达到新的平衡。根据这类实验的结果对溶解浓度 C 与吸附浓度 $\bar{C}$ 作图，形成等温线图。等温线的斜率 $\partial\bar{C}/\partial C$ 对分析溶质运移有特殊意义。对于地下水研究中所关注的大多数污染物，等温线表达式可记为

$$\bar{C} = K_f C^a \tag{6-84}$$

因此，等温线斜率为

$$\frac{\partial\bar{C}}{\partial C} = K_f a C^{a-1} \tag{6-85}$$

式中，对每种孔隙介质与每种化合物常数 K_f 及指数 a 应逐一决定。式（6-84）称为 Freundlich 等温线。对于一定的化合物,尤其浓度很低时,吸附常常受 Freundlich

等温线支配，即 a 实质上为 1。在这种情况下，等温线的斜率称为分配系数，记为 K_d。

$$\bar{C} = K_d C \qquad (6\text{-}86)$$

则等温线的斜率为

$$\frac{\partial \bar{C}}{\partial C} = K_d \qquad (6\text{-}87)$$

式中，$\bar{C}$ 的单位为 mg/kg；C 的单位为 mg/L；因此 K_d 的单位为 L/kg。

　　Freundlich 等温线假定固体基质的吸附容量无限大，因而吸附浓度可以随溶质浓度无限增大。而另一种 Langmuir 等温线考虑了最大吸附容量。Langmuir 等温线定义为

$$\bar{C} = \frac{K_l \bar{S} C}{1 + K_l C} \qquad (6\text{-}88)$$

该等温线的斜率为

$$\frac{\partial \bar{C}}{\partial C} = \frac{K_l \bar{S}}{\left(1 + K_l C\right)^2} \qquad (6\text{-}89)$$

式中，K_l 为 Langmuir 常数；$\bar{S}$ 为最大吸附浓度或最大吸附容量，表示单位质量孔隙介质所能吸收溶质的最大质量。在溶液浓度低的情况下，Langmuir 等温线与线性等温线近似。$K_d = K_f \bar{S}$，在溶液浓度高的情况下，吸附浓度 $\bar{C}$ 达到界限值 $\bar{S}$。因此，Langmuir 等温线比 Freundlich 等温线更能真实地反映具有很高浓度的野外状况。

　　在溶质运移问题中，吸附作用是溶液中物质浓度发生变化的重要机制。在局部平衡假设下，吸附和解吸比水流通过孔隙介质所需时间要少得多，并且吸附与溶解的浓度关系总可以由合适的等温线给出。溶解浓度的变化可以假定为伴随着吸附浓度的变化瞬时发生。式（6-86）的线性等温关系假定意味着溶解浓度以 $\partial C / \partial t$ 速率变化时，吸附浓度必然以 $\partial \bar{C} / \partial t$ 速率变化，于是有

$$\frac{\partial \bar{C}}{\partial t} = \frac{\partial \bar{C}}{\partial C}\frac{\partial C}{\partial t} = K_d \frac{\partial C}{\partial t} \qquad (6\text{-}90)$$

　　为了说明该吸附项对溶质运移方程式的影响，再次考虑 6.2.3 节中无限小六面体单元 $\Delta x \Delta y \Delta z$ 的对流-弥散运移方程，取六面体单元 x 轴的方向平行地下水的流向，Δx 和 Δz 取垂直于流向。若该单元内发生了吸附作用，则该单元固体基质吸附物质的累积速率为 $\rho_b \Delta x \Delta y \Delta z \partial \bar{C} / \partial t$。假定满足体现局部平衡的线性等温关系，基质中此累积速率可以表达为 $\rho_b \Delta x \Delta y \Delta z \partial C / \partial t$。溶质以该速率在基质中增加意味着该物质在水中以相同的速率从孔隙中减少，因此必须从质量平衡方程的右

边减去 $\rho_b \Delta x \Delta y \Delta z K_d \partial C / \partial t$，以代表液相失去溶质的速率：

$$n\frac{\partial c}{\partial t}\Delta x \Delta y \Delta z \Delta t = -\left[n\left(\frac{\partial I_x}{\partial x} + \frac{\partial I_y}{\partial y} + \frac{\partial I_z}{\partial z} \right) + \frac{\partial (v_x c)}{\partial x} + \frac{\partial (v_y c)}{\partial y} + \frac{\partial (v_z c)}{\partial z} \right]\Delta x \Delta y \Delta z \Delta t$$

$$-\rho_b \Delta x \Delta y \Delta z K_d \frac{\partial C}{\partial t} \tag{6-91}$$

两边同除以 $n\Delta x \Delta y \Delta z \Delta t$，化简得

$$R_d \frac{\partial c}{\partial t} = \frac{\partial}{\partial x}\left(D_{xx}\frac{\partial c}{\partial x} \right) + \frac{\partial}{\partial y}\left(D_{yy}\frac{\partial c}{\partial y} \right) + \frac{\partial}{\partial z}\left(D_{zz}\frac{\partial c}{\partial z} \right) - \frac{\partial (u_x c)}{\partial x} - \frac{\partial (u_y c)}{\partial y} - \frac{\partial (u_z c)}{\partial z}$$

$$\tag{6-92}$$

式中，R_d 即为前述提及的延迟因子，记为

$$R_d = 1 + \frac{\rho_b}{n}K_d \tag{6-93}$$

式（6-92）还可以表达为

$$\frac{\partial c}{\partial t} = \frac{\partial}{\partial x}\left(\frac{D_{xx}}{R_d}\frac{\partial c}{\partial x} \right) + \frac{\partial}{\partial y}\left(\frac{D_{yy}}{R_d}\frac{\partial c}{\partial y} \right) + \frac{\partial}{\partial z}\left(\frac{D_{zz}}{R_d}\frac{\partial c}{\partial z} \right) - \frac{\partial}{\partial x}\left(\frac{u_x}{R_d}c \right) - \frac{\partial}{\partial y}\left(\frac{u_y}{R_d}c \right) - \frac{\partial}{\partial z}\left(\frac{u_z}{R_d}c \right)$$

$$\tag{6-94}$$

比较式（6-65）和式（6-94），延迟因子 R_d 的含义将更清楚。除了式（6-94）中的弥散系数和孔隙平均流速缩小了 R_d 倍外，两者是相似的。由于 $R_d > 1$，所以吸附的效果就是减缓所考虑组分的前进，这也是为什么 R_d 被称为阻滞（延迟）因子。

对非线性 Freundlich 等温线性来说，延迟因子具体表达式为

$$R_d = 1 + \frac{\rho_b}{n}aK_f C^{a-1} \tag{6-95}$$

对于非线性 Langmuir 等温线，延迟因子具体表达式为

$$R_d = 1 + \frac{\rho_b}{n}\left[\frac{K_l \overline{S}}{(1+K_l C)^2} \right] \tag{6-96}$$

根据以上讨论，延迟因子可以理解为渗流速度（由不具有吸附性的示踪剂测出）与吸附性成分的观测流速之比值。以一维土柱实验为例，在土柱的一端连续地输入示踪剂，延迟因子可解释为在流出面上吸附性示踪剂的穿出时间与非吸附性示踪剂的观测时间之比。类似地，在野外条件下，延迟因子可解释为非吸附性示踪晕前锋的观测距离与吸附性示踪晕前锋的距离之比。

6.3.1.2　有机污染物的吸附

固体有机碳对很多有机溶剂有很强烈的吸附作用（实际应用如使用活性炭过滤器去除水中的有机污染物）。对微量级浓度的有机溶剂来说，在有机碳上的吸附常常用线性等温描述。可以用下式来估算分配系数：

$$K_d = K_{oc} f_{oc} \qquad (6-97)$$

式中，K_d 为溶质的分配系数；K_{oc} 为颗粒状有机碳介质中溶质的分离系数；f_{oc} 为在含有有机碳的地质单元内有机碳的质量分数。具体有机组分的 K_{oc} 值经常通过化合物辛醇-水分配系数的经验关系来估算，即某化合物的水溶液接触辛醇且达到平衡状态时，该化合物溶于辛醇的质量与仍然溶解于水中的质量之比。因此通常有下面形式的方程：

$$K_{oc} = a K_{ow}^b \qquad (6-98)$$

或用对数形式：

$$\lg K_{oc} = a \lg K_{ow} + b \qquad (6-99)$$

式中，K_{ow} 为辛醇-水分配系数；常数 a，b 由经验数据确定。以上两式经常被用到，此外，许多有机物的辛醇-水分配系数 K_{ow} 在经验上也认为是其在水中溶解度的函数，因为 K_{oc} 常常可表示为

$$K_{oc} = \alpha S_w^\beta \qquad (6-100)$$

或用对数形式：

$$\lg K_{oc} = \alpha \lg S_w + \beta \qquad (6-101)$$

式中，S_w 为在水中的溶解度；α 与 β 可由实验数据确定。

因此，许多种有机碳的 K_{oc} 值由 K_{ow} 或 S_w 估计得到，若有机碳质量分数 f_{oc} 已知，可由式（6-97）计算得到 K_d。值得注意的是，该公式应用的前提条件是吸附仅由地质单元内的有机碳引起。若 f_{oc} 值小（<0.01%），即使溶质对有机碳有很强的亲和力，相对来说，无机矿物表面积对吸附的作用可能更重要，此时式（6-97）不完全适用。

6.3.1.3　离子交换

前面讨论的各种吸附研究方法本质上是经验性的；各种各样的等温线，不管是线性或非线性都是由实验数据的曲线拟合求得的。在对吸附机制有深入的认识时，可以根据化学原理建立等温线与延迟因子的关系。一些简单类型的离子交换作用引起的吸附作用便是一个例子。对离子交换作用中一些相对简单的种类，可以直接由热力学定律推导平衡等温线。本节考虑的离子交换作用如下：

$$mC_1^n + n\overline{C_2} \rightleftharpoons m\overline{C_1} + nC_2^m \tag{6-102}$$

式中，n 为离子 1 的化合价；m 为离子 2 的化合价；C_1 为离子组分 1 液相的浓度；$\overline{C_1}$ 为离子组分 1 固相的浓度；C_2 为离子组分 2 液相的浓度；$\overline{C_2}$ 为离子组分 2 固相的浓度。

根据质量作用定律，式（6-102）反应式的热力学平衡常数（K_{ex}）可表达为

$$K_{\text{ex}} = \frac{[\overline{C_1}]^m[C_2]^n}{[C_1]^m[\overline{C_2}]^n} \tag{6-103}$$

设溶液与固相的总浓度为常数，得到下列表达式（Grove and Stollenwerk，1984）：

$$nC_1 + nC_2 = C_0 \tag{6-104}$$

$$n\overline{C_1} + n\overline{C_2} = \overline{C_0} \tag{6-105}$$

式中，C_0 为溶液中离子 1 与 2 的总浓度；$\overline{C_0}$ 为离子 1 与 2 吸附于孔隙介质上的固相总浓度，可当作离子交换容量。以离子 1 为例，将式（6-104）与式（6-105）代入式（6-103），得到平衡常数表达式为

$$K_{\text{ex}} = \frac{[\overline{C}]^m[(C_0 - nC)/m]^n}{[C]^m[(\overline{C_0} - n\overline{C})/m]^n} \tag{6-106}$$

注意为了简便而略去了下标 1。整理后可以得到简单的吸附与溶解浓度关系式。Grove 和 Stollenwerk（1984）讨论了四种离子交换过程：单价—单价；单价—二价；二价—单价；二价—二价。

对于例如钠、钾交换的单价—单价过程，其中 $n=m=1$，可以得到

$$Na^+ + KX \rightleftharpoons NaX + K^+ \tag{6-107}$$

式中，X 表示吸附位置，由式（6-106）得到钠的等温关系式：

$$\overline{C} = \frac{K_{\text{ex}}\overline{C_0}C}{C(K_{\text{ex}} - 1) + C_0} \tag{6-108}$$

相应非线性延迟因子为

$$R_{\text{d}} = 1 + \frac{\rho_{\text{b}}}{n}\frac{K_{\text{ex}}\overline{C_0}C_0}{[C(K_{\text{ex}} - 1) + C_0]^2} \tag{6-109}$$

对于例如钙和锶交换的二价—二价过程，其中 $n=m=2$，可以得到

$$Ca^{2+} + SrX \rightleftharpoons CaX + Sr^{2+} \tag{6-110}$$

钙的等温关系式定义为

$$\overline{C} = \frac{K_{\text{ex}}\overline{C_0}C}{2C(K_{\text{ex}} - 1) + C_0} \tag{6-111}$$

相应非线性延迟因子可写成

$$R_{\mathrm{d}} = 1 + \frac{\rho_{\mathrm{b}}}{n} \frac{K_{\mathrm{ex}} \overline{C}_0 C_0}{\left[2C(K_{\mathrm{ex}} - 1) + C_0 \right]^2} \tag{6-112}$$

对于例如钠与钙交换的单价—二价过程，其中 $n=1$，$m=2$，可以得到

$$2\mathrm{Na}^+ + \mathrm{CaX}_2 \Longleftrightarrow 2\mathrm{NaX} + \mathrm{Ca}^{2+} \tag{6-113}$$

钠的等温吸附关系由下列二次方程式求解得到的正值根定义：

$$\overline{C}^2(C_0 - C) + \overline{C}(K_{\mathrm{ex}} C^2) - K_{\mathrm{ex}} \overline{C}_0 C^2 = 0 \tag{6-114}$$

计算得

$$\overline{C} = \frac{K_{\mathrm{ex}} C^2}{2(C_0 - C)} \left\{ \left[1 + \frac{4\overline{C}_0(C_0 - C)}{K_{\mathrm{ex}} C^2} \right]^{1/2} - 1 \right\} \tag{6-115}$$

相应非线性的延迟因子可写为

$$R_{\mathrm{d}} = 1 + \frac{\rho_{\mathrm{b}}}{n} \frac{\overline{C}^2 - 2K_{\mathrm{ex}} \overline{C} C + 2K_{\mathrm{ex}} \overline{C}_0 C_0}{2\overline{C}(C_0 - C) + K_{\mathrm{ex}} C^2} \tag{6-116}$$

最后，对于例如钙与钠的单价—二价过程，其中 $n=2$，$m=1$，有

$$\mathrm{Ca}^{2+} + 2\mathrm{NaX} \Longleftrightarrow \mathrm{CaX}_2 + 2\mathrm{Na}^+ \tag{6-117}$$

同样方法可以求得钙的等温吸附关系：

$$\overline{C} = \frac{4K_{\mathrm{ex}} \overline{C}_0 C + (C_0 - 2C)^2 + \left[8K_{\mathrm{ex}} \overline{C}_0 C(C_0 - 2C)^2 + (C_0 - 2C)^4 \right]^{1/2}}{8K_{\mathrm{ex}} C} \tag{6-118}$$

相应非线性延迟因子可改写成

$$R_{\mathrm{d}} = 1 + \frac{\rho_{\mathrm{b}}}{n} \frac{4K_{\mathrm{ex}} \overline{C}(\overline{C}_0 - \overline{C}) - 4\overline{C}(C_0 - 2C) - K_{\mathrm{ex}} \overline{C}_0^2}{-4K_{\mathrm{ex}} C(\overline{C}_0 - 2\overline{C}) - (C_0 - 2C)^2} \tag{6-119}$$

6.3.2　吸附动力学

当不满足局部平衡假定时，常将吸附过程表达为一级可逆动力反应，并与对流-弥散方程耦合：

$$n\frac{\partial C}{\partial t} = \frac{\partial}{\partial x_i}\left(nD_{ij}\frac{\partial C}{\partial x_j} \right) - \frac{\partial}{\partial x_i}(q_i C) + q_s C_s - \rho_{\mathrm{b}}\frac{\partial \overline{C}}{\partial t} \tag{6-120a}$$

$$\rho_{\mathrm{b}}\frac{\partial \overline{C}}{\partial t} = \beta\left(C - \frac{\overline{C}}{K_d} \right) \tag{6-120b}$$

式中，β 为溶解相与吸附相之间的一级速率系数，T^{-1}；K_d 为前述线性吸附中定义

的吸附相分配系数。式（6-120a）、式（6-120b）必须联立才能得到受非平衡吸附影响的污染物运移问题的解。

随着动力吸附速率系数 β 的增加，也就是，吸附过程越发加快，非平衡吸附越趋于平衡控制的线性吸附。若 β 值很小，液相与固相间的交换很缓慢，吸附基本上可忽略不计。

图 6.21 显示了动力吸附速率系数 β 对一维均匀流场中某观测点溶质浓度穿透的影响。当 β 为零时，穿透曲线与无吸附的相同。当 β 为 20 d^{-1} 时，非平衡吸附快得接近延迟因子为常数的平衡状态。在这两种极端情况中，随着 β 值由 0 增至 $2×10^{-3}\ d^{-1}$，然后再增至 $1×10^{-2}\ d^{-1}$，浓度增值降低，"拖尾" 效应越来越显著。换句话说，随着 β 值增大，当溶质晕移动离开源点时，溶质被吸附到固体基质中，而滞留在后面。当峰值浓度流过观测点后，更多溶质从固相中解吸出来，使得更长时间段内保持相对来说较高的浓度。在地下水污染治理中，必须考虑非平衡吸附引起的拖尾效应。

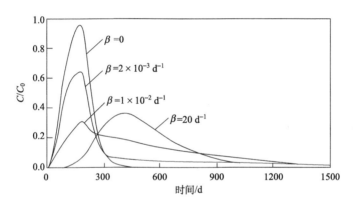

图 6.21　一维均匀流场中动力吸附速率系数对浓度分布影响（Zheng and Bennett, 2002）

6.3.3　一级不可逆反应

考虑一下化学反应：

$$aA + bB \rightleftharpoons rR + sS \tag{6-121}$$

反应组分 A 的通用动力速率定律可表达为

$$\frac{\partial C_A}{\partial t} = -\lambda C_A^{n_1} C_B^{n_2} + \gamma C_R^{m_1} C_S^{m_2} \tag{6-122}$$

式中，C_A、C_B、C_R 与 C_S 分别为反应物组分 A、B 以及生成物组分 R、S 的浓度；λ 与 γ 分别为正反应与逆反应的速率常数；n_1、n_2 与 m_1、m_2 为经验系数（Domenico and Schwartz, 1998）。正反应级数为 n_1 与 n_2 之和，逆反应级数为 m_1 与 m_2 之和。

式（6-122）表达组分 A 的变化速率为在正反应中被消耗与在逆反应中被生成速率的总和。

一些化学反应，例如放射性衰变、水解作用和一些生物降解作用，可作为一级不可逆反应处理。

在这类反应中，式（6-122）简化为

$$\frac{\partial C}{\partial t} = -\lambda C \tag{6-123}$$

以这类反应为例，仍然考虑 6.2.3 节中无限小六面体单元，某污染物在单元体的质量为 $\Delta x \Delta y \Delta z n C$，若不涉及吸附与解吸作用，仍然假定刚性含水结构，则因为一级不可逆反应引起单元体内的污染物质量减少或增加的速率仅为 $\lambda \Delta x \Delta y \Delta z n C$，其中 λ 为一级速率常数（衰变为正，生产为负）。将该项从代表流入和流出质量差的溶质运移方程右端项中减去，得到

$$\frac{\partial c}{\partial t} = \frac{\partial}{\partial x}\left(D_{xx}\frac{\partial c}{\partial x}\right) + \frac{\partial}{\partial y}\left(D_{yy}\frac{\partial c}{\partial y}\right) + \frac{\partial}{\partial z}\left(D_{zz}\frac{\partial c}{\partial z}\right) - \frac{\partial(u_x c)}{\partial x} - \frac{\partial(u_y c)}{\partial y} - \frac{\partial(u_z c)}{\partial z} - \lambda C$$

$$\tag{6-124}$$

如果在一级不可逆反应的同时还有吸附作用，这种情形下，化学反应引起的单元体内失去或增加的质量变化率为地下水中溶解相失去或增加的质量变化率 $\lambda_1 C n C \Delta x \Delta y \Delta z$ 与吸附相的变化率 $\lambda_2 C n \Delta x \Delta y \Delta z$ 之和，其中 λ_1 和 λ_2 分别为溶解相与吸附相的速率常数。根据局部平衡假设，吸附质量的变化必然会立即伴随溶解质量的变化，这两项必须包含在质量守恒方程中，反之亦然。将这两项之和加在对流-弥散方程右边，即

$$\frac{\partial c}{\partial t} + \frac{\rho_b}{n}\frac{\partial \overline{C}}{\partial t} = \frac{\partial}{\partial x}\left(D_{xx}\frac{\partial c}{\partial x}\right) + \frac{\partial}{\partial y}\left(D_{yy}\frac{\partial c}{\partial y}\right) + \frac{\partial}{\partial z}\left(D_{zz}\frac{\partial c}{\partial z}\right) - \frac{\partial(u_x c)}{\partial x} - \frac{\partial(u_y c)}{\partial y} - \frac{\partial(u_z c)}{\partial z}$$

$$-\lambda_1 C - \lambda_2 \overline{C}\frac{\rho_b}{n} \tag{6-125}$$

可以根据吸附等温线关系把吸附浓度用溶解浓度 C 来统一表示。式（6-125）即为溶解相吸附相的总质量守恒表达式。表达式左边为总质量储存变化率；右边为对流、弥散在流入与流出上溶质质量净差值，以及通过不可逆反应获得质量的净速率。吸附作用本身不引起控制体积内的总质量变化，因为它只描述该体积内相态之间的交换。

对于放射性衰变反应，通常认为溶解相与吸附相中的速率是相等的：$\lambda_1 = \lambda_2$。对于某些生物降解作用，这两个速率常数往往不同。此外，局部物理及化学条件会明显影响速率常数。

如果假定满足线性等温吸附，且孔隙度均一，溶解相与吸附相的速率常数相

等（即 $\lambda = \lambda_1 = \lambda_2$），式（6-125）可简化成文献经常引用的简单形式如下：

$$R_{\mathrm{d}} \frac{\partial c}{\partial t} = \frac{\partial}{\partial x}\left(D_{xx} \frac{\partial c}{\partial x}\right) + \frac{\partial}{\partial y}\left(D_{yy} \frac{\partial c}{\partial y}\right) + \frac{\partial}{\partial z}\left(D_{zz} \frac{\partial c}{\partial z}\right) - \frac{\partial (u_x c)}{\partial x} - \frac{\partial (u_y c)}{\partial y} - \frac{\partial (u_z c)}{\partial z} - \lambda R_{\mathrm{d}} C$$

（6-126）

式中，$R_{\mathrm{d}} = 1 + \rho_{\mathrm{b}} K_b / n$。

一般地，对平衡吸附及一级不可逆速率反应的系统，化学源/汇项能够写成

$$\sum_{n=1}^{N} R_n = -\rho_{\mathrm{b}} \frac{\partial \overline{C}}{\partial t} - \lambda_1 n C - \lambda_2 \rho_{\mathrm{b}} \overline{C}$$

（6-127）

将其代入对流-弥散方程，得到可反映平衡吸附及一级不可逆动力反应的对流-弥散通用方程式：

$$n R_{\mathrm{d}} \frac{\partial C}{\partial t} = \frac{\partial}{\partial x_i}\left(n D_{ij} \frac{\partial C}{\partial x_j}\right) - \frac{\partial}{\partial x_i}(q_i C) + q_s C_s - \lambda_1 n C - \lambda_2 \rho_{\mathrm{b}} \overline{C}$$

（6-128）

式中，延迟因子为 $R_{\mathrm{d}} = 1 + (\rho_{\mathrm{b}} / n) \partial \overline{C} / \partial C$。

然而，若是非平衡吸附情形，那么描述污染物运移需要以下两个方程：

$$\begin{cases} n \dfrac{\partial C}{\partial t} + \rho_{\mathrm{b}} \dfrac{\partial \overline{C}}{\partial t} = \dfrac{\partial}{\partial x_i}\left(n D_{ij} \dfrac{\partial C}{\partial x_j}\right) - \dfrac{\partial}{\partial x_i}(q_i C) + q_s C_s - \lambda_1 n C - \lambda_2 \rho_{\mathrm{b}} \overline{C} \\[2mm] \rho_{\mathrm{b}} \dfrac{\partial \overline{C}}{\partial t} = \beta\left(C - \dfrac{\overline{C}}{K_d}\right) - \lambda_2 \rho_{\mathrm{b}} \overline{C} \end{cases}$$

（6-129）

6.3.4　莫诺动力学反应

莫诺动力学方程（Monod，1949）常被用来描述微生物降解某特定底质（污染物）的动力学：

$$u = u_{\max} \frac{C}{K_s + C}$$

（6-130）

式中，u 为微生物群体的单位生长率，T^{-1}；$u_{\max}$ 为最大单位生长率，T^{-1}；C 为底质的浓度，ML^{-3}；K_s 为半饱和常数，代表生长率为最大生长率一半时的底质浓度，ML^{-3}（Alexander，1994）。

将莫诺生长函数联系到有机化合物被微生物用作底质引起的降解，底质浓度的变化可写为（Rifai et al.，1997）

$$\frac{\partial C}{\partial t} = -M_t \frac{u_{\max}}{Y} \frac{C}{K_s + C}$$

（6-131）

或另一替代形式（Essaid and Bekins，1997）：

$$\frac{\partial C}{\partial t} = -M_t V_{max} \frac{C}{K_s + C} \qquad (6\text{-}132)$$

式中，M_t 为参与生物降解过程的微生物群体的生物量浓度，ML^{-3}；Y 为产出系数，定义为被利用的每单位底质质量所生成的生物量比率；$V_{max} = u_{max}/Y$ 为底质量大单位摄取（利用）率的渐近值。生物量浓度 M_t 可近似地取常数，或通过下式估计：

$$\frac{\partial M_t}{\partial t} = (u - d)M_t \qquad (6\text{-}133)$$

式中，u 由式（6-130）给出；d 为微生物群体的单位死亡率，T^{-1}。

在高浓度情况下，许多污染物对将其作为营养源的微生物是有毒性的，从而抑制微生物群体的生长（Alexander，1994）。该抑制作用在莫诺动力学方程中可体现为

$$\frac{\partial C}{\partial t} = -M_t V_{max} \frac{C}{K_s + C + I_h} \qquad (6\text{-}134)$$

式中，I_h 为抑制系数，ML^{-3}，$I_h = C^2/K_I$，其中 K_I 被称为 Haldane 常数。

6.3.5　多组分动力学反应

在前面的讨论里，主要针对单一溶质的运移问题，未考虑多种溶质组分共存时的相互作用。考虑到野外实际情形，有必要考虑多种组分共存时的生物降解等化学反应，以及对流、弥散、扩散和源汇项等运移机制。

6.3.5.1　快速反应

以苯、甲苯、乙苯与二甲苯（BTEX）为代表的常见烃类污染物的快速生物降解反应模型可以采用如下通用表达式（Borden et al., 1986; Rifai et al., 1988, 1997）：

$$\begin{aligned}
C^1(t+1) &= C^1(t) - \frac{C^2(t)}{Y_{12}} - \frac{C^3(t)}{Y_{13}} - \cdots - \frac{C^k(t)}{Y_{1k}} \\
C^2(t+1) &= C^2(t) - C^1(t) \cdot Y_{12} \\
C^3(t+1) &= C^3(t) - C^1(t) \cdot Y_{13} \\
&\vdots \\
C^k(t+1) &= C^k(t) - C^1(t) \cdot Y_{1k}
\end{aligned} \qquad (6\text{-}135)$$

式中，C^1 为组分 1 的浓度（主要污染物组分），它与一种或更多种浓度分别为 C^2 到 C^k 的其他污染物组分序列发生反应；Y_{1k} 是组分 k 对于主要组分 1 的产量，其值由反应方程确定，并等于组分 k 的质量与主要组分 1 的质量之比。例如，苯的好氧降解作用（$C_6H_6 + 7.5O_2 \longrightarrow 6CO_2 + 3H_2O$），即每降解 78g（1 mol）苯，需消耗 240g（7.5 mol）的溶解氧，则 O_2 相对于 C_6H_6 的产量系数为 240/78 = 3.08。

在式（6-135）中，主要组分（即组分 1）首先与组分 2 发生反应，若组分 1 完全被组分 2 消耗，则组分 2 浓度被更新，所有随后会涉及的组分 3，4，···，k 的反应被终止。否则，组分 2 被消耗完，组分 1 的浓度被更新。然后组分 1 剩下的部分与组分 3 发生反应。这一序列继续进行，直到组分 1 完全耗尽，或不再有反应物剩余为止。

快速反应模型概念简单，计算直接，对自然界发生的复杂的、生物参与的反应做了极大简化，该方法其实是一种近似处理方法。

采用式（6-135）近似描述微生物参与的氧化还原反应中，涉及从电子供体（有机污染物 BTEX）向电子受体的电子转移，电子转移释放的能量被微生物用以成长。因此电子供体首先与能释放最多能量的电子受体发生反应。BTEX 常见电子受体按反应的优先顺序是：氧、硝酸根、锰、三价铁、硫酸根与二氧化碳。以苯为例，电子供体-电子受体的序列反应可表达为（Rifai et al., 1997）

$$C_6H_6 + 7.5H_2O \longrightarrow 6CO_2 + 3H_2O \tag{6-136a}$$

$$C_6H_6 + 6H^+ + 6NO_3^- \longrightarrow 6CO_2 + 3N_2 + 6H_2O \tag{6-136b}$$

$$C_6H_6 + 15Mn^{4+} + 12H_2O \longrightarrow 6CO_2 + 30H^+ + 15Mn^{2+} \tag{6-136c}$$

$$C_6H_6 + 30Fe^{3+} + 12H_2O \longrightarrow 6CO_2 + 30H^+ + 30Fe^{2+} \tag{6-136d}$$

$$C_6H_6 + 3.75SO_4^{2-} + 7.5H^+ \longrightarrow 6CO_2 + 3.75H_2S + 3H_2O \tag{6-136e}$$

$$C_6H_6 + 4.5H_2O \longrightarrow 2.25CO_2 + 3.75CH_4 \tag{6-136f}$$

在与上面列出的共同电子受体的反应中，烃类化合物可以是 BTEX 其中一种成分，或总 BTEX 综合组分，快速反应模型式（6-135）的通用公式表达为

$$
\begin{aligned}
C_H(t+1) &= C_H(t) - \frac{C_O(t)}{Y_{HO}} - \frac{C_N(t)}{T_{HN}} - \frac{C_{Mn}(t)}{T_{HMn}} - \frac{C_{Fe}(t)}{Y_{HFe}} - \frac{C_S(t)}{Y_{HS}} - \frac{C_C(t)}{Y_{HC}} \\
C_O(t+1) &= C_O(t) - C_H(t) \cdot Y_{HO} \\
C_N(t+1) &= C_N(t) - C_H(t) \cdot Y_{HN} \\
C_{Mn}(t+1) &= C_{Mn}(t) - C_H(t) \cdot Y_{HMn} \\
C_{Fe}(t+1) &= C_{Fe}(t) - C_H(t) \cdot Y_{HFe} \\
C_S(t+1) &= C_S(t) - C_H(t) \cdot Y_{HS} \\
C_C(t+1) &= C_C(t) - C_H(t) \cdot Y_{HC}
\end{aligned}
\tag{6-137}
$$

式中，C_H、C_O、C_N、C_{Mn}、C_{Fe}、C_S 与 C_C 分别为烃类化合物、氧、硝酸根、锰、三价铁、硫酸根与二氧化碳的浓度；Y_{HO}、Y_{HN}、Y_{HMn}、Y_{HFe}、Y_{HS}、Y_{HC} 为相应的电子受体对于烃类组分的产量系数（表 6.2）。

表6.2 苯、甲苯、乙苯及二甲苯（BTEX）与常见电子受体反应的化学反应配比值

成分	B	T	E	X	平均值 [a]	平均值 [b]
氧	3.08	3.13	3.17	3.17	3.14	3.15
硝酸根	4.77	4.85	4.91	4.91	4.86	4.88
锰	10.57	10.75	10.89	10.89	10.78	10.82
三价铁	21.48	21.85	22.13	22.13	21.90	22.20
硫酸根	4.62	4.70	4.76	4.76	4.71	4.73
二氧化碳	2.12	2.15	2.18	2.18	2.16	2.17

注：a.数学平均值；b.质量加权平均值（Rifai et al., 1997）。

6.3.5.2 多元莫诺动力学反应

6.3.4 节中讨论的莫诺动力学反应只适用于模拟单一污染物组分体系的生物降解。当涉及多组分时，以式（6-134）为基础发展出了多种形式的公式，包括多元莫诺反应，该多元反应规定组分 k 的生物降解受反应中其他物质浓度的限制（Molz et al., 1986；Widdowson，1991；Essaid and Bekins，1997；Clement et al., 1998）。

通用多元莫诺反应表达式可写为

$$\frac{\partial C^k}{\partial t} = -M_t V_{\max}\left[\left(\frac{C^1}{K_s^1 + C^1 + I_h^1}\right)\left(\frac{C^2}{K_s^2 + C^2 + I_h^2}\right)\cdots\left(\frac{C^m}{K_s^m + C^m + I_h^m}\right)\right] \qquad (6\text{-}138)$$

式中，C^k 为组分 k 的浓度；$V_{\max}$ 为底质的最大利用率的近似值；M_t 为参与生物降解过程的生物量浓度；C^1，K_s^1 与 I_h^1 分别为组分 1 的浓度、半饱和常数与抑制因子，其他组分采用相同记法。

在以 RT3D（Clement，1997）为代表的地下水中污染物运移模拟软件中，多元莫诺动力学反应已被编入生物反应运移程序中，用来模拟烃类污染物的生物降解过程。

6.3.5.3 一级母子连锁反应

放射性衰变及含氯溶剂的序列生物降解作用可用一级母子连锁反应式描述：

$$\frac{\partial C^1}{\partial t} = L\left(C^1\right) - \lambda^1 C^1$$

$$\frac{\partial C^2}{\partial t} = L\left(C^2\right) - \lambda^2 C^2 + Y_{1/2}\lambda^1 C^1 \qquad (6\text{-}139)$$

$$\vdots$$

$$\frac{\partial C^k}{\partial t} = L\left(C^k\right) - \lambda^k C^k + Y_{k-1/k}\lambda^{k-1}C^{k-1}$$

式中，$L(C)$ 表示非化学反应项包括对流、弥散及源/汇等的算子；λ^k 为成分 k 的一级反应系数；$Y_{k-1/k}$ 为成分 k 对于成分 $k-1$ 的产出系数。

例如，四氯乙烯（PCE）→三氯乙烯（TCE）→二氯乙烯（DCE）→乙烯基氯化物（VC）的转化过程可以表示为

$$\frac{\partial C^{\mathrm{PCE}}}{\partial t} = L\left(C^{\mathrm{PCE}}\right) - \lambda^{\mathrm{PCE}}C^{\mathrm{PCE}}$$

$$\frac{\partial C^{\mathrm{TCE}}}{\partial t} = L\left(C^{\mathrm{TCE}}\right) - \lambda^{\mathrm{TCE}}C^{\mathrm{TCE}} + Y_{\mathrm{PCE/TCE}}\lambda^{\mathrm{PCE}}C^{\mathrm{PCE}} \qquad (6\text{-}140)$$

$$\frac{\partial C^{\mathrm{DCE}}}{\partial t} = L\left(C^{\mathrm{DCE}}\right) - \lambda^{\mathrm{DCE}}C^{\mathrm{DCE}} + Y_{\mathrm{TCE/DCE}}\lambda^{\mathrm{TCE}}C^{\mathrm{TCE}}$$

$$\frac{\partial C^{\mathrm{VC}}}{\partial t} = L\left(C^{\mathrm{VC}}\right) - \lambda^{\mathrm{VC}}C^{\mathrm{VC}} + Y_{\mathrm{DCE/VC}}\lambda^{\mathrm{DCE}}C^{\mathrm{DCE}}$$

式中，C^{PCE} 为 PCE 的浓度；λ^{PCE} 为 PCE 的一级反应系数；$Y_{\mathrm{PCE/TCE}}$ 为 PCE 转化为 TCE 的产量系数。TCE，DCE 与 VC 也采用相应标记。产量系数值为 $Y_{\mathrm{PCE/TCE}}=0.79$，$Y_{\mathrm{TCE/DCE}}=0.74$，$Y_{\mathrm{DCE/VC}}=0.64$。

6.4　多　相　流

在 6.2 节中主要考虑地下水中可溶污染物（溶质）的运移，而地下水系统相当复杂，污染物可进一步分为可溶相和有机相两类，有机相污染物与地下水接触时不与水混溶，形成接触界面，该类物质在地下水中的运移问题是地下水环境领域的一个很重要的方面，通常称为非水相液体（nonaqueous phase liquids, NAPLs）。NAPLs 进入含水层以后是不能和水混合的，而是作为单一相流动且单独占据一部分含水层的体积。NAPLs 的密度可能比水大，也可能比水小。比水重的称"dense nonaqueous phase liquids"，简称 DNAPLs，如沥青、三氯乙烯、四氯化碳和氯苯类有机物；比水轻的称"light nonaqueous phase liquids"，简称 LNAPLs，如汽油、煤油等。

6.4.1　基本概念

6.4.1.1　润湿性

两种不相混溶的液体（L 和 G）接触固体 S 表面，达到平衡时，在三相接触的交点处，沿两种液体的界面画切线，此切线与固-液界面之间的夹角称为润湿角，

记为 θ（图 6.22）。通常，一种或另一种液体会优先蔓延或湿润整个固体表面。如果 θ 小于 90°，液体 L 将优先湿润固体；如果 θ 大于 90°，液体 G 将优先湿润此固体。一般认为，自然界含水层中水是润湿相，即水优先铺展于土壤颗粒或者石英砂颗粒的表面，NAPL 是非润湿相，但这并不绝对，当地下水化学条件改变时，有可能转变成 NAPL 润湿。

根据界面张力的概念，在平衡时，三相间的界面张力（分别为 σ_{SG}、σ_{GL}、σ_{SL}）在交点处相互作用的合力为零，可以得到 θ 和界面张力之间的关系为

$$\cos\theta = \frac{\sigma_{SG} - \sigma_{SL}}{\sigma_{GL}} \tag{6-141}$$

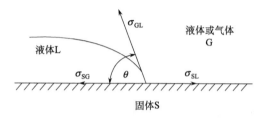

图 6.22　固体 S、湿润液体 L 和非湿润气体或液体 G 之间的表面张力

6.4.1.2　毛管压力

当两种不相混合的流体接触时，接触面将发生弯曲，将接触面两侧存在着的压力差称为毛管压力，记为 P_c。毛管压力在包气带为负值，当把它视为张力时，则为正值。如果以 P_w 表示润湿相中的压力，P_{nw} 表示非润湿相中的压力，则毛管压力 P_c 可由下式计算得到

$$P_c = P_w - P_{nw} \tag{6-142}$$

令上述弯曲界面的曲率半径为 r'，毛管压力 P_c、表面张力 σ 和曲率半径 r' 之间存在着如下关系：

$$P_c = -\frac{2\sigma}{r'} \tag{6-143}$$

式（6-143）表明毛管压力与表面张力成正比，与曲率半径成反比。曲率半径取决于孔径及所充填溶液的量。这就意味着毛管压力为两种不相混合的流体特性的函数，即使在同一种多孔介质中毛管压力也会由于润湿相（水）和非润湿相（NAPL）比例的不同而不同。

6.4.1.3　饱和度

当含水层中含有多种不混溶流体时称为多相流，多相流情形下饱和度的物理

含义和本书第 1 章中的一致，指介质中流体充填体积占总空隙体积的比例，所有流体（包括空气）的饱和度总和为 1。

6.4.1.4　流体势和水头

将标准压力当作大气压，定义 z 为超出一个基准面（如海平面）的高度，用下标 w 表示水，下标 nw 表示 NAPLs，水的流体势 Φ_w 可以表示成

$$\Phi_w = gz + \frac{P}{\rho_w} \tag{6-144}$$

无论是 LNAPLs 还是 DNAPLs，其流体势 Φ_{nw} 的计算式均为

$$\Phi_{nw} = gz + \frac{P}{\rho_{nw}} \tag{6-145}$$

式中，g 为重力加速度；ρ_w 和 ρ_{nw} 分别为水和 NAPLs 的密度。

将式（6-144）和式（6-145）合并计算，可得

$$\Phi_{nw} = \frac{\rho_w}{\rho_{nw}}\Phi_w - \frac{\rho_w - \rho_{nw}}{\rho_{nw}}gz \tag{6-146}$$

式（6-146）说明了处于同一位置上时，非润湿流体（NAPLs）的势和润湿流体（水）之间的流体势关系。根据前述章节中介绍的流体势和水头 H 之间的关系，即 $\Phi_{nw} = gH_{nw}, \Phi_w = gH_w$，代入可得

$$H_{nw} = \frac{\rho_w}{\rho_{nw}}H_w - \frac{\rho_w - \rho_{nw}}{\rho_{nw}}z \tag{6-147}$$

式中，H_{nw} 是非润湿相（NAPLs）流体的总水头；H_w 是水的总水头。

取统一的 z，将其设为基准面，则 $z=0$，如果压强 P 相同，由式（6-147）可知，对于 LNAPLs，$\rho_{nw} < \rho_w$，则 $\frac{\rho_w}{\rho_{nw}} > 1$，故有 $H_{nw} > H_w$；对于 DNAPLs，$\rho_{nw} > \rho_w$，则 $\frac{\rho_w}{\rho_{nw}} < 1$，故有 $H_{nw} < H_w$。三种情况下的总水头和测压管高度的对比关系表示如图 6.23 所示。

6.4.2　LNAPLs 的迁移

6.4.2.1　LNAPLs 的垂直运动

LNAPLs 的密度比水小，由地表泄漏进入地下之后，会在重力的作用下做垂向迁移，当泄露的量足够多且超过 LNAPLs 的残余饱和度时，将穿过包气带，并部分残留在包气带中，然后蓄积在地下水毛细水带处，少部分溶解进入地下水体，并随地下水的流动而迁移。最终泄露的 LNAPLs 变成油层存在于毛细管带上，

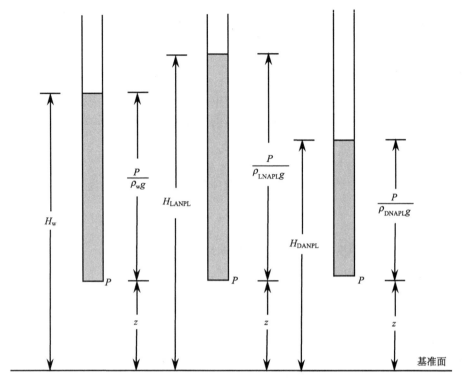

图 6.23　水、LNAPLs 和 DNAPLs 的总水头、压力水头 $\dfrac{P}{\rho g}$ 和位置水头 z（据 Fetter，2001）

而使水的毛细管带变薄。如 LNAPLs 量较多时可使水毛细管带消失，水位上升，并且形成油毛细管带。虽然，这一过程会因为泄漏方式和场地水文地质条件的不同而有所不同，但无论是残留在包气带中还是进入地下水体都对相应的土壤和水体构成了严重污染，影响该区的生态环境，另外由于其"难溶性"，可持续存在于地下环境中，形成长期的污染源。

　　LNAPLs 污染物泄露后，在地下环境中的分布如图 6.24 所示，其分布主要包括三部分：①在非饱和带中的残留相，以被截留的 LNAPLs 形式存在，可部分挥发成为气相，还可部分溶解进入地下水中；②在潜水带上聚集形成 LNAPLs 池，池中的 LNAPLs 有机相可沿水力坡度方向迁移,但一般迁移速度较慢,故 LNAPLs 池一般在地表的泄露点附近；③因为 LNAPLs 并不是绝对不溶于水，通常只是溶解度较小，如汽油中包含有的大量苯、甲苯、乙苯和二甲苯（BTEX）。因此，当 LNAPLs 到达潜水带后，一部分 LNAPLs 将溶解于水中，随地下水以对流-弥散形式迁移。

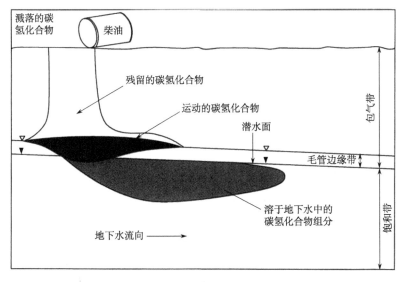

图 6.24　LNAPLs 泄露后在地下环境中的分布（据 Fetter，2001）

6.4.2.2　LNAPLs 的挥发和溶解

残留在包气带中的 LNAPLs 物质能够挥发成气相或部分溶解于毛细管水中，两部分的比例取决于该物质的相对挥发度和在水中的溶解度。可以根据本书第 4 章 4.3 节中所述亨利定律来判断污染物的蒸汽压和其在水相中浓度之间的关系。

一般来说，亨利定律常数 K_H 越大，该物质的挥发性也越大，同时该系数也与水-气分配系数有关。所谓水-气分配系数是指一定温度下某一物质在水中的溶解度（mg/L）和该物质纯粹相的饱和蒸汽浓度（mg/L）的比值。水-气分配系数较大者为亲水相，更易进入水相中，而较小者更易挥发。

表 6.3 给出了部分常见 LNAPLs 污染物的水-气分配系数，芳香族化合物具有较高的水-气分配系数，而非芳香族化合物的较低。据此，可以初步判断出，含有苯环的芳香族化合物如苯、甲苯、乙苯等，比其他非芳香族化合物分配进入水的速度更快，污染时间也更长。

表 6.3　几种有机化合物的水-气分配系数（Baehr, 1987）

	有机化合物	分子式	相对分子质量	水-气分配系数
芳香族	苯	C_6H_6	78	5.88
	甲苯	C_7H_8	92	3.85
	邻二甲苯	C_8H_{10}	106	4.68
	乙苯	C_8H_{10}	106	3.80

续表

	有机化合物	分子式	相对分子质量	水-气分配系数
	环己烷	C_6H_{12}	84	0.15
非芳香族	1-己烯	C_6H_{12}	84	0.067
	正己烷	C_6H_{14}	86	0.015
	正辛烷	C_8H_{18}	114	0.0079

6.4.2.3　漂浮 LNAPLs 的厚度

掌握潜水面上漂浮 LNAPLs 池的总量，对于地下水污染治理至关重要。要计算 LNAPLs 池体积，必须要知道其厚度。因为 LNAPLs 的密度比水小，在观测点测得的浮油层厚度（T）并不是自然界中潜水面以上的 LNAPLs 池的实际厚度，在监测井中测出的 LNAPLs 厚度将大于实际在包气带中可移动的 LNAPLs 厚度。

实际 LNAPLs 浮油层的分布和观测井中浮油层的关系如图 6.25 所示，可以根据两者之间的关系间接计算得到实际厚度。图中显示由地面至潜水面以上毛细管带可将 LNAPLs 分为 5 个区域，自上而下依次为不移动的残留 LNAPLs，厚度为 D_a^{aow}；在重力作用下能垂直移动的 LNAPLs，底板深度为 D_a^{ao}；LNAPLs 毛细管带；可移动 LNAPLs 层，其可沿水毛细管带的坡度水平运动；最底部为不移动 LNAPLs 层。在此之下则为水毛细管带和饱和带的地下水。图的右边为饱和度曲线，左边为监测井。值得注意的是，监测井的过滤器要安装到 LNAPLs 油层的顶板以上。

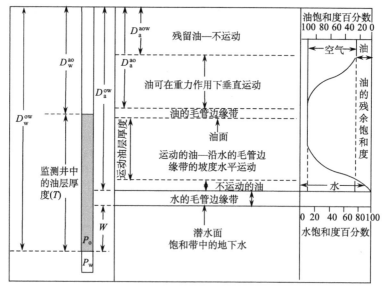

图 6.25　当 LNAPLs 油层下存在水毛细管带时，含水层中 LNAPLs 的分布及检测井中漂浮 LNAPLs 油层厚度的比较（据 Fetter，2001）

监测井和含水层中的 LNAPLs-水达到平衡后,在监测井底部的 LNAPLs-水界面上,有

$$P_o = P_w \tag{6-148}$$

式中, P_o 为界面上油的压强,其值为 $P_o = \rho_o T$, ρ_o 表示油的密度, T 为监测井中的油层厚度; P_w 表示界面来自水的压强,其值为 $P_w = \rho_w W$, ρ_w 表示水的密度, W 为由界面算起的水层厚度。

进一步计算可得

$$W = \frac{\rho_o}{\rho_w} T \tag{6-149}$$

由于 LNAPLs 油层的存在,使水毛细管带变薄,可近似认为 $T - W$ 为非饱和带中的油层厚度。

油层顶底板埋深也可用下式求出:

$$D_a^{ao} = D_w^{ao} - \frac{P_d^{ao}}{\rho_o g} \tag{6-150}$$

$$D_a^{ow} = D_w^{ow} - \frac{P_d^{ow}}{(\rho_w - \rho_o) g} \tag{6-151}$$

因为 $D_w^{ow} - D_w^{ao} = T$,有

$$D_a^{ow} = D_w^{ao} + T - \frac{P_d^{ow}}{(\rho_w - \rho_o) g} \tag{6-152}$$

式中, D_a^{ao} 为包气带油气界面埋深; D_w^{ao} 为监测井中油气界面埋深; P_d^{ao} 为 Brooks-Corey 空气-有机物置换压力强度; D_a^{ow} 为水界面实际埋深; D_w^{ow} 为监测井中油水界面埋深; P_d^{ow} 为 Brooks-Corey 有机物-水置换压力强度; g 为重力加速度。

非残留 LNAPLs 在包气带中的单位柱体中的总体积可按下式计算:

$$V_o = n \left\{ \int_{D_a^{aow}}^{D_a^{ow}} (1 - S_w) \, dz - \int_{D_a^{aow}}^{D_a^{ao}} \left[1 - (S_w + S_o) \right] dz \right\} \tag{6-153}$$

式中, V_o 为单位面积柱体中油的体积; n 为孔隙度; S_w 为水的饱和度; S_o 为油的饱和度; z 为垂直坐标,向下为正; D_a^{aow} 为不运动残留 LNAPLs 的底板深度。其余符号同前。

6.4.3　DNAPLs 的迁移

6.4.3.1　DNAPLs 在非饱和带中的迁移

DNAPLs 泄露后,因其密度比水大,在包气带中只要超过残留饱和度,将在

重力作用下向下迁移。一般地，地下水环境中水是润湿相，故在包气带中占据较小的孔隙，而 DNAPLs 通过较大的孔隙向下运动，故包气带中对 DNAPLs 的渗透性比水大。当 DNAPLs 到达毛细管边缘带时，将驱替孔隙中的水，继续向下迁移。

值得一提的是，由于多孔介质的非均质性，DNAPLs 在包气带中的迁移一般均以垂向迁移为主，伴随有不同程度的侧向迁移，即使是在实验室内进行的物理模拟实验中也是如此，因为人工装填的介质不可能达到完全均质。

6.4.3.2　DNAPLs 在饱和带中的迁移

1. 垂向迁移

地表泄露的 DNAPLs 向下迁移至潜水面时，必须驱替原本存在于孔隙中的水才可继续向下运动，而向下运动的驱动力来自重力，这意味着必须有足够数量的 DNAPLs 去克服将水保持在孔隙中的毛细管力。研究表明，垂向上连续分布的 DNAPLs 带达到一定高度时，才能克服水的毛细管力向下移动，该高度称为临界高度，记为 h_o。采用 Hobson 公式（Berg，1975）计算该临界高度 h_o：

$$h_o = \frac{2\sigma\cos\theta\left(\dfrac{1}{r_t} - \dfrac{1}{r_p}\right)}{g\left(\rho_w - \rho_o\right)} \tag{6-154}$$

式中，σ 为两相之间的界面张力；θ 为润湿角；r_t 为孔喉半径；r_p 为孔隙半径；g 为重力加速度；ρ_w 为水的密度；ρ_o 为 DNAPLs 的密度。

对于分选好和磨圆度好的直径为 d 的砂粒，当颗粒以六面体排列时，孔隙半径 r_p 为 $0.212d$，孔喉半径 r_t 为 $0.077d$，说明组成介质颗粒的粒径越小，DNAPLs 向下迁移的临界高度越大。这一原理可以用来解释即使细颗粒含水层的厚度很薄，也能阻止 DNAPLs 向下迁移的现象。

当 DNAPLs 克服了毛细管的阻力以后向下运动，可以一直到达隔水底板，并在其上聚集，形成 DNAPLs 污染池（pool）。在该层的底部仍有吸着水、薄膜水、孔角水等不能移动的水存在，抽水时只能抽出 DNAPLs。在该带的上部同时存在 DNAPLs 和水，由于水的饱和度大于田间持水量，因而抽水时可同时抽出 DNAPLs 和水。其上直至潜水面存在有残留的 DNAPLs 和水，抽水时只能抽出水。因为 DNAPLs 并非完全不溶于水，所以抽水时，无论是从哪部分进水，总能抽出溶解的有机物。DNAPLs 在地下环境中的分布如图 6.26 所示，各带的厚度取决于饱和带的渗透性，含水层的渗透性越小，则 DNAPLs 层的厚度越薄。

如果设有监测井，则图 6.26 中不同 DNAPLs、水分布带中的 DNAPLs 和水都将流入监测井，之后在井中由于密度差异，DNAPLs 在下部，水在上部。监测井正好打到隔水层顶板即可，如打得太深，则测得的 DNAPLs 厚度将不正确，如

图 6.26 中的 B 井。

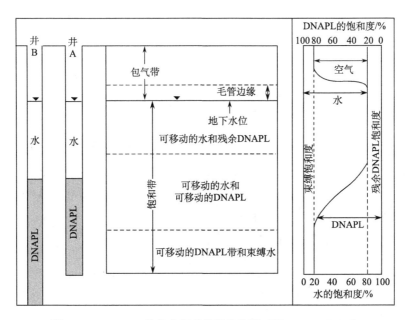

图 6.26　DNAPLs 的分布和各带的饱和度（据 Fetter，2001）

2. 侧向迁移

DNAPLs 在饱和含水层中的运移以垂向入渗为主,通常还都伴随着侧向迁移。如果在地下水面以下存在连续的 DNAPLs 层,则在势能作用下,由高处向低处水平运动。DNAPLs 的水平运动同样也必须克服毛管压力从侧向驱替孔隙中的水,因此其需要一个侧压梯度,即

$$\mathrm{grad}P = \frac{2\sigma}{L_o(1/r_t - 1/r_p)} \tag{6-155}$$

式中,σ 为界面张力；L_o 为沿着流动方向的连续 DNAPL 相的长度；r_t 和 r_p 的含义同前。

DNAPLs 向下迁移至含水层底板时,将沿底板的坡度向低洼处流动,有时其流动方向甚至和地下水流的方向相反,如图 6.27 所示。如果在隔水底板低洼处聚集的 DNAPLs 池处于静止状态,而其上方的地下水在流动,则静止的 DNAPLs 池和地下水流之间的界面将倾斜,该倾斜形成的坡角 τ 可以由下式计算出。当 $\tau > 0$ 时,代表 DNAPLs 表面的坡度和水面坡度相同,而当 $\tau < 0$ 时,意味着相反情形。

$$\tau = \frac{\rho_w}{\rho_w - \rho_{DNAPL}} \frac{\mathrm{d}h}{\mathrm{d}l} \tag{6-156}$$

式中，τ 为界面的坡角；$\dfrac{\mathrm{d}h}{\mathrm{d}l}$ 为潜水面的坡度。

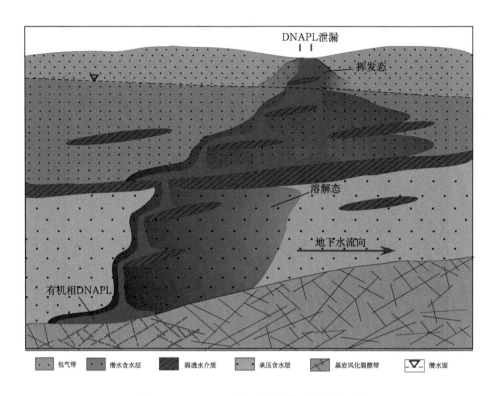

图 6.27　DNAPLs 在包气带和饱和带中的分布

参 考 文 献

钱家忠. 2009. 地下水污染控制[M]. 合肥: 合肥工业大学出版社.

薛禹群, 吴吉春. 2010. 地下水动力学. 3 版[M]. 北京: 地质出版社.

Bear J. 1985. 地下水动力学[M]. 许涓铭, 等译. 北京: 地质出版社.

Alexander M. 1994. Biodegradation and Bioremediation [M]. San Diego: Academic Press.

Baehr A L. 1987. Selective transport of hydrocarbons in the unsaturated zone due to aqueous and vapor phase partitioning [J]. Water Resour. Res., 23(10): 1926-1938.

Bear J, Bachmat Y. 1965. A unified approach transport phenomena in porous media, Underground storage and mixing project, Progress Report 3[R]. Technion-Israel Institute of Technology, Hydraulics Lab. P.N. 1/65, 75.

Bear J, Bachmat Y. 1966. Hydrodynamic dispersion in non-uniform flow through porous media taking into account density and viscosity differences[R]. Technion Institute of Technology, Hydraulics Lab. P.N. 4/66 (in Hebrew with English summary): 308.

Berg R R. 1975. Capillary pressures in stratigraphic traps[J]. Bulletin, American Association of Petroleum Geologists, 59(6): 935-956.

Borden R C, Bedient P B, Lee M D, et al. 1986. Transport of dissolved hydrocarbons, influenced by oxygen-limited biodegradation, 2. Field application [J]. Water Resour. Res., 22(13): 1983-1990.

Clement T C, Sun Y, Hooker B S, et al. 1998. Modeling multi-species reactive transport in ground water, Groundwater Monit [J]. Remed. J.,18(2): 79-92.

Clement T P. 1997. RT3D, A Modular Computer Code for Simulating Reactive Multispecies Transport in 3-Dimensional Groundwater Aquifers[R]. Richmond, WA: Pacific Northwest National Laboratory.

Domenico P A, Schwartz F W. 1998. Physical and Chemical Hydrogeology [M]. 2nd edn. New York: Wiley: 506.

Essaid H I, Bekins B A. 1997. BlOMOC, a multispecies solute-transport model with biodegradation [J]. U.S. Geological Survey Water-Resources Investigations Report, 97-4022: 68.

Fetter C W. 2001. Applied Hydrogeology[M]. 4th edn. Upper Saddle River, New Jersey: Prentice - Hall Inc.

Grove D B, Stollenwerk K G. 1984. Computer model of one-dimensional equilibriumcontrolled sorption processes[R]. U. S. Geological Survey Water Resources Investigations Report 84-4059.

Molz F J, Guven O, Melville J G, et al. 1986. Performance, analysis, and simulation of a two-well tracer test at the Mobile site, an examination of scale-dependent dispersion coefficients [J]. Water Resour. Res., 22(7): 1031-1037.

Monod J. 1949. The growth of bacterial cultures[J]. Annu. Rev. Microbiol., 3: 371-394.

Rifai H S, Bedient R P B, Wilson J T, et al. 1988. Biodegradation modeling at aviation fuel spill site [J]. J. Environ. Eng. Div., 114(5): 1007-1029.

Rifai H S, Newell C J, Gonzales J R, et al. 1997. BIOPL UME III, natural attenuation decision support system, user's manual (Version I)[J]. Air Force Center for Environmental Excellence, San Antonio, TX: Brooks AFB.

Saffman P. 1960. Dispersion due to molecular diffusion and macroscopic mixing in flow through a network of capillaries[J]. Journal of Fluid Mechanics, 7(2): 194-208.

Widdowson M A. 1991. Comments on "An evaluation of mathematical models of the transport of biologically reacting solutes in saturated soils and aquifers" by P. Baveye, and A. Valochi [J]. Water Resour. Res., 27(6): 1375-1378.

Zheng C M, Bennett G D. 2002. Applied Contaminant Transport Modeling [M]. 2nd edn. New York: Wiley.

第7章　地下水污染修复技术

7.1　概　　述

广义上看，地下水污染预防、地下水污染控制及地下水污染修复是人类处理污染的三种方式。地下水污染预防是指从源头上使用不至于产生污染的理想设施或环境友好材料的污染处理方式；地下水污染控制是指对于人类在生产、生活中产生的污染，在污染物被释放到环境之前，捕获污染物或改变污染物结构形态，达到净化目的的污染处理方式；地下水污染修复是指人类在生产、生活中产生的污染进入到环境中后，对其实施净化的污染处理方式。必须指出的是，地下水污染修复代价极其昂贵。

地下水修复技术是近年来环境工程和水文地质学科发展最为迅猛的领域之一。1980 年，美国国会首次把地下水净化列为国家最优先解决的问题之一，通过综合环境响应、赔偿和责任法案（comprehensive environment response, compensation and liability, CERCLA），即一般超级基金（Superfund）法案，来支付净化废弃的有害废物场地。1984 年，美国国会通过了修订资源保护与恢复法案（resource conservation and recovery act, RCRA），拓展了地下水净化计划。CERCLA 和 RCRA 通过后，美国各州都相继制定了要求净化污染场地的法规，有些州的法规甚至比联邦法律还要严格。

我国于 1981～1984 年完成了全国第一轮地下水资源评价工作，随后开展"全国地下水功能区域规划"和"全国地方病高发区地下水勘查与供水安全示范工程"工作。有关地下水保护工作方面，2005 年国家环境保护总局组织完成了 56 个环保重点城市 206 个重点水源地有机污染物的监测调查工作，建立了 113 个环保重点城市饮用水水源地水质月报制度。2011 年 8 月 24 日国务院常务会议讨论通过了《全国地下水污染防治规划（2011—2020 年）》，该规划针对我国地下水环境质量状况的现状，对未来 10 年我国在地下水环境保护与污染防治、地下水监测体系、地下水预警应急体系、地下水污染防治技术体系及污染防治监管能力的建设进行了详细规划，对保障地下水水质安全，全面提高地下水质量等提出了更高的要求。但目前我国地下水污染研究水平还难以满足规划实施的技术和管理要求，亟待重点研究的问题主要有健全和完善地下水污染防治的法律法规、尽快开展全国地下水污染调查工作、完善地下水污染监测体系、加强地下水污染风险评估与控制技术体系建设、加强地下水污染应急系统建设等。

2019 年 3 月 28 日，由我国生态环境部、自然资源部、住房和城乡建设部、水利部和农业农村部五部共同制定的《地下水污染防治实施方案》对外发布。该方案对我国地下水污染防治给出了明确的时间表和路线图，提出到 2020 年，初步建立地下水污染防治法规标准体系；全国地下水质量极差比例控制在 15%左右。到 2025 年，建立地下水污染防治法规标准体系、全国地下水环境监测体系；地级及以上城市集中式地下水型饮用水源水质达到或优于Ⅲ类比例总体为 85%左右；典型地下水污染源得到有效监控，地下水污染加剧趋势得到有效遏制。到 2035 年，力争全国地下水环境质量总体改善，生态系统功能基本恢复。此外，建立健全法规和标准规范体系是方案内容中的一个重要方面。为此，《方案》提出，2020 年年底前，制定《全国地下水污染防治规划（2021—2025 年）》，细化落实《中华人民共和国水污染防治法》《中华人民共和国土壤污染防治法》的要求，落实地下水污染防治主体责任，实现地下水污染防治全面监管，京津冀、长江经济带等重点地区地下水水质有所改善。

7.1.1　地下水污染修复技术分类

地下水污染修复技术的研究已引起国内外学者的广泛关注。地下水污染修复技术主要包括原位修复、异位修复和监测自然衰减技术三大类。

异位修复是将受污染的地下水抽出至地表后，用化学物理方法、生物反应器等多种方法治理，再对治理后的地下水进行回灌。通常所说的抽出-处理技术就是典型的异位修复法，它能去除有机污染物中的轻非水相液体，但对重非水相液体的治理效果甚微。此外，地下水系统的复杂性和污染物在地下的复杂行为常干扰此方法的有效性。这类技术在短时间内处理量大，处理效率高，能够彻底清除地下水中的污染物，但缺点是长期应用普遍存在严重的拖尾、反弹等现象，降低处理效率且严重影响地下水所处的生态环境，而且成本很高。

监测自然衰减法是充分利用自然自净能力的修复技术，是一种被动的修复方法，它依赖自然过程使污染物在土壤/地下水中降解和扩散。自然衰减过程包括物理、化学和生物转化（如好氧/厌氧生物降解、弥散、挥发、氧化和吸附），但这种方法需要的时间很长，且对很多有机物来说效率比较低，特别是氯代有机物。

地下水原位修复技术则是在人为干预下省去抽出过程，在原位将受污染地下水修复的技术。它以修复彻底、相对时间较短、处理污染物种类多等优势在地下水修复领域崭露头角，目前已得到广泛应用。其中包括原位曝气技术（*in situ* air sparging，AS）、可渗透反应格栅技术（permeable reactive barrier，PRB）等，以能持续原位处理、处理组分多、价格相对便宜的优势，在地下水修复的众多领域得到了快速发展。

此外，根据主要作用原理，地下水修复技术又可以大致分为两大类，即物化法修复技术、生物法修复技术。物化法修复技术包括抽出-处理技术、原位曝气、高级氧化技术等；生物法修复技术包括生物曝气、可渗透墙反应格栅、有机黏土法等。还有一些联合修复技术则兼有以上两种或多种技术属性的污染处理技术。

地下水污染的控制与修复是我们面临的新的、极具挑战性的重要课题，需要进行多学科交叉研究。有两个问题会影响修复技术的应用：第一个是需要确定与水和污染物运移相关的场地水文地质条件，并分析人或环境接触这些物质可能面临的风险。例如，需要研究海水与受污染的地下水的分界面，以建立滨海地区的污染物运移模型。由于污染物浓度随时间和空间变化，因此某些人群以及生态系统可能会接触到这些污染物。这就需要更全面地认识场地特征和相关的水文地质模型。场地的水文地质条件控制着所有修复措施的实施效果。如果这些修复系统能够为参与者和公众接受，就需要首先对系统的预测结果进行很好的统计。第二个问题是污染物成分复杂，通常会发生化学或生物反应，形成多种副产物，这样就需要根据时间和空间变化选择不同的修复技术。对于非水相流体（NAPLs）污染场地，这一点尤为重要。例如，氯代烯烃通过微生物或零价铁反应格栅发生还原脱氯，如果脱氯不完全的话，会产生副产物氯乙烯，而该物质的毒性要高于母体。这样就需要采用化学氧化或好氧微生物氧化的方法做进一步处理。需要不断更新场地特征的数据，建立更好的水文地质和动力学模型，以保证污染物在还原带或氧化带停留足够的时间，从而达到处理的目的（Barcelona and Xie, 2001; Devlin et al., 2000）。

因此，在选择地下水污染修复技术时，需要考虑污染物的性质、运移及其反应产物。毫无疑问，识别污染物、了解场地特征、根据监测和实验建立污染羽模型有助于修复技术的发展和应用。

总之，不同修复技术的应用实际上是考虑到污染物和水文地质条件共同作用的复杂性。管理者要与相应的研究机构进行合作，特别是当遇到混合污染羽或场地之间有明显的水力联系的问题时，必须严格地选择修复技术。另外，地下水污染修复技术在使用过程中有一个值得重视的共同点，即必须建立监测系统，以确认修复工程的长效运行。在任何情况下，为保证修复系统达到设计要求，对含水层的性质、地球化学条件、污染物的分布和通量进行详细的评价和监测是非常重要的。

本章将重点对地下水污染修复技术中的原位曝气技术、原位生物修复技术、可渗透反应格栅技术、原位化学氧化技术、表面活性剂增效修复技术、电动力修复技术、抽出-处理技术和监测自然衰减修复技术等进行详细介绍。

7.1.2　地下水污染修复技术发展趋势

地下水污染修复是一项十分有意义的污染治理技术，但目前在应用方面还存在大量需要解决的问题。在国内外学者不断深入研究和开发下，相关技术都得到了改进。然而，许多技术多数集中在实验室理论与实验的基础上，尤其在我国，还缺乏大量的现场示范。有关地下水污染修复技术的发展主要有以下几个方面：

（1）目前，单一的修复技术往往不能达到满意的修复效果，多种修复技术的结合使用被越来越多地采用。例如，可渗透反应格栅技术中的填充材料可以加入化学药剂等，提高修复效果。

（2）地下水修复机理和污染物迁移机理的复杂性、多样性，给修复模型的准确描述带来很大困难，应加强对机理方面的研究，建立更加完善的模型，为制定适用的修复计划提供可靠依据。

（3）地下水环境复杂，与周围岩土环境紧密接触、与地上环境的交互作用使地下水污染修复后容易产生二次污染。因此应综合考虑地下水与周边环境的整体修复，确定技术配置导致的地球化学条件的改变以及可能造成的影响和后果。

（4）今后的工作要强调技术的可持续发展。举一个实例（Puls et al., 1999; Wilkins et al., 1995），采用零价铁反应格栅处理混合氯代烃污染羽。在技术应用的早期，采取最优化方法控制抽水量，但是其反应能力不可避免地要下降，因而需要使处理能力得到恢复。在这种假定条件下，零价铁成本相对较高，需要寻找替代物或根据主要污染物的浓度、污染源和污染羽来添加活性炭，以刺激微生物脱氯。可持续能力的讨论应当集中在成本有效性、长期性和替代方案的预期成本上（Sarr et al., 2001）。

（5）需要克服不利环境下技术的应用。修复技术的设计参数如处理能力、抽水率、抽水/注入井的位置和数量以及间隔等。然而，在不利环境条件下，如基岩裂隙含水层，修复技术的应用则存在许多约束条件，参数的确定存在很多不定因素。专业人员必须继续在处理技术的开发中进行创造性的实践，而且要认识到，所有新的处理技术都要经过反复的实验。

（6）环境修复技术是一项庞大的系统工程，应与其他学科进行交叉研究，这样能大大促进环境修复技术的发展。

（7）有的专家也提出了研发高效安全且能适用于不同特征污染物的地下水污染原位修复技术体系。但由于地下水系统的复杂性、污染场地条件的差异性等原因，地下水污染修复是一项技术含量高、需因地制宜、综合研发并顺从自然和谐状态的治理技术，很难得到"放之四海而皆准"的理论、技术和方法。"预防"在我国地下水污染治理方面依然是重中之重。

7.2　原位曝气技术

7.2.1　概述

原位曝气技术（*in situ* air sparging, AS）是一种有效地去除地下水中可挥发有机污染物的原位修复技术（Nyer and Suthersan, 1993; Bausmith et al., 1996）。AS 是与土壤气相抽提（soil vapor extraction , SVE）互补的一种将空气注进污染区域以下，将挥发性有机污染物从地下水中解吸至空气流并引至地面上处理的原位修复技术。该技术被认为是去除地下水中挥发性有机污染物的最有效方法。另外，曝入的空气能为地下水中的好氧生物提供足够的氧气，促进土著微生物的降解作用。

原位曝气技术是在一定压力条件下，将一定体积的压缩空气注入含水层中，通过吹脱、挥发、溶解、吸附-解吸和生物降解等作用去除饱水带地下水中可挥发性或半挥发性有机物的一种有效的原位修复技术。在相对可渗透的条件下，当饱和带中同时存在挥发性有机污染物和可被好氧生物降解的有机污染物，或存在上述一种污染物时，可以应用原位曝气法对被污染地下水进行修复治理。轻质石油烃大多为低链的烷烃，挥发性很高，因此该技术可以有效地去除大部分石油烃污染。而且，该项技术与其他修复技术如抽出-处理、水力截获、化学氧化等相比，具有成本低、效率高和原位操作的显著优势。

从结构系统上来说，原位曝气系统包括以下几部分：曝气井、抽提井、监测井、发动机等。从机理上分析，地下水曝气过程中污染物去除机制包括三个主要方面：①对可溶挥发性有机污染物的吹脱；②加速存在于地下水位以下和毛细管边缘的残留态和吸附态有机污染物的挥发；③氧气的注入使得溶解态和吸附态有机污染物发生好氧生物降解。在石油烃污染区域进行的原位曝气表明，在系统运行前期（刚开始的几周或几个月里），吹脱和挥发作用去除石油烃的速率和总量远大于生物降解的作用；当原位曝气系统长期运行时（一年或几年后），生物降解的作用才会变得显著，并在后期逐渐占据主导地位。

AS 技术可以修复的污染物范围非常广泛，适用于去除所有挥发性有机物及可以好氧生物降解的污染物。表 7.1 给出了 AS 系统在实地应用过程中的优势与缺点（张文静等, 2006）。

为保证曝气效率，曝气的场地条件必须保证注入气流与污染物充分接触，因此要求岩层渗透性、均质性较好。当含水介质渗透性范围为 $10^{-10} \sim 10^{-9} cm^2$ 时，曝气效率较好。另外，由于岩性差异或断裂造成的异质性会使地下水曝气法的效率下降。在曝气过程中，地下水铁离子（Fe^{2+}）会被氧化为 Fe^{3+}，并产生沉淀，造成含水层孔隙堵塞，也会降低含水层的渗透性，不利于注入空气的流通。一般来说，当 $Fe^{2+} < 10mg/L$ 时曝气才有效。

表 7.1　AS 系统应用的优势与缺点

优势	缺点
1. 设备易于安装和使用，操作成本低	1. 对于非挥发性的污染物不适用
2. 操作对现场产生的破坏较小	2. 受地质条件限制，不适合在低渗透率或高黏土含量的地区使用
3. 修复效率高，处理时间短，在适宜条件下为 1～3 年	
4. 对地下水无须进行抽出、储藏和回灌处理	3. 若操作条件控制不当，可能引起污染物的迁移
5. 可以提高 SVE 对土壤修复的去除效果	
6. 更适于消除地下水中难移动处理的污染物（如重非水相液体）	

　　曝气法的修复机理是利用加压空气使得地下水中的污染物挥发，因此挥发性较大、溶解性较大的污染物修复效果较好。

7.2.2　原位曝气修复影响因素

　　在采用 AS 技术修复污染场址之前，首先需要对现场条件及污染状况进行调查。由于 AS 去除污染物的过程是一个多组分多相流的传质过程，所以其影响因素很多。研究这些复杂因素的影响机制对于优化现场的 AS 操作具有重要意义。自 AS 应用十多年来，人们对其影响因素作过一定的研究，但对于现场应用的指导作用仍然不充分，已有文献报道中 AS 的影响因素主要有下述几个方面，下面分别予以介绍。

1. 含水层及地下水的环境因素

　　含水层及地下水的环境因素主要有含水层的非均匀性和各向异性、含水介质粒径及渗透率、地下水的流动等。

　　1）含水层的非均匀性和各向异性

　　天然含水层一般都含有大小不同的颗粒，具有非均匀性，而且在水平和垂直方向都存在不同的粒径分布和渗透性。因此，AS 过程中注入的空气可能会沿阻力较小的路径到达地下水面，造成注入的空气根本不经过渗透率较低的含水介质区域，从而影响污染物的去除。Ji 等（1993）在实验中观察到：对于均质介质，无论何种空气流动方式，其流动区域都是通过曝气点垂直轴对称的；而非均质介质，空气流动不是轴对称的，这种非对称性是因含水介质中渗透率的细微改变和空气注入时遇到的毛细阻力所致，表明 AS 过程对介质的非均匀性是很敏感的。

　　2）含水介质粒径及渗透性

　　内部渗透率是衡量含水介质传送流体能力的一个标准，它直接影响着空气在地表面以下的传递，所以它是决定 AS 效果的重要介质特性。

Ji 等（1993）用不同大小的玻璃珠来模拟各种介质条件下的空气流动方式。研究表明，空气在高渗透率的介质中是以鼓泡的方式流动的，而在低渗透率的介质中是以微通道的方式流动的。另外，曝入的空气并不能通过渗透率很低的含水介质层，如黏土层，而对于极高渗透率的含水介质层，如砂砾层，由于其渗透率太高，从而使曝气的影响区太小，因此也不适合用 AS 技术来处理。他们还发现，对于宏观异质分层多孔介质，空气流动受渗透率、异质层的几何结构和大小、曝气流量大小的影响很大。宏观异质分层含水介质中，曝入的空气无法达到直接位于低渗透率层之上的区域。只有当曝气流量足够大时，空气才能穿过低渗透率层。Reddy 和 Adams（2001）也认为在 AS 过程中，当空气遇到渗透率和孔隙率不相同的两层含水介质时，如果两者的渗透率之比大于 10，当空气的入口压力不够大时，空气一般不经过渗透率小的含水介质。如果两者的渗透率之比小于 10，空气从渗透率小的岩土层进入渗透率较大的岩土层时，其形成的影响区域变大，但空气的饱和度降低。

另外，渗透率的大小直接影响氧气在地表面以下的传递。好氧碳氢化合物降解菌通过消耗氧气代谢有机物质，生成 CO_2 和水。为了充分降解石油产品，需要丰富的细菌群，也需要满足代谢过程和细菌量增加的氧气。

表 7.2 为土壤渗透率和 AS 修复效果之间的关系（Norris et al., 1993）。由表中的数据可以推断土壤的渗透率是否在 AS 有效范围内。

表 7.2 土壤渗透率和 AS 修复效果

渗透率（k）/cm^2	AS 修复效果
$k > 10^{-9}$	普遍有效
$10^{-9} \geq k \geq 10^{-10}$	或许有效，需要进一步推断
$k < 10^{-10}$	边缘效果到无效

通过二维土柱实验的研究发现（Petereson et al., 1999），对于平均粒径在 1.1～1.3mm 的土柱，空气以离散弯曲通道的形式流动，颗粒直径微小的改变不影响空气影响区域的大小。在通过曝气点的垂直截面上，受空气影响的沉积物面积占总沉积物面积的最大百分数为 19%。另外，随着时间的增加，影响区的改变很小。对于平均粒径分别为 1.84mm、2.61mm、4.38mm 的土柱，空气的流动是弥漫性的，在喷射点附近形成了一个对称圆锥，空气影响区的面积明显增加。对于粒径为 2.61mm 的沉积物，空气影响区面积占总沉积物面积的百分数最大，接近 35%，几乎为离散弯曲通道流动形式的 2 倍。随着时间的改变，影响区面积也发生改变，但因颗粒直径的不同，各自的变化幅度不同。颗粒直径为 2.61mm 的沉积物变化幅度最大。Peterson 认为，对于 AS 最有效的沉积物粒径范围应在 2～3mm。Rogers

和 Ong（2000）的研究也表明，随着沉积物平均粒径的增大，有机物的去除效率也增大，当介质的平均粒径从 0.168mm 增加到 0.305mm 时，在 168h 的 AS 操作后，苯的去除效率从 7.5%增加到 16.2%。可见，含水介质的粒径分布对于 AS 的去除效果影响也比较大。

3）地下水的流动

在渗透率较高的含水介质中，如粗砂和砂砾，地下水的流速一般也较高。如果可溶的有机污染物尤其是溶解度很大的甲基叔丁基醚（MTBE）滞留在这样的含水介质中，地下水的流动将使污染物突破原来的污染区，而扩大污染的范围。在 AS 过程中，地下水的流动影响空气的流动，从而影响空气通道的形状和大小。空气和水这两种迁移流体的相互作用可能对 AS 过程产生不利的影响。一方面，流动的空气可能造成污染地下水的迁移，使污染区扩大；另一方面，带有污染物的喷射空气可能与以前未被污染的地下水接触，扩大了污染的范围。Reddy 和 Adams（2000）的研究表明，当水力梯度在 0.011 以下时，地下水的流动对于空气影响区的形状和大小的作用很小。空气的流动降低了影响区的水力传导率，减弱了地下水的流动，会降低污染物迁移的梯度。同时，AS 能有效地阻止污染物随地下水的迁移。

2. 曝气操作条件

在影响地下水原位曝气技术的条件中，曝气操作条件对该技术影响较大，需根据地质条件通过现场曝气实验确定。主要的曝气操作条件包括曝气的压力和流量、气体流型和影响半径等。

1）曝气的压力和流量

空气曝入地下水中需要一定的压力，压力的大小对于 AS 去除污染物的效率有一定程度的影响。一般来说，曝气压力越大，所形成的空气通道就越密，AS 的影响半径越大（Burns and Ming，2001）。AS 所需的最小压力为水的静水压力与毛细压力之和。水的静压力是由曝气点之上的地下水高度决定的，而含水介质的存在则造成了一定的毛细压力。另外，为了避免在曝气点附近造成不必要的含水介质迁移，曝气压力不能超过原位有效压力，包括垂直方向的有效压力和水平方向的有效压力（Marulanda et al.，2000）。

曝气流量的影响主要有两个方面：一方面，空气流量的大小将直接影响含水层中水和空气的饱和度，改变气液传质界面的面积，影响气液两相间的传质，从而影响含水层中有机污染物的去除；另一方面，空气流量的大小决定了可向含水层提供的氧含量，从而影响有机物的有氧生物降解过程。一般来说，空气流量的增加将有助于增加有机物和氧的扩散梯度，有利于有机物的去除。Ji 等（1993）的研究表明，空气流量的增加使空气通道的密度增加，同时，空气的影响半径也有所增加。许多研究者用间歇曝气来代替连续曝气，获得了良好的效果。这是因为间歇操作促进了多孔介质孔内流体的混合以及污染物向空气通道的对流传质。Elder 和 Benson（1999）的研究发现，在大于 10h/d 的间歇循环条件下，与连续曝气相比，间歇曝气后污染物的平均浓度较低，表明污染物的去除效率较高。同时还发现，运行时间较长而停止时间较短的间歇曝气对 AS 操作最有效。郑艳梅（2005）应用 AS 技术修复地下水中 MTBE 的研究中发现，当曝气流量较小时，土柱中污染物去除速率较慢，去除率为 80%；当曝气流量增加到 0.10m³/h 时，去除率达 95%；而继续增加曝气流量至 0.15m³/h 时，去除效率没有明显改善，反而使操作成本增加。

2）气体流型

曝气过程中控制污染物去除的主要机制是污染物挥发及污染物有氧生物降解，而这两种作用的大小很大程度上依赖于空气流型。在浮力作用下，注入空气由饱和带向非饱和带迁移，饱和带中的液相、吸附相污染物通过相间传质转化为气态，并随注入空气迁移至非饱和带。曝气能提高地下水环境中溶解氧的含量，从而促进污染物的有氧生物降解。空气流型的范围和形成的通道类型都能极大地影响曝气效率。

在空气注入的最初阶段，曝气点附近的空气区是呈球形增长的，在浮力作用下，空气区向上增长的趋势开始占主导地位。当空气上升到地下水面时，越来越多的气流会进入渗流区，空气区域内的压力会降低，这就使曝气区域范围开始缩小。直到空气区域内的压力与外界压力达到动态平衡时，曝气区域范围才达到稳态。上升气流在遇到渗透较低的黏土层时一般在其下方积聚，并向水平方向移动。当黏土层下方积聚的空气压力大于其毛细压力或气流在水平移动过程中遇到垂直裂隙，气流就可以穿透黏土层继续向非饱和带扩散。Mckay（1997）利用中子探测器得到了类似的气流分布形式。

Lundegard 和 Labrecque（1998）利用电阻率成像（electrical resistance tomography, ERT）技术发现在相对均质的砂层介质中，气流的稳态分布是以曝气点为中心对称分布的，形状较为规则。他们同样使用 ERT 技术对由粉砂和粗颗粒沉积物相间分布的非均质冰碛物进行了观察，结果发现注入的空气主要分布在水平方向，低渗透层下方的空气饱和度约大于 50%。

3）影响半径

影响半径（radius of in-fluence, ROI）就是从曝气井到影响区域外边缘的径向距离。影响半径是野外实地修复项目的关键设计参数。如果对 ROI 估计过大，就会造成污染修复不充分；如果估计过小，就需要过多的曝气井来覆盖污染区域，从而造成资源浪费。

目前 ROI 主要有四种测定方法：地下水上涌水位的测定、地下水中溶解氧浓度的测定、渗流区中 VOC 浓度的测定和水位以下区域气相压力的测定。其中地下水水位上涌仅发生在曝气的初期阶段，不能有效地指示曝气影响区域范围。McCray 和 Falta（1997）利用多相流模型 T2VOC 模拟均质和非均质含水层中 NAPLs 的去除过程发现，水位上涌现象在曝气运行一段时间后基本能恢复到曝气前的地下水水位。地下水中溶解氧或 VOC 浓度的测量需要在场地内不同位置采样分析。这两种方法测得的 ROI 精度较高，但由于采样分析的高耗费以及历时较长，一般也不采用这两种方法。

McCray 和 Falta（1996）建议通过测定曝气时饱和区内气相压力响应来判断影响半径。他们利用多相流数值模型 T2VOC 描述正压分布和饱和区内污染物浓度范围之间的关系，将污染物去除率达到90%时对应的空气饱和度作为曝气最大影响范围。

Lundegard 和 Labrecque（1995）比较了电阻率成像（ERT）技术和传统监测方法（水位上涌、土壤气压力、示踪气体响应等）测得的曝气影响范围数据，发现后者比前者要大 2～8 个数量级。Schima 等（1996）同样利用 ERT 技术描述了注入空气在地下的扩散分布过程及对孔隙水饱和度造成的影响，结果显示由 ERT 显示的曝气影响范围要小于传统测试方法得到的值。

有关曝气条件对于 AS 的影响，总体来说在相同曝气压力和流量下，曝气深度越大，影响半径越大，影响区内的气流分布越稀疏；相反，曝气深度越小，则曝气影响半径越小，在影响区内气流分布越密，越有利于污染物的去除。王志强等（2007）研究表明，曝气影响半径可以达到 5m 以上；经过 40 天的连续曝气，在气流分布密度大的区域，石油去除率高达 70%，而在气流分布稀疏的区域，石油去除率只有 40%；曝气影响区地下水的石油平均去除率为 60%；对曝气前后地下水中石油组分进行色质联用分析，表明石油去除效果与石油组分及其性质有关，挥发性高的石油组分容易挥发去除，而挥发性低的石油组分难以挥发去除。

3. 微生物的降解作用

原位曝气技术与地下水生物修复相联合，称为原位生物曝气（BS）技术。其影响因素要考虑微生物的生长环境。AS 过程中空气的曝入增强了微生物的活性，促进了污染物的生物降解。对照 AS 与 BS 的修复效果，结果表明，在初始污染物浓度相同的情况下，微生物数量的增加直接导致了污染物总去除量的增加，降解率和降解量均得到提高。生物降解条件下 AS 的应用中，污染物由水相向空气孔道中气相的挥发是主要的传质机理，但好氧降解微生物的存在，使得通过曝气不能去除的较低浓度的污染物修复得更为彻底。

7.3　原位生物修复技术

7.3.1　概述

地下水环境中含有可降解有机物的微生物，但在通常条件下，由于地下水环境中溶解氧不足、营养成分缺乏，微生物生长缓慢，导致微生物对有机污染的自然净化速率很慢。为达到迅速去除有机物污染的目的，需要采用各种方法强化这一过程，其中最重要的就是提供氧或其他电子受体。此外，必要时可添加 N、P 等营养元素、接种驯化高效微生物等。

生物修复（bioremediation）技术是指利用天然存在的或特别培养的生物（植物、微生物和原生动物）在可调控环境条件下将有毒污染物转化为无毒物质的处理技术。与传统的物理、化学修复技术相比，生物修复具有以下优点：①生物修复可以现场执行，减少了运输费用和人类直接接触污染物的机会；②生物修复经常以原位方式进行，可使对污染位点的干扰或破坏达到最小；③生物修复通常能将大分子有机物分解为小分子物质，直至分解为二氧化碳和水，对周围环境影响小；④生物修复可与其他处理技术结合使用，处理复合污染；⑤投资小，维护费用低，操作简便。

生物修复的缺点是对于容易降解的污染物效果比较明显，但不能降解所有的污染物。绝大多数的微生物原位处理采用的是好氧模式（不排除特殊情况下的厌氧处理方法）。地下水中虽然有氧气含量，但远未达到微生物处理的需求。例如，氧化 1 mg 的汽油污染物质在理论上需要 2.5 mg 的氧气，因此这一处理方法需要把氧气和营养物质注入地下。微生物原位处理的原理与其他微生物处理方法完全一致，最主要的区别就是微生物原位处理是在地下，环境条件比较复杂且难以控制，而一般的微生物处理是在地上的处理容器或处理池中进行的，相对容易控制。

生物修复是在人为强化工程条件下，利用生物（特别是微生物）的生命代谢活动对环境中的污染物进行吸收或氧化降解，使污染的环境能部分或完全恢复到初始状态的受控制或自发过程。用于生物修复的微生物有很多，其中主要包括细菌和真菌两大类，可降解的有机污染物种类大致分为石油及石化类、农药、氯代物、多氯酚（PCPs）、多环芳烃（PAHs）和多氯联苯（PCBs）类化合物等（涂书新，2004；田雷等，2000）。微生物在对有机污染物进行生物降解时，首先需要使微生物处于这种污染物的可扩散范围之内，然后紧密吸附在污染物上开始分泌胞外酶，胞外酶可以将大分子的多聚体分解成小分子的可溶物，最后污染物通过跨膜运输在细胞内与降解酶结合发生酶促反应，有机污染物最终会被分解为 CO_2 和 H_2O，同时微生物在代谢过程中获得生长代谢所需的能量。

微生物自然降解的速率一般比较缓慢，工程上的生物修复一般采用下列两种手段来加强：①生物刺激（biostimulation）技术，满足土著微生物生长所需要的条件，以适当的方法加入电子受体、供体氧和营养物等，从而达到降解污染物的目的，该方法因为土著微生物降解污染物的潜力巨大而受到广泛关注，主要应用在污染程度较轻以及污染物不易转移的场地修复中。Salanitro 等（2000）通过向 MTBE 污染的地下水中通入 O_2 和接种微生物来协同降解 MTBE。对比实验结果表明，在 2~3 周的时间内，MTBE 浓度由 10mg/L 降至 5μg/L 以下，且好氧条件下的 MTBE 降解速率要比厌氧条件下快 3~5 倍。相比于仅通入 O_2 的降解情况，引入外来微生物可极大地提高 MTBE 的降解速率，缩短污染地下水的修复治理时间。②生物强化（bioaugmentation）技术，需要不断地向污染环境投入外源微生物、酶、氮、磷、无机盐等，接种外来菌种可以使微生物最快最彻底地降解污染物。外源微生物最好直接从需要修复的污染场中进行筛选得到，这样可以避免微环境因素对接入菌种的影响，外源微生物可以是一种高效降解菌或者几种菌种的混合，使用该方法时常会受到土著微生物的竞争，因此，在应用时需要接种大量的外源微生物形成优势菌群，以便迅速开始生物降解过程。

7.3.2　生物修复技术影响因素

1. 环境因素

1）含水介质渗透率

含水介质渗透率是衡量含水层传送流体能力的一个标准，它直接影响着氧气在地表面以下的传递，所以它是决定生物修复效果的重要介质特性。大多数含水介质的渗透率变化范围是 10^{-13}~10^{-5}cm²。含水介质渗透率较大则氧气在地下的传输也比较强，将有助于生物修复的效果；如果含水介质渗透率较小，则会阻碍氧气、营养物质等在地下环境的传输，影响修复效果。

2）地下水的温度

细菌生长率是温度的函数，已经被证实在低于 10℃时，地下微生物的活力极大降低，在低于 5℃时，活动几乎停止，超过 45℃时，活性也降低（Perelo，2010）。在 10~45℃，温度每升高 10℃，微生物的活性提高 1 倍（李继洲和胡磊，2005）。

3）地下水的 pH

微生物所处环境的 pH 应保持在 6.5~8.5。如果地下水的 pH 在这个范围之外，要加强生物的降解作用，应调整 pH。但是，调整 pH 效果通常不明显，且调整 pH 的过程可能给细菌的活力带来害处。

2. 微生物

生物修复的前提是必须有微生物。目前可以作为生物修复菌种的微生物分为三大类型：土著微生物、外来微生物和基因工程菌。对于生物修复的研究就是寻找污染物的高效生物降解菌，并对这些降解菌降解污染物所需的碳源、能源、电子受体等降解条件进行优化。

关于土著微生物，多数地下的微生物可以降解天然或人工合成的有机物。Litchfiel 和 Clark（1973）分析了美国 12 个被烃污染的地下水样，发现所有样品中可将烃作为碳源和能源的细菌含量大于 1.0×10^6 个/mL。Ridgeway 等（1990）在一个被无铅汽油污染的浅层海岸带含水层中发现了 309 种可降解汽油的细菌。这种微生物的共同特点是：①降解污染物的潜力较大，在环境中活性较高；②微生物的种类具有多样性，可以降解多种污染物；③适应当地的环境，繁殖能力较强。然而，土著微生物代谢活性有限，或由于污染物的存在造成土著微生物数量的下降，因此有些时候还需要添加接种一些经过专门筛选、驯化的微生物。目前，在大多数生物修复工程中，应用的都是土著微生物（霍炜洁等，2008）。

3. 碳源和能源

在代谢过程中，有些有机物既可作为微生物的碳源，又可作为能源。微生物分解这些有机化合物，同时获得生长、繁殖所需的碳及能量。也有一些有机污染物不能作为微生物的唯一碳源和能源，当存在另外一些能被微生物利用的化合物时，这些化合物才能同时被降解，但微生物不能从这类化合物的降解中获得碳源和能源，这种代谢方式称为共代谢。

共代谢作用是由美国得克萨斯大学的 Leadbetter 等发现的，最初定义为：当培养基中存在一种或多种用于微生物生长的烃类时，微生物对作为辅助物质的、非用于生长的烃类的氧化作用。把用于生长的物质称为一级基质，非用于生长的物质称为二级基质。随后共代谢（cometabolism）的定义得到了更广泛的描述。共代谢有三种类型：①生物在正常生长代谢过程中对二级基质的共同氧化。这种代谢是指当一级基质存在时，一级基质的代谢能够提供足够的碳源和能源供微生物生长，并诱导产生相应的降解酶来降解二级基质。Mahaffey 等（1988）在实验中观察到微生物不能以苯并蒽作为碳源和能源生长，但该菌在有联苯、水杨酸作为诱导底物生长后可以氧化苯并蒽。在菲和水杨酸存在的前提下，不能作为微生物碳源和能源的芘和蒽被这种菌代谢。萘、菲的降解均受水杨酸控制，这可以表明两者代谢作用源于同一酶系。有研究表明，在受三氯乙烯（TCE）污染的地下水生物修复系统中，以酚、甲苯、甲烷、甲醇作为碳源，同时提供溶解氧，经处理后水中的 TCE 得到相当程度的降解，509 天后全部转化为乙烯（David et al.,

2000)。②微生物间的协同作用。这种代谢是指有些污染物的降解并不导致微生物的生长和能量的产生，它们只是在微生物利用一级基质时被微生物产生的酶降解或转化为不完全氧化产物，这种不完全氧化产物进而被另一种微生物利用并彻底降解。③一级基质不存在时，休眠细胞对二级基质的利用。

共代谢具有以下特点：①二级基质的代谢产物不能用于微生物的生长，有些代谢产物甚至对微生物有毒害作用。②共代谢是需能的，需一级基质代谢提供碳源和能源；代谢二级基质的酶来自于微生物对一级基质的利用，一级基质和二级基质之间存在竞争性抑制。

共代谢研究中，共代谢基质的选择是最重要的，相对毒性较低、价格便宜、较容易获得、能用来维持多环芳烃降解菌生长、不容易被其他非多环芳烃降解菌消耗的物质可以用作多环芳烃的共代谢底物，和目标底物相似或是其代谢的中间产物，能够明显提高降解率的物质可以作为多环芳烃的共代谢底物。

在有关地下水中甲基叔丁基醚的共代谢研究中，张瑞玲等（2007）分别以容易被利用的葡萄糖、乙醇和丙三醇为研究对象，探讨了添加共代谢基质对其降解的影响，其中丙三醇能够很好地促进降解效果、缩短降解周期。在此基础上对共代谢基质丙三醇的浓度进行了优化，结果表明，当丙三醇与甲基叔丁基醚的浓度比为 1∶1 时，6 天内降解效果达到 80.2%，降解能力提高了 1.8 倍。

4. 营养物质

一般来说，地下水是寡营养的，为了达到完全降解，适当添加营养物常比接种特殊的微生物更为重要。最常见的无机营养物质是 N、P、S 及一些金属元素等。这些营养元素的主要作用有以下几点：①组成菌体成分；②作为某些微生物代谢的能源；③作为酶的组成成分或维持酶的活性。在地下水环境中，这些物质一般可以通过矿物的溶解获得。但如果有机污染物质浓度过高，在完全降解之前这些元素可能就已耗尽，因而人为地添加一些营养物质对于彻底降解污染物并达到更快的净化速率有时是必要的。添加营养物质以增加生物降解的方法通常称为生物刺激。为了避免产生二次污染，加入前应先通过实验确定营养物质的形式、最佳浓度和比例。一般认为 C∶N∶P 的比例为 100∶10∶1 时最适合烃类微生物的降解（Atlas，1991）。目前已经使用的营养物质类型很多，如铵盐、正磷酸盐或聚磷酸盐、酿造酵母废液和尿素等。

5. 电子受体

Dupont 等（1993）提出限制生物修复的最关键因素是缺乏合适的电子受体。电子受体的种类和浓度不仅影响污染物的降解速率，也决定着一些污染物的最终降解产物形式（胥思勤和王焰新，2001）。通常分为三大类：溶解氧、有机物分解的中间产物和无机酸根（如硝酸根、硫酸根、碳酸根等）。最普遍使用电子受体的是氧，因为氧能提供给微生物的能量最高，几乎是硝酸盐的两倍，比硫酸盐、二氧化碳和有机碳所释放的能量多一个数量级，而且土壤环境中利用氧的微生物非常普遍。因此有必要保持足够的氧气供微生物利用。

7.4　可渗透反应格栅技术

7.4.1　概述

根据美国国家环境保护局的定义（Beitinger，1998），可渗透反应格栅（permeable reactive barrier，PRB）是一个被动的填充有活性反应介质的原位处理区，当地下水中的污染组分流经该活性介质时能够被降解或固定，从而达到去除污染物的目的。通常情况下，PRB 置于地下水污染羽状体的下游，一般与地下水流方向垂直。污染地下水在天然水力梯度下进入预先设计好的反应介质，水中溶解的有机物、金属离子、放射性物质及其他污染物质被活性反应介质降解、吸附、沉淀等。PRB 处理区可填充用于降解挥发性有机物的还原剂、固定金属的络（螯）合剂、微生物生长繁殖的营养物或用以强化处理效果的其他反应介质。可渗透反应格栅和可渗透反应墙（permeable reactive wall）统称为 PRB 技术，此外，与 PRB 技术同义语的还有可渗透反应带（permeable reactive zone）技术。

PRB 技术的研究发展，其思想可追溯到美国国家环境保护局 1982 年发行的环境处理手册，但直到 1989 年，经加拿大滑铁卢（Waterloo）大学对该技术进一步开发研究，并在实验基础上建立了完整的 PRB 系统后才引起人们的重视。之后，短短十几年内，该技术就在西方发达国家得到了广泛应用，目前在全世界已有上百个应用实例。国内在此方面的研究则刚刚开始。

与其他原位修复技术相比，PRB 技术的优点在于：①就地修复，工程设施较简单，不需要任何外加动力装置和地面处理设施；②能够达到对多数污染物的去除作用，且活性反应介质消耗很慢，可长期有效地发挥修复效能；③经济成本低，PRB 技术除初期安装和长期监测以便观察修复效果外，几乎不需要其他费用；④可以根据含水层的类型、含水层的水力参数、污染物种类、污染物浓度高低等选择合适的反应装置。其主要的缺点在于：①设施全部安装在地下，更换修复方案很麻烦；②反应材料需要定期清理、检查和更换；③更换过程可能会产生二次污染。

PRB 技术的适用范围较广，可用于金属、非金属、卤化挥发性有机物、BTEX、杀虫剂、除草剂以及多环芳烃等多种污染物的治理。

7.4.2　PRB 的安装形式

按照 PRB 的安装形式，可分为垂直式和水平式两种。

垂直式 PRB 系统是指在被修复地下水走向的下游区域内，垂直于水流方向安装该系统，从而截断整个污染羽状流。当污染地下水通过该系统时，污染组分与活性介质发生吸附、沉淀、降解等作用，达到治理污染地下水的目的。

在一些情况下，地下水污染羽位于含水层的上部，如污染源为非饱和带的轻质非水相液体（LNAPLs）或挥发性液体，那么 PRB 系统只需截断羽状体即可。在某些特殊情况下，重质非水相液体（DNAPLs）穿过含水层后进入黏土层。由于黏土层中发育有很多裂隙，使得 DNAPLs 穿过黏土层继续向下迁移，此时若采取垂直式 PRB 系统显然无法截断污染羽状流，治理功能失效。为此可以在羽状流前端的裂隙黏土层中，采用水压致裂法修建一水平式 PRB 系统，就可达到与前者同样的治理效果（束治善和袁勇, 2002）。

7.4.3　PRB 的结构类型

通常情况下, PRB 分为两种结构类型: 连续反应墙式（continuous reactive wall）和漏斗-导水式（funnel-and-gate）。具体采用何种结构修复污染的地下水，取决于施工现场的水文地质条件和污染羽状流的规模。

1. 连续反应墙式

连续反应墙是指在被修复的地下水走向的下游区域，采用挖填技术建造一人工沟渠，沟渠内填充可与污染组分发生作用的活性材料，如图 7.1 所示。垂直于羽状流迁移途径的连续反应墙将切断整个污染羽状流的宽度和深度。需要指出的是，连续反应墙式 PRB 只适合潜水埋藏浅且污染羽状流规模较小的情况。

2. 漏斗-导水式

当污染羽状流很宽或延伸很深时，采用连续反应墙处理则会造成大的资金消耗乃至技术不可行，为此可使用漏斗-导水式结构加以解决（Guerin et al., 2002）。漏斗-导水式系统如图 7.2 所示，由不透水的隔水墙（如封闭的片桩或泥浆格栅）、处理单元（活性材料）和导水门（如砾石）组成。此外，该结构还可以把分布不规则的污染物引入 PRB 系统处理区,实现浓度均质化的作用。在漏斗-导水式 PRB 设计时，应充分考虑污染羽状体的规模、流向，以便确定隔水墙与导水门的倾角，防止污染羽状体从旁边迂回流出。加拿大 Waterloo 大学已于 1992 年在世界许多国家申请了该结构的 PRB 系统专利。

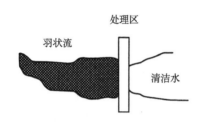

图 7.1　连续反应墙式 PRB（隋红等，2013）

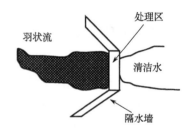

图 7.2　漏斗-导水式 PRB（隋红等，2013）

根据要修复地下水的实际情况，漏斗-导水式系统可以分为单处理单元系统和多处理单元系统。多处理单元系统又有串联和并联之分。如被修复的污染羽状流很宽时，可采用并联的多处理单元系统；而对于污染组分复杂多样的情况，则可采用串联的多处理单元系统，针对不同的污染组分，串联系统中每个处理单元可填充不同的活性材料。

上述两种结构只适合于潜水埋藏浅的污染地下水的修复治理，而对于地下水埋深较深的情况，则可采用灌注处理带式的 PRB 技术（Wickramanayake et al.，2000）。该技术是把活性材料通过注入井注入含水层，利用活性材料在含水层中的迁移并包裹在含水层固体颗粒表面形成处理带，从而使得污染地下水流过处理带时产生反应，达到净化地下水的目的。

7.4.4　PRB 的修复机理

按照 PRB 的修复机理，可分为生物和非生物两种，主要包括吸附、化学沉淀、氧化还原和生物降解等。根据地下水污染组分的不同，选择不同的修复机理并使用装填不同活性材料的 PRB 技术。

1. 吸附反应 PRB

格栅内填充的介质为吸附剂，主要包括活性炭颗粒、草炭土、沸石、膨润土、粉煤灰、铁的氢氧化物、铝硅酸盐等（Czurda and Haus，2002；董军等，2003）。其中应用较多的沸石既可吸附金属阳离子，也可通过改性吸附一些带负电的阴离子，如硫酸根、铬酸根等。这类介质反应机理主要为利用介质材料的吸附性，通过吸附和离子交换作用达到去除污染物的目的。这种吸附性介质材料对氨氮和重金属有很好的去除作用。

因为吸附剂受其自身吸附容量的限制，一旦达到饱和吸附量就会造成 PRB 的修复功能失去作用。另外，由于吸附了污染组分的吸附剂会降低格栅的导水率，因此格栅内的活性反应材料需要及时清除和更换，而被更换下来的反应介质如何进行处理也是一个需要解决的问题，如果处理不当，有可能对环境造成二次污染。

因而实际运用时在吸附性介质中加入铁，通过铁的还原作用将复杂的大分子有机物转化为易生物降解的简单有机物，从而满足吸附条件。

ORC-GAC-Fe^0 修复技术就是将 ORC（释氧化合物，如 MgO、CaO 等与水反应能生成氧气的化合物）、GAC（活性炭颗粒）和 Fe^0-PRB 联合起来使用。该技术的优势在于能使温度、压力和二氧化碳的浓度保持一定的稳定性，不易形成沉淀，可防止"生物堵塞"（Lin et al., 2004）。ORC-GAC-Fe^0 修复技术是比较新的技术，还不是很成熟，但有不错的研究前景。

2. 化学沉淀反应 PRB

格栅内填充的介质为沉淀剂。此类格栅主要以沉淀形式去除地下水中的微量重金属和 NH_4^+。使用的沉淀剂有羟基磷酸盐、石灰石（$CaCO_3$）等（Komnitsas et al., 2004）。反应机理如下：

$$3Ca^{2+} + 3HCO_3^- + PO_4^{3-} \longrightarrow Ca_3(HCO_3)_3PO_4$$
$$2Ca^{2+} + HPO_4^{2-} + 2OH^- \longrightarrow Ca_2HPO_4(OH)_2$$
$$5Ca^{2+} + 3PO_4^{3-} + OH^- \longrightarrow Ca_5(PO_4)_3OH$$
$$Ca^{2+} + HPO_4^{2-} + 2H_2O \longrightarrow CaHPO_4 \cdot 2H_2O$$
$$Mg^{2+} + NH_4^+ + HPO_4^{2-} + 6H_2O \longrightarrow MgNH_4PO_4 \cdot 6H_2O + H^+$$

该系统要求所要去除的金属离子的磷酸盐或碳酸盐的溶度积必须小于沉淀剂在水中的溶度积。采用化学沉淀 PRB 修复污染的地下水时，沉淀物会随着反应时间的进行而在系统中不断积累，造成格栅导水率的降低及活性介质失活。其次，更换下来的反应介质有必要作为有害物质加以处理或采用其他方式予以封存，以防止造成二次污染。

3. 氧化还原反应 PRB

格栅内填充的介质为还原剂，如零价铁、二价铁（Fe^{2+}）和双金属等（Muftikian et al., 1995; Mcrae et al., 1997）。它们可以使一些无机污染物还原为低价态并产生沉淀；也可与含氯烃（如三氯乙烯、四氯乙烯）产生反应，其本身被氧化，同时使含氯烃产生还原性脱氯，如脱氯完全，最终产物为乙烷和乙烯。目前研究最多的还原剂是零价铁。零价铁是一种最廉价的还原剂，可取材于工厂生产过程的废弃物（铁屑、铁粉等），实验室则常用电解铁颗粒作为活性材料，主要用于去除无机离子和卤代有机物等。

1）去除无机离子

重金属是地下水重要的污染物之一，在过去的十几年里受到了广泛重视。零价铁与无机离子发生氧化还原反应，可将重金属以不溶性化合物或单质形式从水中去除。当前实验报道的可以被零价铁去除的重金属污染物有铬、镍、铅、铀、碲、锰、硒、铜、钴、镉、砷、锌等。例如，Mcrae 等（1997）发现砷（As）和硒（Se）在零价铁存在下可被迅速去除，2h 内 As 的浓度从 1000μg/L 降至 3μg/L以下，Se 的浓度则从 1500μg/L 降至更低水平。

零价铁与一些无机离子之间的化学反应如下：

$$Fe(s)+ UO_2^{2+} (aq) \longrightarrow Fe^{2+}+UO_2(s)$$

$$Fe(s)+ CrO_4^{2-} (aq)+8H^+ \longrightarrow Fe^{3+}+Cr^{3+}+4H_2O$$

$$(1-x)Fe^{3+}+xCr^{3+}+2H_2O \longrightarrow Fe_{(1-x)}Cr_xOOH(s)+3H^+$$

$$3Fe(s)+ HSeO_4^{2-} (aq)+7H^+ \longrightarrow 3Fe^{2+}+Se(s)+4H_2O$$

零价铁对一些无机阴离子，如硝酸根、硫酸根、磷酸根、溴酸根和氯酸根也有一定的还原作用，其去除速率为 $BrO_3^- > ClO_3^- > NO_3^-$。董军等（2003）利用 PRB技术，以零价铁、活性炭和沸石为活性介质，对被垃圾渗滤液污染的地下水进行了研究。实验结果表明，氨氮去除率可达 78%～91%，总氮从 50mg/L 降到 10mg/L以下。在零价铁强还原作用下，NO_3^- 的可能转化形式如下：

$$2 NO_3^- +5Fe+6H_2O \longrightarrow 5Fe^{2+}+N_2+12OH^-$$

$$NO_3^- +4Fe+7H_2O \longrightarrow 4Fe^{2+}+NH_4^++10OH^-$$

$$NO_3^- +Fe+H_2O \longrightarrow Fe^{2+}+ NO_2^- +2OH^-$$

2）去除卤代有机物

自 20 世纪 90 年代初零价铁被用于 PRB 技术后，国外兴起了一股"铁"研究热。当前利用 PRB 技术去除地下水中的有机污染物多集中在对卤代烃、卤代芳烃的脱卤降解作用上（United States Environmental Protection Agency, 2001）。在降解过程中，零价铁失去电子发生氧化反应，而有机污染物为电子受体，还原后变为无毒物质。其主要反应如下所述。

当地下水中溶解氧含量较高时：

$$2Fe+O_2+2H_2O \longrightarrow 2Fe^{2+}+4OH^-$$

$$4Fe^{2+}+4H^++O_2 \longrightarrow 4Fe^{3+}+2H_2O$$

当地下水中缺氧时：

$$Fe+2H_2O \longrightarrow 2OH^-+Fe^{2+}+H_2$$

通过电子转移，卤素原子被氢原子或氢氧根取代而发生脱卤或氢解反应：

$$Fe+H_2O+RCl \longrightarrow RH+Fe^{2+}+OH^-+Cl^-$$

$$Fe+2H_2O+2RCl \longrightarrow 2ROH+Fe^{2+}+H_2+2Cl^-$$

上述几个反应都产生 OH^-，从而引起水体 pH 升高，其结果是无论是在缺氧还是富氧条件下，零价铁作为活性介质都有不可避免的缺点。例如，形成的

$Fe(OH)_2$、$Fe(OH)_3$ 或 $FeCO_3$ 由于沉淀和吸附作用，会在零价铁的表面形成一层保护膜，从而阻止有机污染物的进一步降解，降低铁的活性和反应处理单元的导水性能。

对于多组分共存的污染地下水，利用零价铁作为反应介质可以起到很好的修复效果。例如，1996 年在美国北卡罗来纳州伊丽莎白城受到铬和三氯乙烯（TCE）严重污染的某地，修建安装了长 46m、深 7.3m、宽 0.6m 的连续 PRB 系统，其中格栅内填充 450t 铁屑。通过近 6 年的监测发现该系统运行状况良好，格栅上下游的地下水中,铬和 TCE 的浓度由 10mg/L、6mg/L 分别降为 0.01mg/L 和 0.005mg/L，且该系统预计还可有效运行几十年。

双金属系统是在零价铁基础上发展起来的，目前此研究主要停留在实验室研究阶段。双金属是指在零价铁颗粒表面镀上第二种金属，如镍、钯，称为 Ni/Fe、Pd/Fe 双金属系统（Liang et al., 1997）。研究发现，双金属系统可以使某些有机物的脱氯速率提高近 10 倍，且可以降解多氯联苯等非常难降解的有机物。然而，由于镍、钯金属的高成本、对环境潜在的新污染以及由于镍、钯金属的钝化而导致整个系统反应性能降低等问题，使得双金属系统很难用于污染现场修复。

4. 生物降解反应 PRB

在自然条件下，由于受到电子给体、电子受体和氮磷等营养物质的限制，土著微生物处于微活或失活状态，因而对地下水中的污染组分没有明显的降解作用。生物降解 PRB 的基本机理就是消除上述这些限制，利用有机物作为电子给体，并为微生物提供必要的电子受体和营养物质，从而促进地下水中有机污染物的好氧或厌氧生物降解。

生物降解反应 PRB 中作为电子受体的活性材料一般有两种：①释氧化合物（ORC）或含 ORC 的混凝土颗粒，如 MgO_2、CaO_2 等。此类过氧化合物与水反应释放出氧气，为微生物提供氧源，使有机污染物产生好氧生物降解。②含 NO_3^- 的混凝土颗粒。该活性材料向地下水中提供 NO_3^- 作为电子受体，使有机污染物产生厌氧生物降解。

1）好氧生物降解

石油烃类是地下水中常见的污染物,利用好氧生物降解 PRB 技术可以有效地降解 BTEX、氯代烃、有机氯农药等有机污染物。Rasmussen 等（2002）用体积分数为 20%的泥炭和 80%的砂作为渗透格栅的反应材料，对受到杂酚油污染的地下水进行了研究。实验模拟地下水流速为 600mL/d，在 2 个月的时间内多环芳烃（PAH）的降解率达到 94%～100%，而含 N/S/O 的杂环芳烃的降解率也达到了 93%～98%。此外，水中溶解氧含量由最初的 8.8～10.3mg/L 降至 2.3～5.7mg/L 表明，对于好氧生物降解，提供足够的电子受体是发生生物降解的必要前提。

Kao 等（2003）通过柱实验，建立了生物格栅系统来修复受到四氯乙烯（PCE）污染的地下水，PCE 在该系统中的去除过程由厌氧和好氧降解两个阶段组成。研究发现，PCE 在厌氧降解阶段发生脱氯反应，产物为三氯乙烯（TCE）、二氯乙烯异构体（DCE）和氯乙烯（VC）等；在好氧降解阶段，脱氯产物进一步完全降解，最终产物为乙烯。PCE 在此生物格栅系统中的去除率高达 98.9%。

2）厌氧生物降解

对于受到氮素污染的地下水，可以直接利用 NO_3^- 作为电子受体进行污染物的生物降解，而不需外加其他电子受体。张胜等（2005）以河北正定某处受到 NO_3^--N 污染的地下水为研究对象，加入培养分离后的硝酸盐还原细菌，在厌氧条件下生物降解硝酸氮。研究结果发现，加入不同试剂作为微生物生长所需的碳源，NO_3^- 的去除率有很大差别：以乙酸钠为营养碳源的脱氮效果较好，地下水中 NO_3^- 的浓度由初始的 96.53mg/L 降至 1.94mg/L，去除率可达 98%，且有效降解时间很长；而以食品白糖为营养碳源的厌氧降解，最大去除率仅为 18.8%。

7.4.5　PRB 修复效果影响因素

由于 PRB 去除污染物的过程涉及物理化学反应、生物降解、多孔介质流体动力学等多学科领域，因此在设计 PRB 时需要考虑的因素很多。研究这些复杂的影响因素对于 PRB 的现场安装、稳定运行等具有重要意义。总结已有文献和应用实例，PRB 的主要影响因素可归纳为下述几个方面。

1. 现场水文地质特征

现场水文地质特征主要包括含水层地质结构和类型、地下水温度、pH、营养物质的类型及地下水微生物的种群数量等。

1）含水层地质结构和类型

天然含水层一般都含有大小不同的颗粒，具有非均匀性，而且在水平和垂直方向都存在不同的粒径分布和渗透性。含水层的这种各向异性可能会造成 PRB 各部分的承受能力不同，影响其最终修复效果。含水层的类型关系到 PRB 结构形式的选取：如果是比较深的承压层，采用灌注处理带式 PRB 最为合适；如果是浅层潜水，则 PRB 的形式可灵活多样。

2）地下水温度

微生物生长率是温度的函数，已经证实在低于 10℃时，地下水微生物的活力极大降低，在低于 5℃时，活性几乎停止。大多数对石油烃降解起重要作用的菌种在温度超过 45℃时，其降解也减少。在 10～45℃，温度每升高 10℃，微生物的活性提高 1 倍，对于利用生物降解的 PRB，微生物所处的地下环境可能有着相对恒定的水温，即只有轻微季节变化。

3）地下水的 pH

适合微生物生长的最佳 pH 是 6.5～8.5，如果地下水的 pH 在这个范围之外，如使用金属过氧化物作为供氧源的 PRB，则应调整 pH。同时在这个过程中，由于地下水系统的自然缓冲能力，pH 调整也许会有意料不到的结果，因此对地下水的 pH 要不断地进行调整和监测。

2. 地下水中营养物质的类型

微生物需要无机营养液（如氮、磷）以维持细胞生长和生物降解过程。在地下含水层，经常需要加入营养液以维持充分的细菌群。然而过多数量的特定营养液（如磷和硫）可能抑制新陈代谢。C、N、P 的比例在 100∶10∶1 到 100∶1∶0.5 的范围之内，对于增强生物降解是非常有效的，这主要是由生物降解过程中的组分和微生物所决定的。

3. 微生物的种群

土壤中的微生物种类繁多、数量巨大，很多受污染地点本身就存在具有降解能力的微生物种群。另外，在长时间与污染物接触后，土著微生物能够适应环境的改变而进行选择性的富集和遗传改变产生降解作用。土著微生物对当地环境适应性好，具有较大的降解潜力，目前已在多数原位生物修复地下水工程中得到应用。但是土著微生物存在着生长速度慢、代谢活性低的弱点，在一些特定场所可以通过接种优势外来菌加以解决。

4. 活性反应介质

活性反应介质的选择是关系 PRB 修复成败的关键因素。一般认为，活性反应介质应具有以下特征：①活性反应介质与地下水中的污染组分之间有一定的物理、化学或生化作用，从而保证污染物流经原位处理区时能够被有效去除。要确定 PRB 系统的处理能力，必须进行实验室的相关研究。实验的目的就是了解反应过程产物、污染物的半衰期和反应速率、反应动力学方程、污染物在介质与水体间的分配系数以及影响反应的地球化学因素，如地下水中的溶解氧、pH、温度等。②活性反应介质的水力特征，即渗透性能。为使活性材料能与现场的水文地质条件相匹配，介质要选取合适的粒径，使处理区的导水率至少是周围含水层的 5 倍（Eykholt et al.，1999）。对于零价铁来讲，一般选用 0.25～2.0mm 的铁屑填充于处理区，其渗透性能不仅可以通过掺混粗砂来提高，也可在处理区的上下游位置增加砾石层得到改善。③活性反应介质在地下水环境中的活性及稳定性。PRB 是一个相对持久的地下水污染处理系统，一经实施，其位置和结构很难改变，因此介质活性的长效性、稳定性（如变形小）和抗腐蚀性等是非常重要的考虑因素。

目前，PRB 介质材料主要有零价铁、铁的氧化物和氢氧化物、双金属、活性炭、沸石、黏土矿物、离子交换树脂、硅酸盐、磷酸盐、高锰酸钾晶粒、石灰石、轮胎碎片、泥煤、稻草、锯末、树叶、黑麦籽、堆肥以及泥炭和砂的混合物等。最常用是零价铁，由于它能有效还原和降解多种重金属和有机污染物，且容易获取，已经得到了广泛重视和实际应用。由于具有资源丰富、价格低廉、污染少等优点，沸石、石灰石、磷灰石等矿物材料作为介质材料也在被广泛研究。稻草、锯末、树叶、黑麦籽、堆肥等是农业残、废料或低廉农产品，由于它们的使用达到了废品再生利用的目的，也在工程上得到了应用。

除上述影响因素外，对现场地下水中污染物种类和浓度、污染羽状体规模及范围的调查也是 PRB 设计的基础。污染物种类和浓度决定了活性反应介质的选择和系统停留时间的长短。另外，考虑到地面建筑影响，对于较宽的污染羽状体可采用分段的连续墙式 PRB 或并联的漏斗-导水式 PRB 系统。

7.5　原位化学氧化技术

原位化学氧化修复（*in situ* chemical oxidation, ISCO）是指在污染场地现场加入化学修复剂与地下水中的污染物发生各种化学反应，从而使污染物得以降解或通过化学转化机制去除污染物的毒性，使其活性或生物有效性下降的方法。

该技术能够有效地去除挥发性有机物，如 DCE、TCE、PCE 等氯化溶剂，以及苯、甲苯、二甲苯、乙苯等苯系物；对于一些半挥发性的有机化学物质如农药、PAH、PCB 等也有一定的效果。对含有非饱和碳键的化合物，如石蜡、氯代芳香族化合物等处理十分高效，并且有助于生物修复作用。与其他技术相比较，ISCO 具有周期短、见效快、成本低和处理效果好等优点，因此正发展成为地下水污染原位修复的新技术。下面介绍几种主要的 ISCO 技术。

7.5.1　Fenton 高级氧化技术

1. 传统 Fenton 试剂

Fenton 试剂是一种通过 Fe^{2+} 和 H_2O_2 之间的链式反应，催化生成烃基自由基（HO•）的试剂（Fenton, 1894），其氧化还原电位为 28V，是一种强氧化剂。该技术于 1894 年由法国科学家 Fenton 发现，在酸性条件下，Fe^{2+}/H_2O_2 可以有效氧化酒石酸钠：

$$2H^+ + C_4H_6O_6 + 2Fe^{2+} + 6H_2O_2 \longrightarrow 4CO_2 + 10H_2O + 2Fe^{3+}$$

后人将 Fe^{2+}/H_2O_2 命名为传统 Fenton 试剂，Fenton 试剂介导的反应称为 Fenton 反应。

H_2O_2 在催化剂 Fe^{3+}/Fe^{2+} 存在下，能高效率地分解生成具有强氧化能力和高负电性或亲电性（电子亲和能为 569.3kJ）的烃基自由基 HO·（电极电位为 +2.73V，仅次于氟）；HO· 可通过脱氢反应、不饱和烃加成反应、芳香环加成反应及与杂原子氮、磷、硫的反应等方式，与烷烃、烯烃和芳香烃等有机物进行氧化反应，从而可以氧化降解地下水中的有机污染物，使其最终矿化为 CO_2、H_2O 及无机盐类等小分子物质。

Fenton 试剂降解的基本反应方程式：

$$Fe^{2+}+H_2O_2 \longrightarrow Fe^{3+}+OH^-+HO\cdot$$

$$HO\cdot+\text{目标污染物} \longrightarrow \text{反应副产物}$$

$$2H_2O_2 \longrightarrow 2H_2O+O_2$$

传统 Fenton 试剂是通过 Fe^{2+} 催化分解 H_2O_2 产生的 HO· 进攻有机物分子夺取氢，将大分子有机物降解为小分子有机物或矿化为 CO_2 和 H_2O 等无机物。而自 Fenton 试剂和 Fenton 反应发现以来，有关 Fenton 反应的研究主要用于有机合成、酶促反应以及细胞损伤机理和应用。在证实了 Fenton 氧化法可作为一种高级氧化技术应用于环境污染物处理领域后，尤其是在土壤/地下水有机污染领域，引起了国内外科学家的极大关注。

传统 Fenton 试剂在降解土壤/地下水有机污染物过程中取得了一定的效果，但由于反应控制在 pH=3 的条件下，使得 Fe^{2+} 不易控制，极易被氧化为 Fe^{3+}，且由于传统 Fenton 试剂的反应条件为酸性，易破坏生态系统，不能应用与工程实验，因此为了进一步提高对有机物的去除效果，研究者对其进行了改进研究，下面予以介绍。

2. 改性 Fenton 试剂

在传统 Fenton 试剂（Fe^{2+}/H_2O_2）的基础上，通过改变和偶合反应条件，改善反应机制，可以得到一系列机理相似的类 Fenton 试剂。有研究表明，利用铁（III）盐溶液、可溶性铁以及铁的氧化矿物（如赤铁矿、针铁矿等），同样可以使 H_2O_2 催化分解产生 HO·，达到降解有机物的目的。将这些除了 Fe^{2+} 以外能够催化 H_2O_2 产生 HO· 的催化剂与 H_2O_2 组成的试剂称为类 Fenton 试剂。

Fenton 试剂修复土壤虽然能取得较好的效果，但是普通的 Fenton（Fe^{2+}/H_2O_2）或类 Fenton（M^{n+}/H_2O_2，$M=Fe^{3+}$、Cu^{2+} 等）反应 H_2O_2 利用效率低，有机物不能完全矿化。该方法易受土壤中其他物质的影响，而且当土壤中含有碳酸根、碳酸氢根及有机质时会发生竞争反应，影响修复效果。传统的 Fenton 反应必须控制在

pH=3 左右，这会破坏土壤的生态系统，强化土壤中重金属的溶解而形成复合型污染，同时使地下水酸化，不利于土壤/地下水中微生物的生长及其对污染物的降解，使 Fenton 试剂在土壤/地下水修复中的应用受到限制。

类 Fenton 体系中铁离子的存在使得溶液带有颜色，随着反应结束 pH 升高，又会形成大量难处理和再生的含铁污泥。近年来，人们开始关注在中性条件下，以铁螯合剂作催化剂、H_2O_2 为氧化剂构成 Fenton 试剂，氧化有机污染物。Sun 和 Pignatello 等在水处理研究中提出了用 Fe^{3+} 的络合物代替 Fe^{2+} 的 Fenton 反应；Nam 和 Pignatello 等将该反应应用于土壤修复，在土壤 pH 接近中性的条件下与 H_2O_2 发生反应而产生 HO·，已达到氧化土壤中的农药和多环芳烃（PAH）等污染物（Pignatello et al., 2006）。

改性 Fenton 反应技术目前正处于不断改进和完善中，已经在难降解有机物的处理中表现出显著的优越性，成为 Fenton 反应的一个重要发展方向，也必将在地下水有机污染处理中发挥积极作用。

7.5.2　臭氧处理技术

臭氧（O_3）是一种高活性的气体，略溶于水，在水中的溶解度与气体分压、温度及 pH 等相关。其标准还原电位为 2.07V，氧化能力在天然元素中仅次于氟。

与 Cl_2 一样，O_3 也是以气体的形式通过注射井进入污染区。O_3 的氧化途径包括臭氧直接氧化和自由基氧化。在直接氧化过程中臭氧分子直接加成在反应分子上，形成过渡型中间产物，然后再转化成反应产物，O_3 与烯烃类物质的反应就属于此类型。在自由基反应过程中，O_3 首先被分解成 HO·，然后再发生自由基氧化。原位臭氧修复具有以下优点：第一，O_3 是一种强氧化剂，不仅可用于处理大分子及多环类污染物，也可用于处理柴油、汽油、含氯溶剂及许多其他的污染物；第二，O_3 在水中的溶解度是氧气的 12 倍，在土壤修复中它可快速进入土壤水分中；第三，O_3 自身分解产生的氧气可为土壤中的微生物所利用；第四，臭氧化反应迅速，效率高，可减少修复时间，降低成本。在实地操作中，当污染物位于非饱和带时，注射井和抽提井位于潜水面以上；当污染物位于饱水区时，注射井和抽提井则深入潜水面以下，具体如图 7.3 所示。

Masten 等（1997）在实验室中用质量流量为 250mg/L 的 O_3 处理受菲污染的土壤，2.3h 后菲去除了 95%，而用质量流量为 600mg/L 的 O_3 处理受芘污染的土壤，4h 后芘减少了 91%。Nelson 和 Brown（1994）在实验室和现场研究了原位臭氧修复土壤/地下水中的污染物。在实验室中不同的通气时间使土壤中的 PAHs、有机氯农药或多氯联苯、总石油烃（TPH）、TCE 及二氯乙烯（DCE）降解了 35%～90%，现场土壤修复实验的降解率为 50%～90%。而修复地下水时，实验室中 O_3

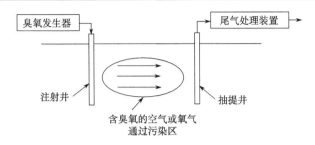

图 7.3　原位臭氧修复示意图（隋红等，2013）

的通气时间达到 40h 后，TCE 和柴油的降解率分别为 82% 和 98%，实际地下水经过 6 个月的修复后，TCE 最高可降解 90%。Nimmer 等（2000）用 O_3 对三处被石油污染的地下水进行现场修复，经 1～4 个月处理后地下水中甲苯、苯、萘、二甲苯及乙苯的降解率分别达到了 74.5%～91.1%、87.8%～99.6%、80%～100%、32.2%～96.2% 和 73.6%～97.3%。

　　除了单独使用外，O_3 修复还可与生物修复联合使用。Nam 和 Kukor（2000）用浓度为 6mg/L 的 O_3 处理含苯并芘的土样 24h 后，再接生物法处理，苯并芘的降解率为 3%，而直接用生物处理降解率不到 1%；若将 O_3 浓度和通气时间都增加一倍，则降解率可达 16%。这说明苯并芘经氧化后的产物更易溶于水，也更易于生物降解。但 Stehr 等（2000）发现，菲经 O_3 氧化后毒性增加，且不能改善后续生物修复的效果，他们认为只有将菲分解为单环芳烃后，生物修复才能与 O_3 修复相结合。

7.5.3　高锰酸钾氧化技术

　　高锰酸钾（$KMnO_4$）是一种固体氧化剂，其标准还原电位为 1.491V。由于具有较大的水溶性，高锰酸钾可通过水溶液的形式导入土壤的受污染区。作为固体，它的运输和存储也较为方便。高锰酸钾适用的范围较广，它不仅对三氯乙烯、四氯乙烯等含氯溶剂有很好的氧化效果，且对烯烃、酚类、硫化物和 MTBE（甲基叔丁基醚）等其他污染物也很有效。

　　高锰酸钾与氯乙烯的反应可用以下方程式表示：

$$a\text{C}_2\text{Cl}_n\text{H}_{4-n} + b\text{MnO}_4^- \longrightarrow c\text{R} + d\text{MnO}_2 + e\text{Cl}^-$$

$$c\text{R} \xrightarrow{\ \text{MnO}_2\ } f\,\text{CO}_2$$

式中，$\text{C}_2\text{Cl}_n\text{H}_{4-n}$ 表示不同种类的氯乙烯，如二氯乙烯（DCE）、TCE、PCE；R 代表一系列的中间产物，它们有可能进一步氧化成二氧化碳。Huang 等（2002）研究了水溶液中 PCE 与高锰酸钾的反应，发现不同的 pH 虽然会使反应途径发生变化，但 PCE 最终都会被矿化为氯化物和二氧化碳。Yan 和 Schwartz（2000）的实验表明，pH 为 4~8 时，大部分的 TCE 在经高锰酸钾处理 8h 后都被转化为二氧化碳。DCE、TCE、PCE 经高锰酸钾氧化后，可完全脱氯，且降解产物的毒性低于原物质。

　　Gates 等（2001）用高锰酸钾分别氧化土壤中的挥发性和半挥发性污染物，结果表明，当投加量达到 15~20g/kg（土）时，90%或更多的 TCE 和 PCE 混合物得到了降解，而萘、芘、菲三者混合物的降解率达到了 99%。Schnarr 等（1998）用高锰酸钾作氧化剂对受 PCE 及 TCE 污染的土壤进行了原位冲洗实验。当高锰酸钾浓度为 10g/L、流量为 100L/d，处理受 PCE 污染土壤时，120d 可使 PCE 完全去除；而流量改为 50L/d，处理受 TCE 和 PCE 污染土壤时，290d 后 62%的污染物被氧化。对于处理结果的差异，他们认为土壤中重非水相液体（DNAPLs）的分布及氧化对 DNAPLs 溶解的影响是决定氧化效率的重要因素。

　　与 Fenton 试剂不同，高锰酸钾是通过提供氧原子而不是通过生成 HO· 进行氧化反应，因此反应受 pH 的影响较小且具有更高的处理效率，而且当土壤中含有大量碳酸根、碳酸氢根等 HO· 清除剂时，高锰酸钾的氧化作用也不会受到影响。高锰酸钾的还原产物二氧化锰是土壤的成分之一，不会造成二次污染。高锰酸钾对微生物无毒，可与生物修复联用。然而高锰酸钾对柴油、汽油及 BTEX 类污染的处理不是很有效。当土壤中有较多铁离子、锰离子或有机质时，需要加大药剂用量。当氧化剂的需要量较大时，可考虑用高锰酸钠（$NaMnO_4$）来代替。高锰酸钠的氧化能力与高锰酸钾相似，但比高锰酸钾有更高的水溶性，可以配制成浓度更大的水溶液。对于污染物浓度很高的地方，高浓度氧化剂的导入可大大缩短反应时间（Amarante，2000）。

　　邱立萍等联合了超声技术与高锰酸钾对地下水中的硝基苯进行去除的研究。结果表明，$KMnO_4$ 既具有氧化性，又表现出很强的催化作用，可以促进超声空化效应产生更多的 HO·；超声空化效应能使硝基苯热解，在酸性条件下溶液中存在的 H^+ 也可以使硝基苯还原。利用超声空化效应和 $KMnO_4$ 催化氧化的协同作用降解有机物有十分明显的效果（邱立萍和王文科，2012），且无二次污染，所用材料经济易得，实际操作简便。

7.5.4　过硫酸盐高级氧化技术

　　在国外，原位高锰酸盐氧化技术已较成熟。在国内，原位臭氧氧化技术也已开展，但是 $KMnO_4$ 带来的渗透性下降、O_3 存在气相传质问题以及 Fenton 所需的强酸性等限制了这些技术的发展。最近，过硫酸盐被应用于高级氧化技术研究，成为最新发展且最有前景的原位修复技术。

　　过硫酸盐（$M_2S_2O_8$，M=Na、K、NH_4）是一类常见氧化剂，主要有钠盐、钾盐和铵盐，在诸多领域已有广泛应用。早在 20 世纪 40 年代，过硫酸盐开始作为干洗漂白剂得以应用；到 50 年代应用于聚四氟乙烯、聚氯乙烯、聚苯乙烯和氯丁橡胶等有机合成中的单体聚合引发剂；70 年代作为印刷电路板及金属表面处理微蚀剂，用于金属表面的清洁。目前，过硫酸盐已被应用在纺织、食品、照相、蓄电池、油脂、石油开采和化妆品等诸多行业。将过硫酸盐应用于环境污染治理，则是国外最近发展起来的新领域。

过硫酸盐活化的基本原理：过硫酸盐在水中电离产生过硫酸根离子 $S_2O_8^{2-}$，其标准氧化还原电位达+2.01V（vs.NHE），接近于臭氧（+2.07V），大于高锰酸根（+1.68V）和过氧化氢（+1.70V）。其分子中含有过氧基（—O—O—），是一类较强的氧化剂。钢铁分析中锰含量的测定就是利用 $S_2O_8^{2-}$ 在 Ag^+ 催化下将 Mn^{2+} 氧化成 MnO_4^- 的原理。

由于在常温条件下具有较低的反应速率，过硫酸盐对有机物的氧化一般效果不显著。然而，在热、光（紫外线 UV）、过渡金属离子（M^{n+}，$M=Fe^{2+}$、Ag^+、Ce^{2+}、Co^{2+}等）等条件的激发下，过硫酸盐活化分解为硫酸根自由基·SO_4^-。其中，热激发 O—O 键断裂需要的活化能为 33.5 kcal/mol，Fe^{2+}催化需要活化能 12 kcal/mol。

·SO_4^- 中有一个孤对电子，其氧化还原电位+2.6V，远高于 $S_2O_8^{2-}$（+2.01V），接近于羟基自由基·OH（+2.8V），具有较高的氧化能力，理论上可以快速降解大多数有机污染物，将其矿化为 CO_2 和无机酸。其氧化过程可通过从饱和碳原子上夺去氢和向不饱和碳上提供电子等方式实现。研究发现，·SO_4^- 在中性和酸性水溶液中较稳定，但是在 pH＞8.5 时，·SO_4^- 则氧化水或 OH^-生成·OH，从而引发一系列的自由基链反应。因此，利用过硫酸盐本身及其活化产生的·SO_4^-、·OH 活性自由基进行有机污染物的降解，在环境污染治理领域将具有潜在的应用价值。

7.6　表面活性剂增效修复技术

7.6.1　概述

由于一些被吸附在含水介质上的污染物以及被截流在介质里的非水相液体（NAPLs）并不随水流动，而是缓慢地解吸或溶解到水中，且含水层多为非均质，传统的处理系统常出现拖尾（tailing）和回弹（rebound）现象，要达到处理目标耗时长、耗资也大。20 世纪 90 年代后开展起来的表面活性剂增效修复（surfactant enhanced remediation, SEAR）技术有效地解决了这些问题。SEAR 技术利用了表面活性剂溶液对憎水性有机污染物的增溶作用（solubilization）和增流作用（mobilization）来驱除含水层中的非水相液体和吸附于介质颗粒物上的污染物，同时改善难降解有机物的生物可利用性，从而达到降解有机污染物的目的。抽出处理与表面活性剂溶液联合应用，可大幅提高现场修复速率，再经过进一步处理后，可以达到修复受污染环境的目的。

　　表面活性剂是指能显著降低溶剂（一般为水）的表面张力和液—液界面张力并具有一定结构、亲水亲油特性和特殊吸附性质的物质。表面活性剂的特点是具有不对称的分子结构，整个分子可分为两部分：一是亲油的非极性基团（hydrophobic group），二是亲水的极性基团（hydrophilic group）。当表面活性剂的浓度超过其临界胶束浓度（critical micelle concentration，CMC）时，就会形成亲水基团向外、亲油基团向内的胶束，憎水性的有机污染物即被增溶在胶束相中。这种胶团具有特殊的结构，自内核到水相都能提供从非极性到极性环境的完全过渡，具有能使不溶物或微溶于水的憎水性有机物在水中的表观溶解度显著增大的能力（增溶或加溶作用）。含有 PAHs 的土壤-水系统中，表面活性剂和 PAHs 以及微生物之间的相互作用如图 7.4 所示（Edwards et al., 1994）。按亲水基是否带电荷，化学合成的表面活性剂可分为离子型和非离子型。生物表面活性剂（biosurfactants）是由微生物、植物或动物在其生长过程中分泌出的具有表面活性的代谢产物。它与化学合成的表面活性剂一样，也是两亲分子，通常比一般表面活性剂的化学结构更为复杂和庞大，单个分子占据更大的空间，因而临界胶束浓度较低，清除有机污染物效果较好，且生物表面活性剂更易降解，不会产生二次环境污染。而另一种混合表面活性剂非离子混合表面活性剂，由于具有协同增溶作用，与单一表面活性剂相比，其吸附作用和沉淀作用均降低，从而作用于油类等有机物的有效质量浓度也相应提高。

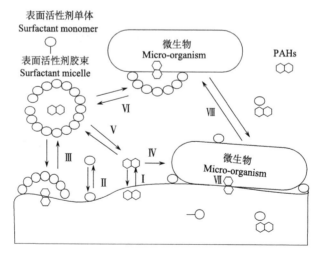

图 7.4　微生物、土壤、PAHs 和表面活性剂的相互作用（Edwards et al., 1994）

Ⅰ PAHs 吸附；Ⅱ 表面活性剂分子在土壤上的吸附；Ⅲ PAHs 的增溶；Ⅳ 微生物对水相中 PAHs 的吸收；Ⅴ PAHs 在水相和胶束相中的分配；Ⅵ 胶束向微生物的吸附；Ⅶ 微生物对固相中 PAHs 的直接吸收；Ⅷ 微生物在土壤上的吸附

表面活性剂增效修复（SEAR）的机理有增溶和增流两种途径，现分述如下：

（1）增溶作用。表面活性剂具有亲水亲油的性能，如图 7.5 所示。表面活性剂易集聚在水和其他物质的界面，使其分子的极性端和非极性端处于平衡状态。当表面活性剂以较低浓度溶于水中，其分子以单体形式存在。烃链不能形成氢键，干扰邻近的水分子结构，产生了围绕在烃链周围的具有高熵值的"结构被破坏"的水分子，从而增加了系统的自由能。如果这些烃链全部或部分地被移除或被有机物吸附，使其不与水接触，则自由能可实现最小化。当表面活性剂以较高浓度存在时，水的表面没有足够的空间使所有的表面活性剂分子集聚，表面活性剂分子集聚成团，形成胶束，使得系统的自由能也降低。胶束呈球形，亲油的非极性端伸向胶束内部，可避免与水接触；亲水的极性端朝外伸向水，内部能容纳非极性分子。而极性的外部能使其轻易地在水中移动，胶束形成的表面活性剂浓度为临界胶束浓度（CMC），当溶液中的表面活性剂浓度超过 CMC 时，能显著提高有机污染物的溶解能力。

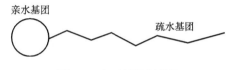

亲水基团　　　　　　　　　　　　　疏水基团

图 7.5　表面活性剂结构

（2）增流作用。造成 NAPLs 在含水介质滞留的原因是孔隙的毛细管作用。毛细管作用的大小与油-水界面张力成正比，当界面张力较大时，则注入井和抽提井之间的水力梯度较大。表面活性剂能降低 NAPLs 和水的界面张力，使孔隙中束缚 NAPLs 的毛细管力降低，从而增加了污染物的流动性。此外，表面活性剂有助于难溶有机化合物从介质颗粒上的解吸，并溶解于表面活性剂胶束溶液中，从而提高与微生物的接触概率，为难溶有机化合物的生物降解提供可能的途径（赵保卫和朱利中，2006）。

然而，当表面活性剂应用于 DNAPLs 污染地区的修复时，表面活性剂在 DNAPLs 和水的界面自发形成乳液。这种行为对于污染物修复有正反两方面的作用。乳液增加了水和污染物的界面面积，使表面活性剂轻易地把非极性污染物吸附到胶束内部，从而有助于修复过程；如果乳液被地下水轻易地带走，则有助于从含水层中去除胶束污染物复合体。但当乳液层太厚时，乳液将阻碍修复过程的进行，此外乳液还能阻塞细粒介质的孔隙，从而阻滞污染物/胶束混合物被快速地抽出。

目前，国内外许多学者就表面活性剂修复技术进行了大量研究，主要集中在增溶修复及其影响因素、表面活性剂的密度效应、介质非均质性对表面活性剂修复效果的影响等问题。

　　Suchomel 和 Pennell（2006）基于砂箱实验进行 Tween 80（4%质量分数）增溶去除 PCE 的研究，评估污染源区结构对污染物修复效率的影响。结果表明，不连续的离散状污染物较多时，高于 70%的污染物可以被冲洗去除，随后出现浓度拖尾现象，当连续的池状污染物较多时，迅速出现污染物浓度拖尾，仅有 50%的污染物被去除。Suchomel 等（2007）采用 Tween 80 和 Aerosol MA-80 进行批量增溶实验与砂箱冲洗实验，结果表明 Tween 80 和 Aerosol MA-80 均能够有效去除非均质介质中的 TCE 污染源。Aerosol MA-80（3%质量分数）溶液大幅降低界面张力使得 TCE 移动，去除率达到 81%，Tween 80（4%质量分数）通过增溶作用去除 TCE，去除率范围为 66%～85%，修复效率与初始污染源区结构密切相关。刘银平（2011）通过批量实验研究了单一及混合表面活性剂 SDS 和 Tween 80 对 PCE 的增溶修复效果，结果显示混合表面活性剂的临界胶束浓度随 Tween 80 含量的增加而降低，临界胶束浓度以上，单一及混合表面活性剂均具有明显的增溶作用，且 PCE 平衡溶解度与表面活性剂浓度呈良好的线性关系。单一 Tween 80 的增溶作用最强，混合体系未表现出对 PCE 的协同增溶作用，加入 NaCl 和 $CaCl_2$ 电解质均能提高表面活性剂的增溶作用。砂柱冲洗实验中，影响 PCE 去除总量的顺序为：表面活性剂浓度、无机盐浓度、表面活性剂配比、冲洗液速率，原位冲洗去除污染物时可以更多地考虑混合表面活性剂的应用。伍斌等（2014）通过二维砂箱实验，采用数码图像分析技术，研究表面活性剂对 1,2-二氯乙烯和 PCE 的修复效果及其物化性质和介质孔径对修复效果的影响，结果表明十二烷基苯磺酸钠（0.18%质量分数）通过增溶作用大幅度提高了上述 2 种污染物的去除效率，并且 1,2-二氯乙烯的溶解度远大于 PCE，细粒介质中 DNAPLs 的污染面积较大，从而增大了污染物与表面活性剂溶液的接触面积，对增溶具有促进效果。Liang 和 Hsieh（2015）进行批量实验和柱实验研究单一及混合表面活性剂 SDS 和 Tween 80 对二氯乙烯焦油（EDC-tar）的去除效果，结果显示 SDS/Tween 80 混合溶液显著增大了 EDC-tar 的溶解性，降低了 EDC-tar 的界面张力，增大 pH（pH = 7）能够进一步增大 EDC-tar 的溶解性。柱冲洗实验中，碱性 SDS/Tween 80 混合溶液对自由相 EDC-tar 的去除效果明显，在出流溶液中添加 13% NaCl 后产生盐析作用，大量溶解态 EDC-tar 析出转变为自由相。

　　Zhong 等（2008）选用 Aerosol MA-80 表面活性剂和磷酸钠作为修复溶剂，进行室内实验与数值模拟研究非均质介质中剪切稀化聚合物（黄原胶）（shear-thinning polymer）对低渗透区域修复溶液流动性的影响，结果表明添加聚合物能够改变修复溶液的黏滞性，驱替前锋的稳定性增强，修复溶液容易进入低渗透区域，从而增大污染物去除效率。模型中考虑了聚合物剪切稀化效应，数值模拟结果能够准确预测流体的驱替行为及大尺度非均质污染场地污染物的修复过程。

Yan 等（2011）采用密度修正法（density modification method）去除含水层 TCE 污染源，污染物修复过程中将胶质液体泡沫（CIAs）注入含水层降低 TCE 的密度，防止污染物再次流动，通过柱实验评估 TCE 的修复效率。结果表明 CLAs 具有较强的剪切稀化特性，其流动行为表现为典型的非牛顿流体，添加 0.05 mol AlCl$_3$ 电解质胶体后，TCE 的密度减小，能够有效抑制表面活性剂冲洗过程中 TCE 再次向下移动，TCE 去除率高于 94%，因此污染源密度修正法可以有效抑制污染二次移动，提高修复效率。Damrongsiri 等（2013）将丁醇、表面活性剂与 PCE 混合以降低 PCE 的密度及残留 PCE 的流动性，评估密度修正驱替（density-modified displacement，DMD）系统中各组分在水和 NAPL 相之间的分配。结果表明，添加表面活性剂增加了 NAPL 相达到预期密度时所需的丁醇含量，水和阴离子表面活性剂随着丁醇分配到自由相 PCE，添加无机盐增加了含有 PCE 的表面活性剂分配到丁醇的质量，导致 PCE 增溶体积显著增大，因此 DMD 技术对修复含水层 DNAPLs 污染源具有一定应用前景。

支银芳等（2006）总结了近几年国内外表面活性剂增效修复相关的实验和数值模拟研究成果，详细讨论了表面活性剂冲洗引起的混溶/不混溶驱替多相流问题，指出需要对现有数学模型进行完善，考虑表面活性剂引起的界面张力降低对多相流及污染物运移的影响，并且需要加强实验过程中饱和度、各相压力等参数的监测，深入探讨实验机理，为模型校正提供数据保证。辛欣和卢文喜（2011）针对表面活性剂强化的 DNAPLs 污染含水层修复问题，建立多相流数学模型模拟表面活性剂去除 PCE 的过程，采用蒙特卡罗方法和拉丁对偶变数复合采样方法在多相流模型可控变量的可行域内取样，运用双响应面方法和径向基函数人工神经网络方法建立多相流模型的替代模型。结果显示基于拉丁对偶变数复合采样建立的替代模型的逼近程度明显高于蒙特卡罗方法建立的替代模型，并且运用径向基函数人工神经网络方法建立的替代模型的逼近程度明显高于双响应面方法建立的替代模型。卢文喜等（2012）基于 DNAPLs 污染含水层多相流运移规律和机理，建立三维多相流数值模型，模拟表面活性剂强化的 PCE 污染含水层的修复过程。结果表明考虑修复过程中 NAPLs 的迁移转化机理，模型能够真实刻画 DNAPLs 的迁移规律及表面活性剂的修复过程，由于表面活性剂的增溶作用，大幅度提高了 PCE 的溶解性，污染物去除率达到 63.5%。

此外，一些学者将表面活性剂增效修复与其他技术联合使用去除 DNAPLs 污染物。白静（2013）选用苯、硝基苯、萘作为特征污染物，使用地下水循环井和表面活性剂强化技术进行含水层污染修复研究，结果表明循环井技术单独使用时，存在硝基苯和萘的拖尾现象。将循环井与表面活性剂（Tween 80）强化技术联合使用，通过循环井控制表面活性剂溶液的水力迁移，从而提高硝基苯和萘的溶解度，并且表面活性剂溶液纵向迁移距离增大，扩大了循环井的修复区域，因此表面活性剂-循环井联合技术具有更好的修复效果。

7.6.2 表面活性剂的选择依据

根据表面活性剂水解的亲水基离子电荷类型分为阴离子、阳离子及非离子表面活性剂。虽然表面活性剂种类繁多，但并不是每一种都适合作为环境修复使用，表面活性剂的选择应满足以下几个条件（Harwell et al.，1999；王晓燕，2006；李隋，2008）。

（1）环境友好，可生物降解：利用表面活性剂强化修复技术，首先要考虑选用的表面活性剂不会对环境产生二次污染，并且修复后残留的表面活性剂生物毒性低，具有适当的生物可降解性。如果表面活性剂生物可降解性差，可能会造成二次污染，若选用的表面活性剂降解太快，其利用效率将会大大降低。一般来讲，应首选生物毒性小的阴离子和非离子表面活性剂，并尽可能选择使用食品级的表面活性剂。

（2）临界胶束浓度低，有较高的增溶能力：表面活性剂对有机物的增溶能力十分关键，采用低胶束浓度（CMC）的表面活性剂，修复效率高，可以降低冲洗溶剂的消耗。

（3）成本低，已经工业化生产：两性表面活性剂和生物表面活性剂生产成本高，并没有大规模生产，因此不适合用于场地尺度的冲洗去除污染物。

（4）在地下环境中保持良好活性：地下环境比较特殊，吸附、温度、电解质等都有可能影响表面活性剂的活性。如果表面活性剂在地下环境中形成液晶、凝胶冻，将失去活性；如果地下水温度低于阴离子表面活性剂 Kraff 点，阴离子表面活性剂也会失去活性。由于地下水长期与矿物质接触溶解多种 Ca^{2+}、Mg^{2+} 等高价阳离子，这些离子的存在会造成阴离子表面活性剂析出。

（5）对污染物有较快的溶解平衡时间：如果有机物能够快速进入表面活性剂溶液溶解，将大大缩短修复时间。

（6）亲水-亲油平衡值（HLB）：HLB 是衡量表面活性剂亲水性大小的指标，最大程度地发挥溶解污染物的能力，要求 HLB 值至少在 8 以上，同时考虑到有机污染物的疏水性，为达到理想的增溶效果，宜选择 HLB 值在 13～18。

（7）在地下环境中损失小：地下介质带负电荷，阳离子表面活性剂会被大量吸附损失在介质中，如果表面活性剂在地下介质表面的吸附量大，导致有效浓度大大降低，修复成本增加，而且表面活性剂的流失将导致助溶剂体系的组成发生变化，从而偏离预期配比，使修复效率降低。因此在实际修复中宜选用阴离子型表面活性剂或非离子表面活性剂。

SEAR 技术修复有机污染地下环境有很大的应用前景，目前仍处于不断完善的过程中。该技术适合处理多种地下 NAPLs 污染，可以在较短时间内快速有效地去除污染源。与其他处理方法相比，该技术突破了蒸气抽提法对 NAPLs 传热性和气提法对 NAPLs 挥发性的限制条件。设计完美的 SEAR 技术，可以通过控制水力梯度，对污染源做强有力的驱替（sweep），其驱替强度比反应格栅（PRB）等技术高。处于地质条件分布均匀且渗透率高（>10 cm/s）的饱和带的污染源最适合用 SEAR 技术进行修复。

从安全和经济的角度考虑，采用 SEAR 技术必须事先对污染源的地质条件，包括地下介质的均质性（物理均质性及化学均质性）、水力梯度和渗透率等做广泛而详尽的考察。这是因为低渗透率及非均质性将直接影响修复效果及运行成本。同时，由于 SEAR 技术将污染物抽至地面进行处理，所以与反应格栅（PRB）技术相比，废物处理成本较高。增流作用要比增溶作用在实际运行过程中运行费用低，因为增流作用不依赖于污染物的饱和程度而增溶作用依赖性较强。此外，表面活性剂溶液的调配、抽提的速率、处理周期及表面活性剂回收等地面处理过程对现场地质条件有很强的依赖性，所以要求设计人员具有丰富的经验。截至目前，尽管 SEAR 技术已经越来越多地被用于实地修复示范研究，但尚有很多方面需要进一步的探索。

7.7　电动力修复技术

7.7.1　概述

作为一种新兴的污染地下环境修复技术，电动力修复技术是一种利用电梯度和水力梯度对污染物运移的影响，使地下环境中污染物质在电泳、电渗透、电迁移等作用下发生定向迁移而被去除的方法，近年来开始被逐步应用于污染场地中无机污染物和有机污染物的修复，在饱水带及非饱和带均可使用该方法，尤其是针对低渗透性介质，有很大的发展潜力（王焰新, 2007; Mahmoud et al., 2010; 师帅等, 2016; 孙玉超等, 2017）。

电动力修复是将电极插入污染场地，在电极上施加直流电，在两极间形成电压梯度，进而使场地中的污染物在电动力学效应的影响下向两极迁移，使污染物在阳极或阴极附近富集，实现污染物的去除，达到修复目标。该修复方法的技术优势包括原位修复、运行周期短、成本低，且对土壤原有自然环境破坏较小等（Rodrigo et al., 2014），可以将污染物定向迁移至规定区域，将污染物从场地中分离出来；可以为微生物提供营养，提高介质中微生物的降解活性；也可以将污染物迁移至植物根部，提高植物修复效率等。该技术主要用于因水力传导性较低、传统修复技术应用受限的低渗透性介质的修复，适用于大部分无机污染物，也可用于对放射性物质及吸附性较强的有机污染物的治理，如重金属、苯酚、三氯乙烯和多氯联苯等（Cang et al., 2013; Dong et al., 2013; 孙玉超等, 2017）。在电动力修复技术的实际使用过程中，经常加入表面活性剂和其他类型的试剂来增强污染物的可溶性以改善污染物的运动情况，也可以在电极附近加入合适的药剂加速污染物的去除速率。此外，在处理某些有机污染物时，由于污染物极性较小，在水中溶解度差，单纯使用电动力技术的修复效果往往并不理想，需要配合其他工艺来强化，如电动力耦合 PRB 技术、化学氧化耦合电动力技术等。

7.7.2 修复机理

1. 技术原理

电动力修复技术的基本原理类似电池，利用插入地下的两个电极在污染场地（土壤/地下水）两端持续施加低强度直流电场（图 7.6），在直流电流的作用下，水溶的或者吸附在介质颗粒表层的污染物根据各自所带电荷的不同而向不同的电极方向运动，阳极附近的酸开始向介质中的毛细孔移动，打破污染物与固体颗粒的结合，此时，大量的水以电渗析方式在介质孔隙中流动，携带溶解性污染物向电极方向发生迁移，从而使污染物在电极附近富集或者被收集回收。

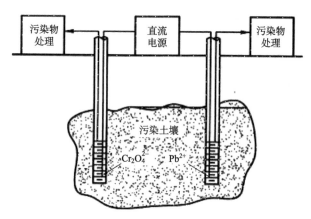

图 7.6 污染土壤的电动力技术原位修复示意图（王焰新, 2007）

电压和电流是电动力学过程的主要操作参数，尽管较高的电流密度能够加快污染物的迁移速度，但能耗与电流的平方成正比，一般采用的电流密度为 $10\sim100\ \text{mA/cm}^2$，电压梯度在 0.5 V/cm 左右。电极材料也是一个重要因素，选择电极材料的因素包括导电性、耐腐蚀性、材料易得、易加工、安装方便以及成本低廉等。

电动力修复过程中，污染物的迁移除受场地中污染物浓度、介质类型及结构、污染物本身的移动能力、界面化学等影响外，主要受各种电动力效应的影响。污染物的去除过程主要涉及 4 种电动力现象——电极反应、电迁移、电渗析和电泳。

1）电极反应

电动力技术修复过程中，伴随着多种物质在电极上的反应，其中电极的化学反应主要是水的电解。

阳极反应：　$2H_2O - 4e^- \longrightarrow O_2\uparrow + 4H^+$　　$E_n = -1.23V$

阴极反应：　$2H_2O + 2e^- \longrightarrow H_2\uparrow + 2OH^-$　　$E_n = -0.83V$

$$2H^+ + 2e^- \longrightarrow H_2\uparrow$$

$$M^{n+} + ne^- \longrightarrow M$$

$$M(OH)_2(s) + ne^- \longrightarrow M + nOH^-$$

式中，M 表示金属。电极反应在阳、阴极分别产生大量 H^+ 和 OH^-，导致电极附近的 pH 相应的降低和升高。阳极附近 pH 可能低至 2，呈酸性，此处带正电的氢离子会向阴极移动，而阴极附近 pH 高达 12，呈碱性，带负电的氢氧根离子会向阳极移动。在电场作用下，H^+ 和 OH^- 相遇并中和，相应的在相遇区域会发生 pH 突变，因此以该区域为界线将整个修复区域划分为酸性带和碱性带。其中，氢离子的迁移速度是氢氧根离子的两倍，且氢离子的迁移与电渗析流同向，易形成酸性迁移带，有助于氢离子与固相颗粒表面的金属离子发生置换反应，也有利于已沉淀的金属离子重新解离，进行迁移。在碱性带内，重金属离子容易生成沉淀，堵塞介质孔隙而不利于污染物的流通，从而影响其去除效果；同时，水的电解反应产生的气体易附着在电极表面而增大电极间的阻抗（即活化极化），导致电流密度降低，不利于电动力学修复过程的顺利进行。

2）电迁移

电迁移主要是指介质中的离子络合物或带电离子（如碱金属，Pb、Hg、Cd、Cr、Zn 等重金属离子，Cl^-，NO_3^-，PO_4^{3-} 等）在外加电场作用下向电极方向的迁移，即孔隙水中的电解质运动。电迁移速度主要受电场强度、离子迁移率、离子电荷、离子浓度、温度、酸碱度的影响。

与下述的电渗析相比，离子电迁移速度要快得多。在单位电压梯度下，离子平均电迁移速度约为 5×10^{-6}m/s，比孔隙水的平均电渗析速度大 10 倍左右。与电渗析不同，电迁移速度取决于迁移物质整体（如无机离子、带电荷的有机物和微生物等）的电荷密度，而与介质本身的电荷密度和 Zeta 电位无关。离子的电迁移与介质孔隙大小及导水性无关，在细粒和粗粒介质（如粗砂土和沙砾土）中都能发生，而电渗析流在水分少的粗砂土中则可能消失。

3）电渗析

介质颗粒表面带有负电荷，与孔隙水中的离子形成双电层，扩散双电层引起孔隙水沿电场方向从一极向另一极的定向移动称为电渗析，在饱和的细颗粒介质中有非常好的电渗析效果，能处理溶解性甚至非电离的污染物。双电层中可移动的阳离子比阴离子多，在外加电场作用下过量阳离子对孔隙水产生的拖动力比阴离子强，因而会拖着孔隙水向阴极运动。电渗析作用产生的水流比较均匀，流动方向容易控制，电渗析流量与外加电压梯度成正比。影响电渗析传递污染物的因素有：离子的浓度、移动能力和水合作用、介质颗粒表面电性、孔隙流体中有机和无机颗粒量的介电常数、温度。

利用电渗析作用可以有效控制地下环境中的水分运动，满足原位生物修复水分需求。电渗析还会影响地下环境中污染物和微生物的迁移与分布。孔隙水中的溶解性物质可以随电渗析流一起移动，胶体颗粒和细菌也能随电渗析流迁移。

4）电泳

介质中带电胶体颗粒（包括胶束、微小土壤颗粒、腐殖质和微生物细胞等）在外加电场作用下的迁移运动称为电泳，被吸附于可移动颗粒上的污染物可以通过该方式去除。电泳运动有助于污染物以胶束态物质或离子胶束的形式迁移。在污染场地的修复过程中，通常需要向污染场地中添加表面活性剂，使污染物形成胶束态或离子胶束的形式，此时那些不易脱附的污染物主要以电泳的方式得以去除。

除了上述几种机制外，在污染场地的电动力修复过程中还存在着一系列其他现象，如水平对流（由溶液的流动而引起物质的对流运动）、化学吸附、孔隙水中化学物质形态及电流大小变化等。由于这些现象将引起诸如溶解、沉淀、氧化还原等多种化学反应的发生，最终导致污染物在场地中迁移的加速或者减缓。

在低渗透性黏土中，电迁移和电渗析是主要的电动力学迁移过程，但添加表面活性剂时，电泳就成为一种重要机理。电动力学迁移的污染物可以是极性的和非极性的。极性物质会向极性相反的电极运动；非极性物质则会随电渗析流而移动，添加表面活性剂可以增强非极性有机物的迁移。场地中的土著微生物也会受电动力学作用的影响，带负电荷的微生物能以电泳方式向阳极运动，也能随电渗析流迁移。但是，电极反应会对土著微生物和场地介质的性质产生不利影响。

2. 电动力修复技术优缺点

与其他技术相比，电动力学技术在污染场地修复方面有其独特的优势：

（1）与挖掘、土壤冲洗等异位修复技术相比，电动力修复技术对现有景观、建筑和结构等的影响最小，不破坏原有的自然环境，能够在进行环境修复的同时，最大限度地保护原有的生态环境。

（2）与酸浸技术不同，电动力修复技术改变介质中原有成分的 pH，使金属离子活化，这样介质本身的结构不会遭到破坏，且该过程不受介质低渗透性的影响。

（3）与化学稳定方法不同，电动力修复技术使金属离子完全被去除，而不是通过向介质中引入新的物质与金属离子结合产生沉淀物得以去除。

（4）对于不能原位修复的现场，可以采用异位修复的方法。

（5）非常适合作为一项现场修复技术，安装和操作容易，不受深度限制，对饱水带和非饱和带都有效。

（6）较适合水力传导性较低特别是黏土含量高的介质。

（7）对有机和无机污染物都有效果。

（8）与化学清洗法、化学还原法相比，电动力修复具有耗费人工少、接触毒害物质少、经济效益高等优点，特别是在治理孔径小、渗透系数低的密质土壤时，水力学压力很难推动清洗液或菌液在介质孔隙中流动，传质过程受到很大的抑制，此时电渗析是强化传质的最有效途径。

电动力学技术在应用上也存在一些限制因素，例如介质组分（如黏土和腐殖质）、介质的缓冲性能、土壤溶液的离子组成、污染物的种类，同时介质中是否存在大于 10 cm 的金属固体或绝缘物质以及在电场作用下污染场地中发生的具体电化学反应过程都会影响修复效果，具体限制因素包括：

（1）污染物的溶解性和污染物从介质中颗粒和胶体表面的解吸性能。

（2）需要导电性的孔隙流体来活化污染物。

（3）介质中埋藏的地基、碎石、大块金属氧化物、大石块等会降低处理效果。

（4）装置中的金属电极在电解过程中发生溶解，产生腐蚀性物质，因此电极材料不能与电解液反应，理想的电极材料有碳、石墨、铂等惰性物质。

（5）介质含水量低于 10%的场地，修复效果大大降低。

（6）在非饱和带，水的引入会将污染物冲洗出电场影响区域，埋藏的金属或绝缘物质会引起介质中电流的变化。

（7）当目标污染物的浓度相对于背景值较低时，处理效率降低，此时需要进一步评估以下诸多影响因素：非传导性孔隙流体传质的影响，大量水运动（电渗析引起）可能导致非传导性流体出现传质现象；介质不均匀的影响，如埋藏的地基、石块等；地下水位及河流变化的影响；介质中特定的丰度较高离子的影响。

7.7.3 电动力修复技术应用

1. Lasagna 工艺

Lasagna 工艺适用于污染场地的原位修复，其处理设施由几个平行的渗透反应区组成，向这些区域里加入吸附剂、催化剂、微生物、缓冲剂等物质，然后通电产生电场，将污染物迁移到事先已设置好的处理区。污染物处理区的电极设置方式分为水平放置和垂直放置，修复浅层土（15 m 以内）时一般采用垂直方式，修复深层土时多用水平方式。主要装置包括：通直流电的电极，利用电场促使水和可溶性污染物迁移；加有试剂的修复区，使可溶性有机污染物分解或者将无机污染物固定，然后进行去除及处理；一个流体循环系统，使聚集在阴极的高 pH液体回流至低 pH 环境的阳极进行酸碱中和。通过切换电极电性改变液体流向，促使多种污染物进入处理区，还有助于减少非均匀电势的存在和场地修复区域 pH的跳跃。

Lasagna工艺效果显著、操作简单、环境友好、相对省时，但设计和操作过程中需考虑过多因素，如电极产生气体的影响、处理区的间距、化学试剂的选择、垂直粒状电极的放置方法等。该工艺可处理多种污染物，但对特定污染物要采用特定的方法以确保工艺的兼容性，该工艺电极的水平结构利用水力压裂及加入泥浆可以处理深层区域的污染，但是要考虑电极的接触问题和电解产生气体的去除。可采用生物处理工艺与 Lasagna 工艺联合修复技术。

2. 电动力-生物联合修复工艺

电动力-生物联合修复的原理是利用营养物质促进污染场地中的微生物生长、繁殖和代谢来转化场地中的有机污染物，通过应用电动力技术，把营养物质传递到有机污染物区域。这种技术不需要向场地中添加微生物种群，营养物质可被均匀地分散在被污染的场地中，避免了通过细粒介质的微生物运输有关的问题。局限是有机污染物及其副产物的毒性会抑制微生物活性甚至导致微生物死亡，且一般修复时间较长。

3. Electro-Klean 电分离工艺

Electro-Klean 电分离技术适用于修复饱和及不饱和的沙土、粉土、细颗粒黏土及沉积物，可去除重金属、放射性物质和特定的挥发性有机物质。该技术已在原位及异位修复中得到应用，修复效果取决于介质缓冲性能、污染物及其特性和浓度。其原理是将通有直流电的两个电极插入土壤层，并向场地中加入清洗液（一般为酸性的）以提高对污染物的修复效果。因而该技术应用的关键在于营造酸化环境。该技术的缺点是处理缓冲能力强、多种高浓度污染物共存的场地时，修复周期较长，成本较高。

4. 电化学自然氧化技术工艺

电化学自然氧化技术的原理是利用电极向土壤介质中通入电流，在电板之间产生氧化还原反应，这样可以促使电极之间土壤中无机离子的稳定和有机离子的矿化。其优点是由于土壤中本身含有铁、镁、钛和碳等可起催化作用的元素，因而无需在污染土壤修复时额外加催化剂。但对于不同的具体情况，电化学自然氧化技术可能花费的时间为 60～120d，处理时间较长。

5. 电化学离子交换技术工艺

电化学离子交换技术将电动力学修复技术和离子交换技术相结合。其原理是向介质中插入一系列包裹着多孔外套的电极，并向周围提供电解液以抽提介质中的污染物。含有污染物的电解液连续用泵抽提至地面，经离子交换器后返回至电极周围以循环利用。该技术能够去除介质中的重金属、卤化物和特定的有机污染物。但由于处理低污染介质时修复成本较高，因而在实际应用中受到一定限制。

6. 电动力吸附技术工艺

电动力吸附技术的原理是在电极上涂有特别设计的高分子聚合物，介质孔隙水中的离子在电场作用下向电极方向迁移，被俘获到高分子材料的基质上而实现去除，其主要部分和普通的电动力装置一样，不同之处是电极外面包着一层特殊的聚合体材料。聚合体材料中含有可以调节 pH 的化学物质，可以防止 pH 的跃变。另外，聚合体中可以加入离子交换树脂或其他吸附剂来吸附污染物质。

近年来，许多学者在研究电动力修复技术处理污染场地时，发现该技术在具有去除效果好和经济效益高等优点的同时，仍存在诸多缺点，如系统酸化导致反渗流现象、在碱性带易发生沉淀及场地中某些污染物难以解吸等。根据目前的发展现状，电动力修复技术的研究需要在极化改进、电场分布改进和降低能耗等方面进一步提高，加大对电动力与其他技术的联合修复工艺的研究，以期能够更经济有效地从场地中解析出污染物，并研制出能应用于实际的大型电动力修复污染场地的设备。

7.8　抽出-处理技术

7.8.1　概述

抽出-处理修复技术简称 P&T（pump-treat）技术，是最早出现的地下水污染修复技术，也是地下水异位修复的代表性技术。自 20 世纪 80 年代开展地下水污染修复至今，地下水污染治理仍以 P&T 技术为主。传统的 P&T 技术是把污染的地下水抽出来，然后在地面上进行处理。随着污染治理研究的不断深入，该技术已有了更广泛的含义，只要在地下水污染治理过程中对地下水实施了抽取或注入的，都归类为 P&T 技术。

P&T 修复技术最大的优点就是适用范围广、修复周期短。例如，某市运输粗苯的车辆侧翻，泄漏的粗苯污染了附近两口灌溉井，现场采取了抽水处理法，井内水污染很快得到控制，并在短时间内将水质恢复到受污染前的水平。另外该技术设备简单，易于安装和操作；地上污水净化处理工艺比较成熟。

该技术也存在一定的局限性，主要有以下几点：

（1）由于液体的物理化学性质各异，只对有机污染物中的轻非水相液体去除效果很明显，而对于重非水相液体来说，治理耗时长而且效果不明显。

（2）该技术开挖处理工程费用昂贵，而且涉及地下水的抽提或回灌，对修复区干扰大。

（3）如果不封闭污染源，当停止抽水时，拖尾和反弹现象严重。

（4）需要持续的能量供给，以确保地下水的抽出和水处理系统的运行，同时还要求对系统进行定期的维护与监测。

根据国外多年研究总结，目前 P&T 技术的治理对象主要有 12 种污染物。其典型治理目标为三氯乙烯（TCE），此外还有一些卤化挥发性有机物，如四氯乙烯（PCE）、氯乙烯（VC）等。对于非卤化挥发性有机物 BTEX（苯、甲苯、乙苯、二甲苯）及铬、铅、砷等也可采用 P&T 技术进行治理。

7.8.2　P&T 技术修复系统构成

P&T 技术的修复过程一般可分为两大部分：地下水动力控制过程和地上污染物处理过程。该技术根据地下水污染范围，在污染场地布设一定数量的抽水井，通过水泵和水井将污染了的地下水抽取出来，然后利用地面净化设备进行地下水污染治理。在抽取过程中，水井水位下降，在水井周围形成地下水降落漏斗，使周围地下水不断流向水井，减少了污染扩散。最后根据污染场地的实际情况，对处理过的地下水进行排放，可以排入地表径流、回灌到地下或用于当地供水等。这样可以加速地下水的循环流动，从而缩短地下水的修复时间。目前，已有的水处理技术均可以应用到地下水 P&T 技术的地上污染物处理过程中。只是受污染地下水具有水量大、污染物浓度较低等特点，所以在选用处理方法时应根据地下水的特点进行适当的选取和改进。

P&T 技术中选取合适的抽提井位置和间距是设计中很重要的一步。抽提井的位置应保证高浓度污染区的羽流地下水可以被快速地从污染区转移。一方面，抽提井的设置应能完全阻止污染物的进一步迁移。另外，如果污染物是抽出地下水的唯一目标，地下水的抽出率应该在保证阻止羽流迁移的基础上尽量小，因为抽出的地下水越多处理费用越高。另一方面，如果地下水需要净化，抽出率就需要提高，从而缩短修复时间。

当地下水被抽出后，邻近的地下水位就会下降并产生水力梯度，使周围的地下水向井中迁移。离井越近水力梯度越大，形成一个降落漏斗区。在解决地下水污染问题时，抽提井降落漏斗区的评估是一个关键，因为它能表征抽提井能达到的极限。

美国国家环境保护局（Environmental Protection Agency, EPA）对 48 个场地地下水污染治理经费进行了统计。其中 32 个使用抽出-处理技术，16 个使用渗透反应格栅技术。在该分析中，主要考虑了以下 3 种类型的费用：①每年的平均运行费用是将整个系统的所有费用相加，然后求其平均值。该费用需要整个系统运行完毕才能进行统计计算，特别是抽出-处理系统。渗透反应格栅技术一般只要安装完毕就可以进行经费的统计计算。②每年治理 3790L 的地下水的总费用。③每年治理 3790L 地下水的平均运行费用。结果显示，32 个场地中有 25% 的项目花费在 170 美元，50% 的项目在 200 美元，75% 的项目在 590 美元，平均花费为 490 美元。而相同的考察方式，PRB 技术的平均花费在 73 美元左右。由此可见，抽出-处理技术比渗透反应格栅技术所需的费用要高得多。

据报道，污染地下水 PRB 修复技术所需费用大约是抽出-处理方法的 50%~70%。在 P&T 技术中，经费使用的范围广，该技术在将污染地下水抽出的过程中需要泵出动力，因而要花费大量的经费；在地面处理污水的过程中又要花费很多的费用，最后在回灌的过程中又需要花费一部分经费（主要是打井的费用），而且这三部分是一个完整的过程，缺一不可。P&T 技术是一个长期连续的过程，因而在开始运行时很难对其经济性进行评估；而渗透反应格栅技术可以说是一次性的投资，一般情况下将其安装好以后就不需要再进行追加投资（United States Environmental Protection Agency, 2001）。

7.9　监测自然衰减修复技术

7.9.1　概述

当有机污染物泄漏进入土壤/地下水中，会存在一些天然过程来分解和改变这些化学物质。这些过程统称为自然衰减（natural attenuation，NA）（Suthan, 2002）。自然衰减方法也称为"本能恢复治理"（intrinsic remediation）或"被动治理"（passive remediation）。在土壤/地下水中的污染物最终可以被天然微生物降解和其他天然衰减过程所净化。图 7.7 描述了自然衰减修复技术机制，包括介质颗粒的吸附、污染物质的微生物降解、在地下水中的稀释和弥散。自然衰减过程中，由于介质颗粒的吸附，微生物降解在污染物分解中起到重要的作用。稀释和弥散虽不能分解污染物，但可以有效地降低许多场地的污染风险。

美国加利福尼亚州的一项调查表明（Borden et al., 1995），在已注册的 170000 个地下储存罐中有 11000 个发生了泄漏。大多数泄漏的罐是储存汽油的，而 1000L 汽油中就含有 26.4kg 的苯。从加利福尼亚州的汽油泄漏范围及泄漏量来看，如果苯与其他在环境中易迁移的污染物一样随地下水运动，苯在加利福尼亚州的供水井中也应广泛出现。但地下水水质调查结果却出乎预料。在大型供水系统的 2974

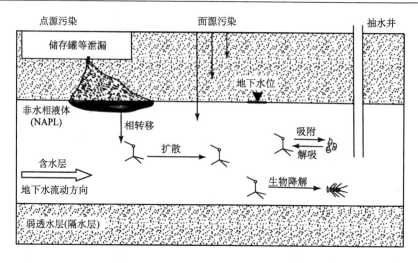

图 7.7　自然衰减修复的示意图（毕二平和张雅萍, 2011）

眼取样井中, 仅 9 眼井中含有苯, 最高含量为 1.1kg/L; 苯在 33 种污染物中的检出频率居第 18 位。在小型供水系统的 4220 眼取样井中, 只有 1 眼井中含有苯, 含量为 4.1~4.3kg/L; 苯在 36 种污染物中检出频率居第 26 位, 另外 10 种化合物也仅检出一次。氯代溶剂及与农业活动有关的化合物是检出频率最高的有机污染物。苯哪里去了? 这个问题可能是许多因素同时作用的结果, 但最可能的原因是苯被天然生物降解作用去除了。

7.9.2　NA 技术应用

　　一般来说, 自然衰减方法对于污染程度低的场合更为合适, 如严重污染场地的外围或污染源很小的情形。自然衰减方法可以和其他治理方法联合使用, 可以使治理的时间缩短。自然衰减的优势具体表现在如下方面: ①在环境中, 自然衰减过程将污染物最终转化成无害的副产物 (如二氧化碳、水等), 而不是仅将污染物转变成其他相或者转移到另一个地方; ②自然衰减对污染场地周围的环境无破坏性; ③自然衰减的处理费用相对较低; ④自然衰减修复过程中不需要设备的安装和维护; ⑤在自然衰减过程中, 易迁移的、毒性大的化合物往往是最容易被生物降解的。

　　虽然自然衰减具有很多优点, 但在采用自然衰减修复污染场地时还需要注意以下问题:

　　(1) 相对于其他修复方法, 自然衰减需要经历较长时间才能达到修复目的。

　　(2) 在修复过程中需要进行长期的监测, 监测时间的长短直接影响修复费用的多少。

（3）尽管自然衰减被看作是一种可以选择的修复方法，但是在应用此法之前都要针对具体的污染场地验证其有效性，如果自然衰减的修复效率很低，污染羽就会扩散。

在自然衰减的评价中，美国材料实验协会（ASTM）、美国空军环境中心（AFCEE）及美国国家环境保护局（EPA）要求从 3 个方面的证据来揭示自然衰减的发生：①污染物质量减少；②表征生物降解的地球化学指标的变化；③通过微生物降解菌研究微生物降解提供直接证据。目前，主要通过污染物质量变化、地球化学指标分析、稳定同位素分析、微生物菌群研究和微生物分子技术研究等方法来获取这 3 个方面的证据（焦殉，2011）。

有关污染物质量减少方面，又可以通过对污染物浓度变化趋势、污染物质量守恒、污染物运移的数学模型等进行监测分析。其中污染物浓度变化的趋势和统计分析污染物的质量守恒均需要不停地对现场污染源处以及沿着污染物迁移方向等处进行污染物浓度的监测，对数据进行分析来评价污染羽的变化趋势以及考察自然衰减方法的效果。Buscheck 等利用单井监测方法对美国加利福尼亚州的 TCE 污染场地进行了单一监测井 TCE 浓度随时间变化的统计分析，预测结果表明 10 年后 GW-12A 井的 TCE 浓度将降低到 0。美国国家研究委员会（National Research Council）在 2000 年运用污染物质量守恒方法对一个非饱和带中的储油罐泄漏引起的轻质非水相液体（LNAPLs）污染进行了评价。含有 BTEX 和其他组分的石油类碳氢化合物进入地下水，下游的监测结果显示污染羽的前缘已到达距污染源 46m 的位置。场地取样测试结果表明 BTEX 浓度高达 10mg/L，监测井地下水的地球化学测试结果显示可利用的电子受体有 O_2、NO_3^-、SO_4^{2-} 和 CO_2。此次研究中，用苯作为 BTEX 的代表组分，以质量守恒理论为基础，通过化学计算来分析 BTEX 的生物降解是否发生，进而评价 LNAPLs 的降解速率。分析评价结果显示反硝化作用和硫酸盐还原作用是 BTEX 降解的主要机制过程。

这两种方法需要大量的现场数据。而采用污染物运移的数学模型对现场污染物质量的减少进行分析，尤其是数值模型克服了解析模型的不足，可用于条件复杂的污染场地的模拟，同时由于有机污染物在地下环境中的自然衰减是一个非常复杂的过程，运用溶质运移的数值模拟技术进行自然衰减技术评价不仅可以揭示自然衰减机制，更关键的是能够预测污染物浓度的时空变化规律，进而为监测自然衰减技术的研究提供理论基础。从 20 世纪 80 年代末期开始，针对污染物自然衰减评价的数学模型耦合了溶质迁移的对流-弥散方程和溶质发生生物地球化学反应的动力学方程，形成了"溶质反应性迁移模型"。

表征生物降解的地球化学指标的变化包括：①相比水化学背景浓度，污染羽中的电子受体（主要包括 O_2、NO_3^-、Fe^{3+} 和 SO_4^{2-} 等）的浓度降低；②污染羽中的还原产物（如 Fe^{2+}、CH_4）浓度升高；③降解中间产物有机酸的出现；④溶的无机碳（CO_2）浓度和碱度的增加。Wiedemeier 等对美国纽约的 Plattsburgh 空军基地地下水中 BTEX 污染羽的自然衰减研究中发现，电子受体和 BTEX 沿地下水流方向迁移，在 BTEX 浓度高的地方，电子受体浓度较低，电子受体浓度和 BTEX 浓度呈现显著的负相关关系，电子受体的消耗说明污染羽中正在发生好氧或厌氧的生物降解作用。相反，还原产物 Fe（Ⅱ）和 CH_4 在 BTEX 浓度较高的地方，其浓度也较高。在美国亚利桑那州 Williams 空军基地，由于航空燃油和煤油的泄漏，地下水环境受到污染。地球化学证据包括好氧呼吸、脱硝作用、铁离子还原作用、硫酸盐还原作用和甲烷化作用等表明 BTEX 发生生物降解。在美国东南部南卡罗来纳州的 Beaufort 海军陆战队机场，生物地球化学证据证明了地下水中溶解的萘发生了生物降解作用，其中地球化学证据包括好氧呼吸作用、铁和硫酸盐的还原作用。

　　微生物降解菌研究为自然衰减中的生物降解提供了直接证据，可以研究现场的微生物种群变化，另一种方法可通过现场采集的水或土进行微生物菌群的实验室培养，并定量测定其降解污染物的效率。随着当前生物技术的发展，新的技术不断引入自然衰减技术的微生物监测中，包括可以通过总 RNA 值来计算不同深度的各个生物种群的数量；通过测定沉积物中的核酸来鉴定特殊的中间代谢产物，以指示生物降解活动；使用流式细胞术去评价增长活动；通过克隆、测序和分析 16SrRNA 的基因来鉴定新的微生物。有关生物降解机制的研究还在进一步的探索中，对这些过程机制的深入认识将包括对特殊基因的研究，这些基因控制着那些能降解污染物的蛋白质编码。

　　监测自然衰减技术是地下水有机污染修复的最经济有效的方法之一，但是应用该技术修复特定污染场地时需要查清场地的地质、水文地质条件及污染特征等，同时还需监测污染物的移除或污染羽的稳定状态。值得注意的是污染物浓度的降低可能是污染羽对流、弥散、稀释等作用引起的，这种情况并不是真正意义上的污染物消除，而是污染物在空间上的转移。因此，在评价自然衰减修复效果时，除了评价污染物浓度变化情况外，还应综合运用地球化学证据和微生物菌群研究等多种方法进行评价。

参 考 文 献

白静. 2013. 表面活性剂强化地下水循环井技术修复 NAPL 污染含水层研究[D]. 长春: 吉林大学.

毕二平, 张雅萍. 2011. 甲基叔丁基醚在地下水系统中的自然衰减[J]. 生态环境学报, 20(5): 986-990.

董军, 赵勇胜, 赵晓波, 等. 2003. 垃圾渗滤液对地下水污染的 PRB 还原处理技术[J]. 环境科学, 24 (5): 151-156.

霍炜洁, 肖晶晶, 黄亚丽, 等. 2008. 微生物技术修复水污染的研究进展[J]. 生物技术通报, 4: 23-26.

焦殉. 2011. 地下水土有机污染 MNA 修复研究综述[J]. 上海国土资源, 32(2): 30-35.

李继洲, 胡磊. 2005. 污染水体的原位生物修复研究初探[J]. 四川环境, 1: 17-19.

李隋. 2008. 表面活性剂强化抽取处理修复 DNAPL 污染含水层的实验研究——以硝基苯为例[D]. 长春: 吉林大学.

刘银平. 2011. 混合表面活性剂修复四氯乙烯土壤污染研究[D]. 北京: 华北电力大学.

卢文喜, 罗建男, 辛欣, 等. 2012. 表面活性剂强化的 DANPLs 污染含水层修复过程的数值模拟[J]. 地球科学·中国地质大学学报, 37(5): 1075-1080.

邱立萍, 王文科. 2012. 超声波-高锰酸钾降解地下水中硝基苯的机理与效果[J]. 工业安全与环保, 38(1): 1-5.

师帅, 李芸邑, 刘阳生. 2016. 化学氧化耦合电动力技术修复有机污染土壤[J]. 环境工程, 34: 160-165.

束治善, 袁勇. 2002. 污染地下水原位处理方法: 可渗透反应墙[J]. 环境污染治理技术与设备, 3(1): 47-51.

隋红, 李洪, 李鑫钢, 等. 2013. 有机污染土壤和地下水修复[M]. 北京: 科学出版社.

孙玉超, 邹华, 朱荣. 2017. 电动力耦合 PRB 技术修复 POPs 污染土壤[J]. 环境工程学报, 11: 5729-5736.

田雷, 白云玲, 钟建江. 2000. 微生物降解有机污染物的研究进展[J]. 工业微生物, 30(2): 46-50.

涂书新. 2004. 我国生物修复技术的现状与展望[J]. 地理科学进展, 23(6): 20-32.

王晓燕, 郑建中, 翟建平. 2006. SEAR 技术修复土壤和地下水中 NAPL 污染的研究进展[J]. 环境污染治理技术与设备, 1(10): 1-5.

王焰新. 2007. 地下水污染与防治[M]. 北京: 高等教育出版社.

王志强, 武强, 邹祖光, 等. 2007. 地下水石油污染曝气治理技术研究[J]. 环境科学, 28(4): 754-760.

伍斌, 杨宾, 李慧颖, 等. 2014. 表面活性剂强化抽出处理含水层中 DNAPL 污染物的去除特征[J]. 环境工程学报, 8(5): 1956-1963.

辛欣, 卢文喜. 2011. DNAPLs 污染含水层多相流模拟模型的替代模型研究[D]. 长春: 吉林大学.

胥思勤, 王焰新. 2001. 土壤及地下水有机污染生物修复技术研究进展[J]. 环境保护科学, 2: 22-23.

张瑞玲, 廉景燕, 黄国强, 等. 2007. 共代谢基质对甲基叔丁基醚降解的影响[J]. 天津大学学报, 40(4): 463-467.

张胜, 张云, 张凤娥, 等. 2005. 地下水污染的原位微生态修复技术试验研究[J]. 农业环境科学学报, 23(6): 1223-1227.

张文静, 董维红, 苏小四, 等. 2006. 地下水污染修复技术综合评价[J]. 水资源保护, 22(5): 1-4.

赵保卫, 朱利中. 2006. 表面活性剂增效修复土壤有机污染研究进展[J]. 环境污染治理技术与设备, 7(3): 30-35.

郑艳梅. 2005. 原位曝气去除地下水中 MTBE 及数学模拟研究[D]. 天津: 天津大学.

支银芳, 陈家军, 杨官光, 等. 2006. 表面活性剂冲洗法治理非水相流液体污染多相流研究进展[J]. 环境污染治理技术与设备, 7(3): 25-29.

Amarante D. 2000. Applying *in situ* chemical oxidation several oxidizers provide an effective first step in groundwater and soil remediation [J]. Pollut. Eng. , 32(2): 40-42.

Atlas R M. 1991. Microbial hydrocarbon degradation bioremediation of oil spills[J]. Journal of Chemical Technology and Biotechnology, 52: 149-156.

Barcelona M J, Xie G. 2001. *In situ* lifetimes and kinetics of a reductive whey barrier and an oxidative ORC barrier in the subsurface [J]. Environmental Science and Technology, 35(16): 3378-3385.

Bausmith D S, Campbell D J, Vidie R D. 1996. *In situ* air stripping: Using air sparging and other *in situ* methods calls for critical judgments [J]. Water Environment and Technology, 8(2): 45-54.

Beitinger E. 1998. Permeable treatment walls-design, construction and cost. NATO/OCMS pilot study 1998 [J]. Special Session, Treatment Walls and Permeable Reactive Barriers, US EPA-542-R-98-003.

Borden R C, Gomez C A, Becker M T. 1995. Geo chemical indicators of intrinsic bioremediation [J]. Ground Water, 33(2): 180-189.

Burns S E, Ming Z. 2001. Effects of systems parameters on the physical characteristics of bubbles produced through air sparging [J]. Environmental Science and Technology, 35(1): 204-208.

Cang L, Fan G P, Zhou D M, et al. 2013. Enhanced-electrokinetic remediation of copper-pyrene co-contaminated soil with different oxidants and pH control [J]. Chemosphere, 90: 2326-2331.

Czurda K A, Haus R. 2002. Reactive barriers with fly ash zeolites for *in situ* groundwater remediation [J]. Applied Clay Science, 21: 13-20.

Damrongsiri S, Tongcumpou C, Sabatini D A. 2013. Partition behavior of surfactants, butanol, and salt during application of density-modified displacement of dense non-aqueous phase liquids [J]. Journal of Hazardous Materials, (248-249): 261-267.

David E E, Edward J L, Martin J O, et al. 2000. Bioaugmntation for accelerated *in situ* anaerobic bio remediation [J]. Environmental Science Technology, 34(11): 2254-2260.

Devlin J T, Russell R P, Davis M H, et al. 2000. Susceptibility-induced loss of signal: Comparing PET and fMRI on a semantic task [J]. Neuroimage, 11(16): 589-600.

Dong Z Y, Huang W H, Xing D F, et al. 2013. Remediation of soil co-contaminated with petroleum and heavy metals by the integration of electrokinetics and biostimulation [J]. Journal of Hazardous Materials, 260: 399-408.

Dupont W D, Parl F F, Hartmann W H, et al. 1993. Breast cancer risk associated with proliferative breast disease and atypical hyperplasia [J]. Cancer, 71(4): 1258-1265.

Edwards D A, Adeel Z, Luthy R G. 1994. Distribution of nonionic surfactant and phenanthrene in a sediment/aqueous system [J]. Environ. Sci. Technol. , 28: 1550-1560.

Elder C R, Benson C H. 1999. Modeling mass removal during *in situ* air sparging [J]. Journal of Geotechnical and Geoenvironmental Engineering, 125(11): 947-958.

Eykholt G R, Elder C R, Benson C H. 1999. Effects of aquifer heterogeneity and reaction mechanism uncertainty on a reactive barrier [J]. Journal of Hazard Mater, 68 (1): 73-96.

Fenton H J. 1894. LXXIII. —Oxidation of tartaric acid in presence of iron [J]. Chem. Soc. , 65: 899-910.

Gates D D, Siegrist R L, Cline S R. 2001. Comparison of potassium permanganate and hydrogen peroxide as chemical oxidation for organically contaminated soils [J]. J Environ. Eng. , 127(4):

337-347.

Guerin T F, Horner S, McGovern T, et al. 2002. An application of permeable reactive barrier technology to petroleum hydrocarbon contaminated groundwater [J]. Water Research, 36: 15-24.

Harwell J H, Sabatini D A, Knox R C. 1999. Surfactants for ground water remediation[J]. Colloids and Surface A: Physicochemical and Engineering Aspects, 151(1-2): 255-268.

Huang K C, George E H, Pradeep C, et al. 2002. Kinetics and mechanism of oxidation of tetrachloroethylene with permanganate[J]. Chemosphere, 46(6): 815-825.

Ji W, Dahmani A, Ahlfield D P, et al. 1993. Laboratory study of air sparging: Air flow visualization[J]. Ground Water Monitoring and Remediation, 13: 115-126.

Kao C M, Chen C, Wang J Y, et al. 2003. Remediation of PCE-contaminated aquifer by an in site two-layer biobarrier: Laboratory batch and column studies [J]. Water Research, 37: 27-38.

Komnitsas K, Bartzas G, Paspaliaris I. 2004. Efficiency of limestone and red mud barriers: Laboratory column studies [J]. Minerals Engineering, 17: 183-194.

Liang C, Hsieh C L. 2015. Evaluation of surfactant flushing for remediating EDC-tar contamination [J]. Journal of Contaminant Hydrology, (177-178): 158-166.

Liang L, Nickortej D, Clausen J, et al. 1997. Byproduct formation during the reduction of TCE by zero-valance iron and palladized iron [J]. Groundwater Monitoring and Remediation: 122-127.

Lin Q, Chen Y X, Plagentz V, et al. 2004. ORC-GAC-Fe^0 system for the remediation of trichloroethylene and mono-chorobenzene contaminated aquifer: 1. Adsortpation degradation[J]. Journal of Environmental Sciences, 16(1): 108-112.

Litchfield J H, Clark L C. 1973. Final report on bacterial activity in groundwater containing petroleum products. Project OS21.1[R]. Committee on Environmental Affairs, American Petroleum Institute, API Publication No. 4211.

Long term performance of permeable reactive barriers using zero-valent iron an evaluation at two sites[R]. USEPA, Report, EPA/600/S-02/001, 2002.

Lundegard P D, Labrecque D J. 1995. Air sparging in a sandy aquifer (Florence, Oregon, USA) Actual and apparent radius of influence [J]. Contaminant Hydrology, 19(1): 1-27.

Lundegard P D, Labrecque D J. 1998. Geophysical and hydrologic monitoring of air sparging flow behavior: Comparison of two extreme sites [J]. Remediation, 8(3): 59-71.

Mahaffey W R, Gibson D T, Cerniglia C E. 1988. Bacterial oxidation of chemical carcinogens: formation of polycyclic aromatic acids from benz[a]anthracene [J]. Applied and Environmental Microbiology, 54(10): 2415-2423.

Mahmoud A, Olivier J, Vaxelaire J, et al. 2010. Electrical field: A historical review of its application and contributions in wastewater sludge dewatering [J]. Water Research, 44: 2381-2407.

Marulanda C, Culligan P J, Germaine J T. 2000. Centrifuge modeling of air sparging—A study of air flow through saturated porous media [J]. Journal of Hazardous Materials, 72: 179-215.

Masten S J, Davies S H R. 1997. Efficiency of in-situ ozonation for the remediation of PAH contaminated soils [J]. Journal of Contaminant Hydrology, 28: 327-335.

McCray J E, Falta R W. 1996. Defining the air sparging radius of influence for groundwater remediation [J]. Contaminant Hydrology, 24(1): 25-52.

McCray J E, Falta R W. 1997. Numerical simulation of air sparging for remediation of NAPL contamination [J]. Groundwater, 35(1): 99-110.

Mckay D. 1997. Analysis of Bioventing at Elelson Air Force Base, Alaska. *In situ* Bioremediation of Petroleum Hydrocarbon and Other Organic Compounds [M]. Columbus: Battelle Press: 169-175.

Mcrae C W, Blowes D W, Ptacek C. 1997. Laboratory-scale investigation of remediation of As and Se using iron oxides [J]. Sixth Symposium Montreal, Canada: 167-168.

Muftikian R, Fernando Q, Korte N, et al. 1995. A method for the rapid dechlorination of low molecular weight chlorinated hydrocarbons in water [J]. Water Research, 29: 24-34.

Nam K, Kukor J J. 2000. Combined ozonation and biodegradation for remediation of mixtures of polycyclic aromatic hydrocarbons in soil [J]. Biodegradation, 11: 1-9.

Nelson C H, Brown R A. 1994. Adapting ozonation for soil and groundwater cleanup [J]. Chemical Engineering, Suppl: 18-24.

Nimmer M A, Wayner B D, Morr A A. 2000. *In-situ* ozonation of contaminated groundwater[J]. Environmental Progress, 19(3): 183-196.

Norris R D, Hinchee R E, Brown R A, et al. 1993. *In-Situ* Bioremediation of Ground Water and Geological Material: A Review of Technologies[R]. Ada, OK: US Environmental Protection Agency, Office of Research and Development. EPA/5R-93/124.

Nyer E K, Suthersan S S. 1993. Air sparging: Savior of ground water remediation or just blowing bubbles in the bath tub [J]. Groundwater Water Monitoring and Remediation, 13(3): 87-91.

Perelo L W. 2010. Review: *In situ* and bioremediation of organicutants in aquatic sediments [J]. Journal of Hazardous Materials, 177(1-3): 81-89.

Petereson J W, Lepczyk P A, Lake K L. 1999. Effect of sediment size on area of influence during groundwater remediation by air sparging: A laboratory approach [J]. Environmental Geology, 38(1): 1-6.

Pignatello J J, Oliveros E, MacKay A. 2006. Advanced oxidation processes for organic contaminant destruction based on the Fenton reaction and related chemistry[J]. Critical Reviews in Environmental Science and Technology, 36(1): 1-84.

Puls R W, Paul C J, Powell R M. 1999. The application of *in situ* permeable reactive (zero-valentiron) barrier technology for the remediation of chromate-contaminated groundwater: A field test [J]. Appl. Geochem. , 14(8): 989-1000.

Rasmussen G, Fremmersvik G, Olsen R A. 2002. Treatment of creosote-contaminated groundwater in a peat/sand permeable barrier—A column study [J]. Journal of Hazard Mater, B39: 285-306.

Reddy K R, Adams J A M. 2000. Effect of groundwater flow on remediation of dissolved-phase VOC contamination using air sparging [J]. Journal of Hazardous Materials, 72: 147-165.

Reddy K R, Adams J A M. 2001. Effects of soil heterogeneity on airflow patterns and hydrocarbon removal during *in situ* air sparging [J]. Journal of Geotechnical and Geoenvironmental Engineering, 127(3): 234-247.

Ridgway H F, Safarik J, Phipps D, et al. 1990. Identification and catabolic activity of well-derived gasoline-degrading bacteria from a contaminated aquifer[J]. Applied and Environmental

Microbiology, 56(11): 3565-3575.

Rodrigo M, Oturan N, Oturan M A. 2014. Electrochemically assisted remediation of pesticides in soils and water: A review [J]. Chemical Reviews, 114: 8720-8745.

Rogers S W, Ong S K. 2000. Influence of porous media, airflow rate, and channel spacing on benzene NAPL removal during air sparging [J]. Environment Science and Technology, 34(5): 764-770.

Salanitro J P, Johnson P C, Spinnler G E, et al. 2000. Field-scale demonstration of enhanced MTBE bioremediation through aquifer bioaugmentation and oxygenation[J]. Environmental Science & Technology, 34(19): 4152-4162.

Sarr M G, Kendrick M L, Nagorney D M. 2001. Cystic neoplasms of the pancreas: Benign to malignant epithelial neoplasms [J]. Surgical Clinics of North, 81(3): 497-509.

Schima S J, Labrecque D D, Lundegrard P. 1996. Monitoring air sparing using resistivity tomography [J]. GWMR, 16(2): 131-138.

Schnarr M, Truax C, Farquhar G, et al. 1998. Laboratory and controlled field experiments using potassium permanganate to remediate trichloroethylene and perchloroethylene DNAPLs in porous media [J]. J. Contam. Hydrol. , 29: 220-224.

Stehr J, Muller K, Kamnerdpetch C, et al. 2000. Basic examinations on chemical preoxidation by ozone for enhancing bioremediation of phenanthrene contaminated soils [J]. Appl Microbiol Biotechnol, 57: 803-809.

Suchomel E J, Pennell K D. 2006. Reductions in contaminant mass discharge following partial mass removal from DNAPL source-zones [J]. Environmental Science and Technology, 40(19): 6110-6116.

Suchomel E J, Ramsburg C A, Pennell K D. 2007. Evaluation of trichloroethene recovery processes in heterogeneous aquifer cells flushed with biodegradable surfactants[J]. Journal of Contaminant Hydrology, 94(3-4): 195-214.

Sun Y, Pignatello J J. 1993. Activation of hydrogen peroxide by iron (III) chelates for abiotic degradation of herbicides and insecticides in water[J]. Journal of Agricultural and Food Chemistry, 41(2): 308-312.

Suthan S S. 2002. Natural and Enhanced Remediation Systems [M]. Boca Raton: CRC Press.

United States Environmental Protection Agency. 2001. Cost Analyses for Selected Groundwater Cleanup Projects: Pump and Treat Systems and Permeable Reactive Barriers[OL]. [2001200213]. http: //www. frtr. gov.

Wickramanayake G B, Gavaskar A R, Chen A. 2000. Chemical oxidation and reactive barriers remediation of chlorinated and recalcitrant compounds//The Second International Conference on Remediation of Chlorinated and Recalcitrant Compounds[C]. Columbus.

Wilkins M D, Abriola L M, Pennell K D. 1995. An experimental investigation of rate-limited nonaqueous phase liquid volatilization in unsaturated porous media: Steady state mass transfer [J]. Water Resources Research, 31(9): 2159-2172.

Yan Y E, Schwartz F W. 2000. Kinetics and mechanisms for TCE oxidation by permanganate [J]. Environ. Sci. Technol. , 34: 2535-2541.

Yan Y L, Deng Q, He F, et al. 2011. Remediation of DNAPL-contaminated aquifers using density modification method with colloidal liquid aphrons [J]. Colloids and Surfaces A: Physico-chemical and Engineering Aspects, 385(1-3): 219-228.

Zhong L, Oostrom M, Wietsma T W, et al. 2008. Enhanced remedial amendment delivery through fluid viscosity modifications: Experiments and numerical simulations [J]. Journal of Contaminant Hydrology, 101(1-4): 29-41.

第8章 地下水环境化学的主要研究方法

地下水环境化学的研究方法很多，本章主要介绍几种常用的研究方法，主要包括污染场地的野外调查、实验模拟和数值模拟，并结合实例说明实验模拟在含水层 DNAPLs 运移和分布特征研究中的应用。此外，还介绍了地球物理方法在地下水环境研究中的应用。

8.1 野 外 调 查

野外调查研究是区域地下水环境研究中最重要和最基本的工作。现场调查研究的目的在于查明该区域地下水水质现状，结合历史资料分析，探明该区域地下水水环境化学状况的演变特征。

污染地下水环境的野外调查一般包括基础调查、地下水样品采集和检测两部分内容。基础调查内容包括土地利用调查、水文地质调查和污染源调查，目的在于查明土地利用状况、区域水文地质条件、可利用的各类采样点的分布、污染源及潜在污染源的类型及分布，为制订采样计划提供依据。地下水样品采集和检测的主要任务是布设采样点、选择采样技术、制订和实施采样计划，选择样品检测方法，落实采样与检测质量控制方案，评估检测成果质量。

8.1.1 调查阶段

1. 污染场地调查的阶段划分

不同的国家可能对污染场地的调查步骤和方法有不同的规定，但首先根据已有的资料进行潜在污染场地的分析是一致的，如区域潜在污染源的填图工作，可初步分析判断可能的污染场地，为进一步的调查工作提供依据。对于一个特定的场地，其调查一般可分为 3 个阶段：初步调查、初步勘查和详细勘查阶段。

1）污染场地的初步调查

通过资料分析，如果确定某场地有可能是潜在的污染场地，需要进一步调查确认时，可以开展污染场地的初步调查。目的是确定污染源位置，调查场地现在和过去的活动（运转时间、污染物质等）、场地条件（地质、水文地质等）、污染的介质及初步的污染范围。通过现场访问，进行土壤、地下水或地表水取样分析，确定污染物的种类、污染程度和大致范围。

在荷兰，污染场地环境质量（土壤、水和气）标准分为 3 个层次：①目标值，表明对人体、植物、动物和生态环境没有风险的物质含量水平；②限制值，指经过努力可以达到的污染物含量水平；③干涉值，指需要开展污染场地修复的污染物含量水平。在场地初步调查阶段，通过取样分析，如果多于一种物质的浓度高于 $(I+T)/2$（I，干涉值；T，目标值），则可能存在严重的污染，需要进行下一步勘查工作。

2）污染场地的初步勘查

初步勘查确定场地的水文地质条件、地层和岩性特征及分布；进行大规模的污染范围勘查，确定污染程度和范围；分批进行大量的取样、分析工作。新取样点的确定根据已经获得的样品分析结果进行设计。通过对样品测试结果的分析，判断污染的程度和范围。需要绘制污染物在非饱和带和饱和含水层中的含量、浓度分布图件，包括剖面图、等值线图等。

在这一阶段，根据样品分析结果，如果多于一种物质的浓度超过了 $(I+T)/2$，则可以确定存在严重的污染，需要进行下一步的勘查工作。当浓度低于 $(I+T)/2$，但多种物质的浓度超过了 $T/2$，则也可以根据实际情况确定进行进一步的勘查（European Environment Agency，2000）。

3）污染场地的详细勘查

污染场地的详细勘查分为两个部分：第一部分的目标是更精确地确定污染物的浓度水平和分布范围，确定场地污染物及岩性分布的非均质性。第二部分主要考虑污染范围的变化及人体接触可能性的评价（气体、饮用水等）。污染场地的详细勘察包括野外观测、水文地质条件、土和水样品的理化分析、污染物的迁移评价，建立各种模型进行模拟分析。当地下水污染场地面积较大时，应进行分区调查。如荷兰规定：如果污染场地超过 $1000m^2$，应对污染场地进行分区调查。

可以根据前一阶段的调查结果来确定是否需要进行后续的调查工作，一般污染严重的场地需要一直进行到第三阶段的详细勘查，以确定污染的修复方案和技术。

2. 发达国家污染场地的调查研究

一些发达国家对污染场地的工作有非常详细和具体的步骤规定，如加拿大对污染场地的工作规定了 10 个步骤（Environment and Climate Change Canada,2018），每一步都有详细的要求：

1）确定可疑场地

需要有专业的经验，通过现有的场地信息来分析判断可能的污染场地。绝大多数情况下，污染场地与商业、工业、废物处置活动有关，有些污染场地（潜在污染场地）是比较明显的，如垃圾填埋场，有些是复杂和不确定的，如地下储存罐的泄漏。可通过资料收集、现场访问、类比方法等来确定可疑场地。

2）历史回顾（第一阶段环境场地评价）

整理和分析所有历史和现有资料，确定场地的可能污染物和进一步调查的内容。通过资料的分析、场地和有关人员的访问，对潜在的污染源、污染途径和污染受体进行评估，并设计下一步调查的方案。

3）初步检验（第二阶段环境场地评价）

确定可疑污染物是否存在，掌握场地的地质、水文地质条件。如果在上一阶段确定了场地具有潜在的环境问题，这一阶段就要对这些问题进行定性和定量分析，对污染的程度、特性和范围进行初步评估，同时要提供更加详细的信息，为后续工作奠定基础。这一阶段需要进行野外调查取样、样品分析、数据解释评价、风险确定及污染概念模型的建立。

4）场地分类评估

使用污染场地"国家分类系统"（national classification system for contaminated sites, NCSCS）对污染的场地进行评估。这一阶段可以评估场地的风险，有高、中、低三个水平，确定污染场地管理的优先顺序。NCSCS 并不是污染场地的定性或定量风险评价，而只是用来筛选污染场地是否需要进一步行动的工具。

5）详细检验

如果初步检验发现场地存在严重的污染，需要进入详细检验阶段，主要关注那些已经污染的地段，进行数据的补充。进一步确定场地污染的特征和与制定有效的场地管理策略有关的内容。如确定目标污染物污染的边界、详细地确定与污染途径分析有关的场地条件，为风险评价和场地修复方案的制定提供进一步的污染信息。

6）场地详细分类评估

基于步骤 5）获得的资料对以前的分类评估进行确认，最终确定污染场地的潜在风险类型。

7）制定污染修复/风险管理策略

确定污染场地修复风险管理的目标，制定相应的策略。污染场地修复的目标可通过两种方法来确定：①有关法规标准；②风险评价结果。管理策略包括无作为、进行修复、进行控制等多个方面。

8）污染修复/风险管理的执行

具体包括评估可以使用的修复技术，进行费用-效益分析，制定修复方案并实施。

9）确认取样分析和撰写报告

进行取样分析，确认修复的效果，撰写报告。

10）长期监测（可选择）

进行长期取样分析，以确保污染场地的修复达到预期的目标。

对于一个具体的场地而言，上述 10 个步骤的工作不一定都要完成，可根据场地的具体情况对有关步骤进行删减。

8.1.2　调查方法

污染场地调查的方法包括地球物理方法、钻探取样方法、实验室分析方法，以及计算机模拟分析方法等。如果场地条件允许，可以在地面初步调查的基础上，首先使用地球物理方法，在地下环境信息缺乏的情况下，初步确定污染场地的地质和水文地质条件，如地层岩性结构、非饱和带和含水层分布及有可能的污染源位置、污染范围和程度等；然后利用钻探取样方法进行验证和核实，最终进行确定。

8.1.2.1　地球物理方法

地球物理方法包括电磁法、电阻/电导法、磁法、地表穿透雷达、地震方法等，可用来初步确定污染源的位置、污染羽范围、污染场地的地层结构等，为概念化污染场地模型提供依据。

1）电磁法

在地表引入一个电磁场导致电流发生，并带来二次电磁场，利用接收装置进行测试。通过测试地下传导率的变化来分析污染场地的地层结构，确定潜在地下水污染羽、污染源等。

2）电阻/电导法

在地表施加电流，不同的地下电流模式可以表明电流通过地下介质的电阻或电导率，进而分析和判断污染场地的地层结构。

3）磁法

磁法利用测试仪器在场地上进行移动来测试地下磁场的变化，可以确定磁性物质的位置，如地下储存装置、管道等。

4）地表穿透雷达

当在地表以脉冲形式施加电磁能，有些电磁能通过地层，有些则由于地层的变化发生反射。通过反射时间的分析可确定地下水水位、地下掩埋物体及场地的地层结构。

5）地震方法

在一个地点产生声波，声波在地层中传播，当地层发生变化时，有些声波发生反射或折射，有些则继续通过。使用地震检波器来测试反射或折射声波的到达时间，通过到达时间的变化可分析和判断场地的地层结构。

8.1.2.2 钻探取样方法

钻探取样方法包括各种钻探方法和水、土取样方法，钻探方式要考虑在非饱和带中土样的采集，地下水的取样要尽可能代表含水层的实际情形，详情如下（赵勇胜，2015）。

1. 污染场地现场勘探与钻孔设置

取样点或钻孔的设置非常重要，它决定了场地调查工作的进度、费用和效果。一般应采取分批设置钻孔的方法，根据前一批钻孔土、水样品分析的结果，结合污染场地的实际情况及地球物理方法提供的信息，布置下一批钻孔的位置，直到能够准确地反映污染源、污染羽、污染程度等要求。

传统的场地调查方法，所取得的土、水样品分析一般在实验室进行，分析结果滞后。而目前的污染场地调查强调水、土样品的现场快速分析，测试仪器具有自动化、小型集成化的特点。根据现场分析的结果，可以进行下一步调查工作的快速部署和决策。

污染场地调查中取样钻孔的布置要根据具体的场地条件、污染源泄漏方式和污染物特性等综合分析后确定，没有统一的布置方式。在进行场地污染范围确定时，取样钻孔的布置需要进行如下考虑：

（1）上游与下游兼顾，重点在污染场地下游布置。有些国家提出污染场地地下水监测孔的布置数量至少应满足"上游 1 个，下游 3 个"，即在污染场地地下水流向的上游布置 1 眼监测井，而在污染物运移的下游至少布置 3 眼监测井。地下水流上游井中的水质分析数据作为未污染的"背景"，下游的 3 眼监测井布置要求不在一条直线上，以便绘制地下水等值线图，初步确定地下水的流向。

钻孔位置确定后，在钻进过程中，要进行剖面岩心的分层采集，成井后要进行井口地表高程测量，在地下水水样采集前，要进行洗井工作，可依据国土资源部门的相关工作要求进行。

实际上，一个复杂的污染场地，土壤、地下水的监测孔数量要大于 4 眼，有时需要几十眼井甚至更多，以判定污染源的位置和污染羽的范围。

（2）钻孔要分批布置。为了科学合理和经济有效地布置取样监测孔，分批布置钻孔是十分必要的，不能一次把所有的钻孔布置完毕，而应该先布置一些钻孔，根据现场土样、地下水样取样分析结果进行分析判断，确定下一批钻孔的布置位置，确定是进行内插还是外扩；有时这种调查钻孔的布置需要若干批次，这样的布孔方式既能较为准确地把握污染的范围，又比较经济。

（3）在场地信息较少的情况下，布置第一批钻孔时，需要在水文地质条件分析、污染源泄漏情况分析等基础上，初步判断地下水的流向、流速，进行针对性钻孔布置。根据美国对 184 个污染场地地下水污染羽范围的统计资料，其中有 42 个场地 BTFX（苯、甲苯、乙苯、二甲苯）污染范围为 65m×45m；88 个场地 PCE（四氯乙烯）和 TCE（三氯乙烯）污染羽为 300m×150m；29 个场地 TCA（三氯乙烷）和 DCA（二氯乙烷）污染羽为 150m×100m；其他 25 个场地的污染羽为 210m×150m。因此在一般情况下，没有强烈的人为扰动时，第一批钻孔的布置应在距离污染源泄漏点几百米的距离之内；小规模的泄漏则更应该集中在泄漏点附近。但如果污染含水层为基岩裂隙水或岩溶水时，污染物的迁移距离不能按照上述统计结果估计。污染物可以通过裂隙或岩溶通道迁移很长的距离。

当污染场地进行了地球物理探测，对污染源位置和污染羽范围有了初步的估计，可以根据现有的地球物理探测结果进行首批钻孔的布置，然后利用分批布孔原则进行。当没有地球物理探测资料，且污染源位置尚不确定时，可先进行污染源位置的确定，通过场地走访调查，结合浅层非饱和带取样来确定地下水的污染源，然后考虑地下水的流速、污染的时间、污染物的特征及污染场地地层介质与污染物的作用等因素，进行首批钻孔的布置。

以上主要是针对点源污染场地的钻孔布置原则，对于线源和面源污染场地，其钻孔的布置要根据具体的场地水文地质条件进行调整。

2. 土壤、地下水污染的取样

土样和地下水样需要分层采集。地下水样采集的位置还要考虑污染物的特点进行设计，如 LNAPLs 污染物趋向于在地下水面上富集，而 DNAPLs 污染物则在含水层底板聚集。所以，在地下水样的采集过程中，要根据污染物的特征，有针对性地确定取样的重点层位。

1）土壤和包气带的取样

土壤和包气带的取样应遵循如下原则：

对不同岩性进行控制，即对地下不同的岩性层位都要进行取样；在同一岩性层位，取样间隔和数量可根据具体情况和条件来确定。

钻孔剖面上部（接近地表）的取样密度一般要大于下部的取样密度。

污染泄漏点附近的土样可适当加密。污染泄漏点可能在地表或地下一定深度，所以，在钻孔剖面上接近泄漏点的位置，土样取样间隔可适当加密。

2）地下水的取样

一般地下水的采样要求：应是刚流入监测井的新鲜水，能够代表取样点附近的地下水情况。根据中国地质调查局的地下水取样要求《地下水污染地质调查评价规范》（DD 2008—01），地下水样采集前要进行井孔的清洗，分全孔清洗和微扰清洗。

全孔清洗时，采用大流量潜水泵或离心泵，排出水量应大于井孔储水量的 3

倍，且现场检测水温、电导率、pH、氧化还原电位、溶解氧等趋于稳定。

微扰清洗时，采集指定深度水样，通过平稳缓慢地排出井孔储水的方式，引起含水层局部涌水，使采样部位储水得到更新。待所选取的现场检测项目全部稳定时，结束清洗工作。

《污染场地土壤和地下水调查与风险评价技术要求》（中国地质调查局）对地下水取样也有类似的技术要求：井孔清洗时，至少要抽出 3 倍于井内容量的水量（3～5 倍为宜），观测出水的颜色、浊度等物理性状，并现场测量水温、电导率、pH、氧化还原电位、溶解氧等参数至少 5 次以上，直到最后 3 次各项参数稳定方可采样。

上述地下水取样技术要求应用在地下水污染场地取样中时，难以满足对污染物三维分布刻画的要求。主要存在的问题如下。

全孔清洗后，所取的地下水样为剖面上的混合水样，不能真实反映含水层中污染物的垂向分布情况，同时，基于污染修复的场地调查要求精度高，要在小尺度规模的污染场地刻画污染羽的三维分布，全孔清洗显然难以达到。

对于地下水污染修复工程的取样井孔，有时距离很小，如用于原位空气扰动的修复，一般井间距在 5m 左右（Leeson et al，2002），抽取 3～5 倍井孔储水量的污染地下水，有时可以导致取样孔间的相互干扰，不能准确反映污染物在地下水中的空间分布。此外，抽取污染水体积较大，不能随意排放，存在处理抽出污水的问题（如取样井井径 13mm，含水层厚度以 10m 计，需要抽取地下水 133L）。

"现场测量水温、电导率、pH、氧化还原电位、溶解氧等参数至少 5 次以上，直到最后 3 次各项参数稳定方可采样"，这样的要求有时需要抽更多的地下水，特别是氧化还原电位和溶解氧在污染场地地下水中变化较大，不易稳定。

微扰清洗方法中规定了"待所选取的现场检测项目全部稳定时，结束清洗工作"，在实际工作中，"检测项目全部稳定"与"微扰"的目的往往矛盾。如果要使现场检测的项目达到稳定，可能需要抽取一定量的地下水，对地下水就不是"微扰"。因此，微扰清洗方法也存在问题，取样难以判断是否能反映垂向上的污染物分布。

目前出现了一些新的地下水取样方法，有利于更精确地描述污染物在含水层中的空间分布，如在线检测、定深取样、双栓塞系统等，但这些方法也不同程度地存在着一些技术方面或应用方面的问题。

在线检测：不用扰动，直接利用检测探头在井孔内不同深度进行测试分析，但目前可检测的项目有限，包括水温、电导率、pH、氧化还原电位、溶解氧及一些其他离子等，对于大多数污染物，特别是有机污染物，难以在线检测。此外，在线检测还存在井孔中的水质能否代表含水层中实际污染物情况的问题。

定深取样：国内外有许多地下水定深取样的设备，主要是在指定深度获取取样点的地下水样品，采用抽取等方法。该方法也存在所取样品能否代表含水层情况的问题。有的定深取样采用"充气-释气"方法，会影响地下水中某些项目的测试，如氧化还原电位、溶解氧等。

双栓塞系统：在井孔中设置止水栓塞，用于研究剖面不同深度上地层介质渗透性的垂向分布，也可以用来进行地下水的定深度取样。该方法的取样能够更好地代表地下水中污染物的情况，但在实际应用中，存在费用高、操作复杂等问题。

多层式监测取样井：在一个钻孔中，可以构建多个监测井，对含水层的不同层位进行监测或取样。

综上分析，目前在污染场地地下水取样时，不宜使用大抽水量的全孔清洗，而应该使用定深取样与在线检测相结合的方法，以达到对污染物分布的三维刻画。但需要研究监测井水中污染物的浓度与附近地下水污染浓度间的关系，或在测试取样前进行必要的扰动，然后等待一定的时间，再进行测试取样。至于双栓塞系统，由于其使用的不方便，目前尚难以推广使用。如果经费条件允许，可以设计分层及监测取样孔进行地下水污染场地的监测分析，中国地质调查局水文地质环境地质调查中心（保定）在这方面有很多成功的实践经验。

8.1.2.3　实验室分析方法

样品的分析包括定性分析和定量分析两方面，定性分析是确定某种化学物质在样品中是否存在，如果确定了它的存在，则要进行定量分析，以确定它在样品中的浓度和特性。分析的内容包括 VOCs（挥发性有机化合物）、SVOCs（半挥发性有机化合物）、金属、放射性物质等。

实验室分析方法繁多，针对无机污染物和有机污染物使用的仪器设备和方法均有所不同，不同的国家都有具体的标准和规范。

8.1.2.4　计算机模拟分析方法

在污染场地调查的过程中，计算机技术可以用来进行高效的数据管理、解译分析、决策和调查方法的系统配置等，如 GIS、GPS 和 RS 技术的使用及各种各样的计算机模型和软件的应用等。利用计算机技术，进行系统化的设置与管理，能够确保数据采集、分析的科学性，减少投资和场地调查、修复的时间。

8.2　实　验　模　拟

作为区域地下水环境研究中最基本和最重要的工作，野外现场调查只能反映该区域地下水环境中各种物理、化学和生物作用的结果，并不能确切地阐明这些作用的过程和机理。自然界中的变化过程是相当复杂的，多方面的影响因素、多种作用交织在一起。因此，如果要深入地研究一些地下水环境化学的问题，光靠现场取样调查分析是远远不够的，必须在实验室内或者现场进行合理的模拟试验，从而揭示内在的一些规律。

地下水环境化学的研究工作者都十分重视模拟实验。地下水环境化学的模拟实验，就是指在现场模拟观测某一地下水环境化学过程，或者在实验室内模仿自然地下水环境，并且在人工控制的条件下，通过改变一些环境参数，理想地再现实际地下水环境中的一些变化过程，得出环境因子间的相互作用规律及其定量关系，或者其他一些机理性、应用性的结果。

地下水环境化学研究中的模拟实验按实验场合可分为现场实验模拟与实验室实验模拟；按研究问题的性质可分为"过程模拟"、"影响因素模拟"、"动力学模拟"及"生态效应模拟"等；按模拟的精确性可分为"比例性模拟"和"非比例性模拟"；按实验的规模和复杂程度可分为"简单模拟"和"复杂模拟"（或综合模拟）；还可以作其他一些划分。

设计合理、操作规范并且误差较小的模拟实验研究能在揭示客观规律和推动科学发展方面发挥巨大的作用，历史上许多重大的科技革命都源于实验室的模拟研究，尤其是现代科技高度发达的今天，先进的仪器设备使得实验模拟精度更高，更能代表实际情况。同样，在地下水环境化学研究领域，科研人员的理论基础加上完善的监测设施以及精良的机械制造技术等，给实验模拟的科学性提供了强有力的技术支撑，实验结果往往具有很强的理论和应用价值。

模拟实验设计是指研究人员在进行模拟实验之前，根据一定的实验目的和要求，运用有关的知识和技能，对实验所需的仪器设备、装置、步骤和方法等在头脑中所进行的一种规划和预演。实验设计在科学研究中具有极其重要的作用，它直接关系到实验效率的高低，乃至实验的成败。科学、合理、周密、巧妙的实验设计，往往能导致一些重大发现。卢瑟福的原子结构"行星模型"，就是根据他精心设计的 α 粒子散射实验的结果提出来的。

从实验场地来讲，地下水环境模拟实验设计可分为室内模拟实验设计及现场（原位）模拟实验设计。前者是通过模拟单一或综合环境参数对地下水环境进行人工模拟，既可借助于物理模型来获取机理分析的数据，又可设计多种边界条件并在较短时间内重现以加速实验，便于观测过程，其实验技术的水平体现在实验方法的模拟性、重现性和实验结果分析的确切性、先进性等方面。后者是将研究对象、污染物或系统暴露在自然地下水环境条件下进行实验，实验结果较为真实可靠，但时间较长，代价较大。

总之，在地下水环境化学领域，其科学研究实验设计的合理性、可行性往往需要多方面的科学知识及专业技能来保证，比如水化学、水文地质学、环境科学、生物科学、自然地理学等，提倡多学科交叉，促进机理研究。

下面举例介绍重非水相液体（DNAPLs）在含水层中运移的室内模拟研究，借此说明实验模拟在地下水环境化学中的重要意义。

【模拟实例】光透法研究 DNAPLs 在饱和多孔介质中的运移

获取 DNAPLs 在含水层中的运移和分布规律是制定经济、高效的污染修复方案的基础。目前的野外监测和调查方法主要包括物探技术和非物探技术两大类。常见的野外物探技术主要包括高密度电阻率法、电磁波探测法、高频地震波法及地质雷达法等。非物探技术包括污染能量法、直接推进法、钻探分析法和扩散取样法等。该类方法通常需要耗费大量的人力物力，对设备的要求很高而且在监测实施过程中可能造成二次污染，一般作为污染调查的辅助手段。考虑到含水介质的复杂性和监测成本，一般难以对 DNAPLs 在实际含水层中的迁移行为进行系统的定量研究。因此，定量刻画 DNAPLs 在多孔介质中运移和分布特征的研究更多地集中在室内物理模拟（一维砂柱、二维/三维砂箱）和数值模拟上。目前，国内外室内物理模拟的监测一般采用非侵入式的、非扰动式的技术手段进行，室内物理模拟监测包括伽马射线法（Jalbert et al., 2003）、X-Ray（Fagerlund et al., 2006）、反射光法（Luciano et al., 2010）和光透法（Niemet and Selker, 2001）。伽马射线法和 X-Ray 法只能对点测量，测量精度低且耗时长，这两种方法均会产生一定的辐射，对人体具有潜在危害性。反射光法和光透法监测相对较为迅捷且易于操作，其中光透法具有更好的分辨率和精度，能够进行连续自动监测，既可以定性分析多孔介质中 DNAPLs 的运移规律，还能定量计算 DNAPLs 的饱和度分布和入渗量，可以快速准确地获取整个研究区域上 DNAPLs 的运移和分布动态。

本实例即以地下水环境中常见的四氯乙烯（PCE）污染物为典型 DNAPLs，建立室内二维砂箱，采用光透法（light transmission method，LTM）研究 PCE 在饱和多孔介质中的运移行为。

8.2.1 光透法原理

当光照射于吸收介质表面时，在通过一定厚度的介质后，由于介质吸收了一部分光能，透射光的强度就要减弱。根据比尔定律，又称朗伯-比尔定律或布格-朗伯-比尔定律，当光源穿过均匀介质时，光能被介质吸收后以指数形式减弱。对于特定波长的光源，穿过厚度为 d_i 介质后光强 I，可以表达为

$$I = CI_0 \exp(-\alpha_i d_i) \tag{8-1}$$

式中，C 是纠正对发射和观测点之间的差异的光学几何参数，对于准直光源，或是光源和介质到接收器的距离大致相同，则 C 可以忽略不计；I_0 是入射光源强度；α_i 是介质 i 的光吸收系数。

对于有着相同含水量的均质孔隙介质可以认为是单一相，统一作为均匀的介

质。将各相的吸收能量和界面损失在介质厚度 d_i 范围内累积起来，则式（8-1）可以表达为

$$I = CI_0(\prod \tau_{p,q})\exp(-\sum \alpha_j d_j) \tag{8-2}$$

式中，$\tau_{p,q}$ 是指光穿过介于相 p 和 q 间界面的透射率，利用菲涅耳方程进行计算，见式（8-3）；α_j 是介质 j 的光吸收系数；d_j 是介质 j 的厚度。

$$\tau_{p,q} = \frac{4n_p n_q}{(n_p + n_q)^2} \tag{8-3}$$

式中，n_p、n_q 分别为物质 p、q 的折射率。

　　Niemet 和 Selker（2001）根据孔隙介质的孔隙几何特征、物质润湿性和驱替方式对孔隙介质进行了相应地概化。在自然条件下，在空气或 NAPLs 释放进入之前含水层经常是饱水的而认为其是水相润湿。很多的含水层介质如石英砂一般都是水相润湿。因此，对含有"NAPL/水/气"三相的孔隙介质概化如图 8.1，假设孔隙介质具有均一的孔隙尺寸，固体颗粒是水润湿的，其表面有一层薄膜水，并且概化为两种不同的驱替模式，模式 A 为单个孔隙水随机独立驱替，即单个孔隙中的自由水被气体（或是 NAPL）完全驱替，如图 8.1（a）所示；模式 B 为所有孔隙水统一驱替，即单个孔隙空间内含有相同含量的气体、水和 NAPL，如图 8.1（b）所示。

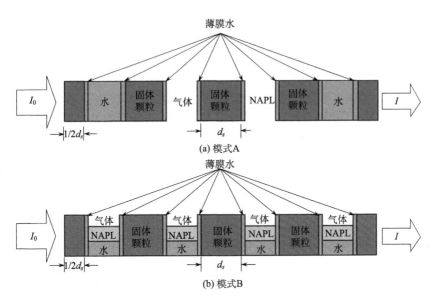

图 8.1　物理模型概化示意

8.2.2 定量多相流饱和度的模型

根据上述物理模型，考虑水-NAPL 两相系统，假设水相为润湿相，介质单个孔隙完全饱水或饱油，由光反射及折射定律建立以下表达式（Bob et al., 2008；章艳红等，2014）：

$$I = CI_0 \tau_{s,w}^{2k} \tau_{w,o}^{2kS_o} \exp(-\alpha_s L_s) \exp(-\alpha_{do} S_o L) \tag{8-4}$$

式中，I 为出射光强；I_0 为入射光强；C 为校正参数，对于准直光源或是光源和介质到接收器的距离大致相同时，C 可以忽略；k 为整个介质厚度上颗粒（或孔隙）的数量；S_o 为油相的有效饱和度；$\tau_{s,w}$ 为固体颗粒-水相界面的透射率；$\tau_{w,o}$ 为水相-NAPL 界面的透射率；α_s、α_{do} 分别为固体颗粒和染色 NAPL 的吸光系数；L_s、L 分别为整个介质厚度上固体颗粒和孔隙的厚度。

将完全饱油的光强表达式及完全饱水的光强表达式代入上述公式可得到油相饱和度公式：

$$S_o = \frac{\ln I_s - \ln I}{\ln I_s - \ln I_{oil}} \tag{8-5}$$

式中，S_o 为油相饱和度；I_s 为饱水条件下的光强值；I_{oil} 为饱油条件下的光强值。

在水-NAPL 两相中引入参数 M（$M=I_0/I_s$），实验过程中认为光源处于稳定状态，介质视为均匀介质，根据实验过程中 NAPL 饱和区域估算得到参数 M 的统计平均值为 0.43，代入得

$$S_o = \ln\left(\frac{I}{I_s}\right) \Big/ \ln M \tag{8-6}$$

式中，S_o 即为 NAPL 相饱和度的表达式，根据光透系统中 CCD 相机拍摄的图片实质上记录的是不同时刻透过砂箱的光强值，需要对获得的光强数据进行转换，得到相应时刻 PCE 在砂箱中的饱和度分布。

8.2.3 模拟实验结果

根据上述方法，利用 CCD 相机拍摄得到的 PCE 在二维砂箱入渗过程中的光强图[图 8.2（a）]，计算相应时刻的 PCE 饱和度分布。在 CCD 图片上选取研究区域，使用 Matlab 软件对图片进行计算处理（章艳红等，2014；Bob et al., 2008），计算得到不同时刻砂箱内 PCE 的饱和度分布及体积量。污染区域中 PCE 饱和度大于残余饱和度的区域称为污染池（pool），反之，PCE 饱和度小于残余饱和度的区域称为不连续的离散态 PCE（ganglia）。以离散态 PCE 与池相 PCE 的体积/质量比值（ganglia-to-pool ratio，GTP）表征污染源结构。图 8.2（b）为该方法处理结果实例，此刻图片表示的是均质饱和多孔介质中，地下水流速 0.1 m/d，于二维砂

箱顶端注入 PCE 40 min 后，PCE 运移到砂箱底部并在砂箱底部开始聚积的饱和度分布。

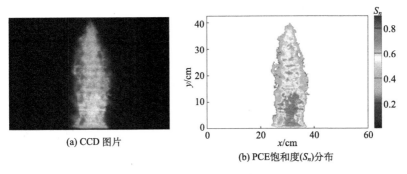

(a) CCD 图片　　　　(b) PCE饱和度(S_n)分布

图 8.2　CCD 图片与 PCE 饱和度（S_n）分布

为了验证上述计算方法的可靠性和准确性，根据 PCE 的饱和度（S_n）分布结果计算出相应的 PCE 体积，然后与对应时刻的实际注入值进行比较。本研究将 PCE 的运移过程分为入渗期和再分布期两个阶段，其中入渗期为 PCE 注入阶段，时长 15 min，停止注入 PCE 后，污染物进入再分布期。考虑到再分布期有 PCE 流出研究区域，计算入渗期 PCE 的体积，并和实际注入值对比。将 PCE 的实际注入量和计算值进行回归拟合（图 8.3），得到其相关系数为 0.9843。开始相对误差较大，随后误差减小，最后平缓，主要是由于注入量的变化对其的影响。计算总体的均方根误差 RMSE：

$$\text{RMSE} = \sqrt{\frac{1}{N}\sum\left(V_{\text{cal}} - V_{\text{add}}\right)^2} \tag{8-7}$$

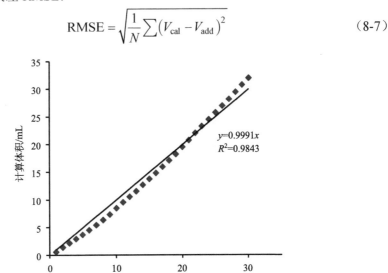

图 8.3　二维砂箱实验中 PCE 入渗期计算体积与实际注入体积的对比

式中，N 是分析计算的结果总数；V_{cal} 为图片分析方法得到的 PCE 计算总量；V_{add} 是该时刻的实际注入量，计算值为 1.22 mL。当注入 30.0 mL PCE 时，相对误差为 4.06%，表明上述利用光强值计算饱和度的方法是可靠的，同时还说明 LTM 的测量精度较高，可以准确反应砂箱内 PCE 的运移与分布过程。

8.3 数 值 模 拟

8.3.1 概述

近几十年来日益加剧的人类活动对地下水资源的质和量造成了许多负面影响，如过量开采地下水引起的水资源枯竭、海水入侵、地面沉降，以及"三废"不注意排放造成地下水受到不同程度污染等。评估人类活动对地下水质和量的影响，评价地下水资源，预测地下水污染发展趋势，选择最佳防治措施，合理开发地下水，以便可持续地利用地下水资源等是当代迫切需要解决的问题，都需要借助于求解地下水流模型和溶质运移模型才能找到比较满意的解答。

模型的种类很多，在地下水研究中常用的有物理模型和数学模型两大类。物理模型以模型和原型之间的物理相似或几何相似为基础，如用渗流槽直接模拟地下水流。数学模型则以模型和原型之间在数学形式上的相似为基础，实际上就是一组能够刻画实际系统内所发生物理过程的数量关系和空间形式的数学关系式（包括数学方程和定解条件）。数学模型可分为确定性模型和随机模型两类。前者出现在模型中的参数都取确定的值，后者模型中含有随机变量。数学模型又可分为相对比较简单、不包含空间坐标作为变量的集中参数模型，以及相对较为复杂、包含空间坐标作为变量的分布参数模型。一般说来，集中参数模型由常微分方程来表达，而分布参数模型则需要用偏微分方程来表达。对研究地下水流问题和包括地下水污染问题在内的溶质运移问题来说，分布参数模型更为适用。

一般可以用两种方法来获得一个描述实际问题数学模型的解——解析法和数值法。用解析法求解数学模型可以得到解的函数表达式。应用此函数表达式可以得到所求未知量（如水头、浓度等）在含水层内任意时刻、任意点上的值。解的精度高，因而称为精确解或解析解。但它有很大的局限性，只适用于含水层几何形状规则、性质均匀、厚度固定、边界条件单一的理想情况，"地下水动力学"中讨论的主要属于这种情况。实际水文地质问题一般比较复杂，如边界形状不规则、含水层是非均质甚至是各向异性非均质的、含水层厚度变化，甚至有缺失的情况。对于一个描述实际地下水系统的数学模型来说，一般都难以找到它的解析解，只能求得用数值表示的在有限个离散点和离散时段上的近似解，称为数值解。求数值解的方法称为数值法。在计算机上用数值法来求数学模型的近似解，以达到模拟实际系统的目的就称为数值模拟。

　　和其他方法相比较，数值法有很多优点，主要有：①模拟在通用计算机上进行，不需要像物理模拟那样建立专门的一套设备。②有广泛的适用性，可以用于水量计算、水位预报以及水质、水温、地面沉降、水资源管理等的计算。各种复杂的含水层、边界条件、水流情况都能模拟出来。数值模拟除了广泛用于上述预报未来、预测某种作用的后果外，还能用来对区域含水系统进行分析，以提高对区域水流系统的认识，帮助确定含水层边界的位置和特征，并对系统内水的数量、含水层的补给量等进行正确评估。此外，模型还能用来研究一般地质背景中的各种过程，如研究湖-地下水的相互作用等。③修改算法和修改模型比较方便。④可以程序化，只要编好通用软件，对不同的具体问题只要按要求整理数据就能上机计算，并很快得到相应的结果。它的不足之处是不如物理模拟来得逼真、直观，计算工作量大。这些问题随着当前水文地质工作者已具有比老一代工作者更高的数学水平和抽象能力，以及计算水平的快速提高与数值法的改进早已不是问题了。

　　解地下水问题的数值方法有多种，但最通用的还是有限差分法（FDM）和有限元法（FEM，也叫有限单元法）。这两种方法的根本区别在于有限元法是建立在直接求函数的近似解基础上的，而有限差分法则是建立在用差商近似表示导数的基础上的。除了这两种方法以外还有特征法（MOC）、积分有限差分法（IFDM）、边界元法（BEM）等。但“只有有限差分法和有限元法能处理计算地下水文学中的各类一般问题”（Yeh，1999）。

　　有限差分法在 20 世纪 50 年代用于石油领域的模拟计算。60 年代中期拓宽了应用领域，用于解地下水流问题。这种方法有许多优点：①对于简单问题（如均质、各向同性含水层中的一维、二维稳定流问题）的数学表达式和计算的执行过程比较直观，易懂；②有相应高效的算法，对岩性、厚度相对比较均匀的地区，有占用内存少、运算速度快的优点；③精度对解地下水流问题来说一般相当好；④有广泛使用的商用软件，如 MODFLOW 等可以方便地获得。需要注意的是差分方法要求解满足方程，所以它必须具有二阶导数。由于含水层透水性的变化、厚度的变化等原因，地下水流在这些透水性、厚度变化大的部位容易发生突变，上述解必须具有二阶导数的要求往往就无法满足，影响计算结果。因此，在透水性变化大的含水层中及含水层厚度变化大的地区，差分方法不宜采用渗透系数、导水系数的算术平均值，只能采用其调和中项或几何平均值，以改善计算结果。对自然边界条件差分法必须进行特殊处理，灵活性一般说来相对要差一些。因此，标准的有限差分法在近似不规则边界上不如有限元法方便（但积分有限差分法能和有限元法一样处理不规则边界），对内部边界如断层带的处理及模拟点源（汇）、渗出面和移动着的地下水面等，有限差分法也不如有限元法好。

　　有限元法在 20 世纪 60 年代后期引入地下水模拟中，其优点是：①程序的统一性。有限元法对各种地下水流、溶质和热量运移问题，无论简单的还是复杂的，计算过程基本相同，因而有相同的程序结构，程序编写比较方便，很多例子表明从解一类问题的程序转换为解另一类问题的程序比较方便、简单。②对不规则边界或曲线边界、各向异性和非均质含水层、倾斜岩层及复杂边界的处理比较方便、简单。③单元大小比较随意，同一计算区内可以视需要采用多种单元形状和多种插值函数，以适应水头、浓度等变量的激烈变化或精度要求。④水流问题、物质运移问题解的精度一般比有限差分法求得的解高。有限元法的不足是占用计算机内存比较大，运算工作量也大一些。对于简单问题的处理，由于这种方法对简单问题和复杂问题的程序结构相同，和有限差分法比起来，这一不足更为明显，它相对需要较多数学上的处理。但实际问题一般都比较复杂，对复杂问题来说，如前述需要较多数学和程序上处理这种不足就不存在了；相反，对复杂水文地质条件有较大适应性反而成为它的优越性。占用内存大的问题随着计算机内存的快速提高，大容量计算机的不断出现和数值方法的改进，也早已不再是什么问题了。

8.3.2　地下水数值模拟流程

简而言之，一个完整的地下水数值模拟流程应该包括以下几个步骤：

（1）建立概念模型；

（2）建立数学模型；

（3）模型识别或模型校正；

（4）模型检验；

（5）模型不确定性分析；

（6）模型预报。

要建立一个地区地下水流问题的水文地质概念模型，只有在查明当地地质、水文地质条件的基础上才有可能。但天然地质体一般比较复杂，且地下水处于不停的变动之中。为了便于解决问题，必须忽略一些和研究问题无关或关系不大的因素，使问题简化。这种对地质、水文地质条件加以概化后所得到的是天然地质体的一个概念模型。这个过程通常称为建立概念模型。建立水文地质概念模型必须明确研究区范围和边界条件、含水系统的空间结构及所研究含水层地下水的补给、径流和排泄条件。

从所建立的概念模型出发，用简洁的数学语言，即一组数学关系式来刻画它的数量关系和空间形式，从而反映所研究地质体的地质、水文地质条件和地下水运动的基本特征，达到复制或再现一个实际地下水流系统基本状态的目的。这样建立的一种数学结构便是数学模型（包括数学方程和定解条件）。这个过程通常称为建立数学模型。用确定性分布参数数学模型来描述实际地下水流时，必须具备下列条件：①有一个（或一组）能描述这类地下水运动规律的偏微分方程，并确定了相应渗流区的范围、形状和方程中出现的各种参数值。参数值一般根据实验资料或经验确定。②给出了相应的定解条件，即稳定流问题的边界条件、非稳定流问题的初始条件和边界条件。

由于野外实际条件的复杂性，我们对通过上述步骤建立的数学模型是否能确实代表所研究的地质体还没有把握，模型中出现的参数此时一般也不可能准确给出。因此，必须对所建立的数学模型进行识别校正，即把模型预测的结果与通过抽水实验或其他实验对含水层施加某种影响后所得到的实际观测结果，或与一个地区地下水动态长期观测资料进行比较，看两者是否一致。若不一致，就要对模型进行校正，即修正条件①和②，直至满意地拟合为止。这一步骤称为模型识别或模型校正。识别模型时，按给定的定解条件先根据掌握的信息假定一组参数初值，其他条件如抽水流量、降水量等则与实际问题一致，求解地下水流方程，模拟不同时刻各结点的水头（这一过程可称为解正问题），看看计算所得水头值和观测孔中的观测值是否一致，误差是否足够小。若不满足要求，就要对给出的参数值进行调整，再解正问题，直至获得满意的拟合结果为止。如调整参数值无法满足，必要时还要修正边界条件，甚至检查给出的方程或方程组是否符合实际情况或对实际天然地质体的认识是否有偏差。

为了能确保经上述校正后的数学模型能再现所研究的实际地质体，要把上述拟合求得的参数和模型原封不动地用来模拟另一时间段的地下水运动过程，通过模型模拟预测结果与相应时间段实际观测资料的对比来进一步检验、考核所建模型。这一步骤称为模型检验。所以模型检验可以理解为识别或校正过的模型能够另外再独立地得出一组（和模型识别阶段无关）能和野外实际观测资料很好拟合的模拟结果。

经过识别、检验后的地下水流数学模型，说明它确实能代表所研究的地质体，或者说是实际地下水流系统的复制品，因而可以根据需要，用这个数学模型进行计算或预测，例如根据矿床开采时的水位条件预测矿坑涌水量或根据抽水量预测地下水位变化情况等。这一步骤称为模型预报。

在地下水流数值模拟的基础上，可进一步开展地下水污染物运移数值模拟，模拟流程与地下水流数值模拟相同。

值得注意的是，所有模拟都会有不确定性，地下水数值模拟也不例外。由于野外实际条件的复杂性及实际资料的有限性，研究区水文地质参数和边界条件都永远不可能知道得很详细，对将来可能出现的外来影响也常常不能确切地刻画出它的特征。所有这些问题都可能成为概念模型能否成功地应用于野外实际问题的重要因素，这些因素也就成了附加给数学模型的不确定性，导致许多地下水流数学模型无法进行成功预报。因此，如果地下水模拟预报的结果要在规划和设计中使用的话，无论如何要考虑模型的不确定性。

8.4　地球物理方法

地球物理方法因其无破坏性、可遥测地下介质多种特性的三维变化及效率高、成本低等特点，在国内外地下水研究中受到广泛青睐。该领域的工作最早可追溯到 20 世纪初，Bachmetjew（1896）用自然电位法测量由地下水的流动产生的电动势。20 世纪 60 年代以前，地球物理方法很少用于环境领域，而最近 30 多年来其发展则异常迅速。由于地下水污染，特别是有机污染日益严重，从而产生了对无破坏性监测治理效果和有机污染物探测等方面的技术需求。地球物理方法在解决与地下水系统有关的环境问题方面，显示出独特的作用。

8.4.1　概述

地球物理方法传统上可分为重力法、磁法、电法和电磁法、地震法、放射性方法及测井方法等，它们分别以地球介质的密度（重力法）、磁化率和磁感应强度（磁法）、电阻率、电导率和电化学特性（电法和电磁法）、介电常数（探地雷达）、弹性系数（地震法）、放射性元素含量（放射性方法）等物性参数的差异为物质基础，以不同方法在宏观上满足某种偏微分方程和特定的初始、边界条件为数学物理基础，如重力法、磁法和传导类电法均可用位场方程（Laplace 方程或 Poisson方程）描述。由于各种方法的物质基础和控制方程不同，它们在野外测量、数据处理及解释等方面都存在差异。

在与地下水问题有关的调查中，常用的地球物理方法主要为电阻率法、探地雷达、自然电位法等，在后面将对这些具体方法进行介绍。

地球物理测量是指利用某种传感器在地表或井中接收与某种天然场源或人工场源在地下介质中建立的场有关信号的过程。重力法和磁法的场源是天然场源，因为它们分别观测天然存在的重力场和地磁场对地下介质激励的响应。电法和电磁法既可利用天然场源也可利用人工对地下介质施加的人工场源。在地下水污染调查方面，地震法一般利用人工震源作为观测波场的场源。

为了更好地理解地球物理方法技术，需要介绍以下几个重要的基本概念（王焰新，2007）。

1. 探测深度

探测深度是一个难以准确定义的概念。一般将某种方法在某些条件下所能达到的最大有效探测深度理解为探测深度。这里的某些条件是指地质条件、地表条件、观测方式等，有些方法还包括场源条件，如源的强度、功率、频带范围等，这些条件是研究者们长期关注的问题。所谓有效，是指无论从理论上还是实践上都具有足够的可靠度。

（1）电法：其探测深度可从地表到千米级，取决于所供地下电流的大小和采用电极距的大小及排列方式。

（2）电磁法：其探测深度可从地表到上地幔，取决于源场的频率和功率。在其他条件相同时，功率越大，探测深度越大；频率越低，探测深度越大。

（3）地震法：指采用人工震源的人工地震法，其探测深度从地表到几千米，主要取决于震源的强度，其次与观测方式和利用的地震波类型有关。

2. 分辨率

由于上述各种方法的控制方程不同，因此各种方法的探测精度和分辨率不同。某种方法的分辨率通常是指该方法所能分辨的地下目标的几何尺寸，它又可分为横向分辨率和纵向分辨率。对于某种方法来说，其纵、横向分辨率可能不同，这既与方法本身有关，也与地质条件有关。

3. 信噪比

一般指某种方法的实测记录中有用信号与各种干扰信号之间能量密度的比值。地球物理资料提供的分辨率越高越好。一般地，在其他条件相同时，信噪比越高的记录，其分辨率也越高。但在实际工作中，每一种地球物理信号中都不可避免地含有噪声，为了得到信噪比较高的资料，不得不采用野外多次观测叠加方法（如地震法）和/或在室内进行某种平均化的数学处理，如移动平均的滤波过程，这些措施虽然提高了信噪比，但却降低了分辨率，因为反映地下几何尺寸较小的目标的信号经这种处理后被圆滑了，甚至完全被抹除了。如何在信噪比和分辨率两者之间权衡，至今依然是研究中的热门课题。

4. 正演与反演

粗略地说，所谓正演是指利用已知地下介质中某种物性参数的分布来模拟对应的地球物理记录的过程。反演则指根据得到的某种地球物理记录来推测某种物性参数在地下介质中的分布。正演和反演是互为相反的过程，它们是现代地球物理资料处理与解释中的核心内容，而且也是地球物理方法技术研究中最具活力的领域。

虽然地球物理方法的探测对象都是地球介质，但不同的方法利用了地球介质中不同的物理参数，因此每种方法的测量结果只能从某个侧面反映探测对象的特征，这也就决定了每种方法具有不同的适用条件。当探测的目的体与其周围介质具有最大的介电常数差异时，探地雷达应是首选的方法，而当目的体与其周围介质介电常数差异很小，但电导率差异却较大时，宜采用电磁法或电法。举例如下。

　　地下水位：一般为良好的波阻抗界面和电性界面，可用浅反射或折射地震法、电阻率法和探地雷达等方法确定。

　　隔水层：地下水系统中的相对不透水层，一般黏土/泥质高，阳离子交换能力强，电导率相对高，可用电阻率法、激发极化法或电磁法和探地雷达法确定。

　　基岩面：与其上覆第四系沉积物存在多种物性（波速、电阻率等）差异，常用电法和地震法确定。

　　岩溶通道：与围岩存在多种物性差异，根据地形条件和地质地球物理条件，可选用电法、电磁法和地震法确定。

　　咸淡水分界面：如海水入侵锋面，可用电法或电磁法确定。

　　地表径流与地下水之间的补给关系：可用自然电位法确定。

　　垃圾填埋场边界与垃圾渗滤液扩散范围：可用电法、电磁法和地震法确定，当垃圾中含有放射性物质时可用放射性方法圈定。

　　接下来选取地下水污染调查中常用的几种地球物理方法做具体介绍。

8.4.2　探地雷达

　　探地雷达是利用高频电磁波束的反射来探测地下目标的一种高分辨率电磁方法。该方法不仅具有很强的抗干扰性和极高的采样率，而且由于可引入地震法中的某些数据处理技术，表现出很高的分辨率和很强的探测能力。

1. 方法原理

　　探地雷达是利用宽带短脉冲形式的高频电磁波（主频 10～1000 MHz 级）在界面上的反射来探测有关的目的体。将发射天线和接收天线紧靠地面，由发射机发射的短脉冲电磁波经发射天线（T）辐射传入大地，电磁波在地下传播过程中遇到介质的电性分界面便被反射或折射，从而被地面的接收天线（R）所接收。探地雷达探测原理如图 8.4 所示。

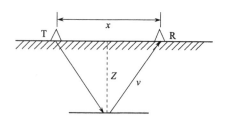

图 8.4　探地雷达探测原理

　　波的双程走时由反射脉冲相对于发射脉冲的延时进行测定。反射脉冲波形由重复间隔发射（发射频率 20～100 kHz）的电路，按采样定理等间隔地采集叠加后获得。考虑到接收到的反射信号能量有限，一次记录的有用信号可能湮没在随机干扰中，但由于记录中来自相同反射点的信号相位相同或相近，而随机干扰的统计平均值为 0，因此对多次记录进行叠加后，有用信号得到增强，随机干扰得到压制，这就是在实际测量时经常进行重复观测叠加的原因。

表 8.1 列出了近地表常见介质的电导率（电阻率的倒数）、相对介电常数（某种介质的实际介电常数与空气的介电常数之比）、电磁波传播速度和衰减系数（电磁波在地下传播时，其振幅随传播距离按指数规律衰减，表征这种衰减速率的系数就称为衰减系数，它主要由电导率的大小决定，电导率越大，衰减系数越大）（王焰新，2007）。

表 8.1 探地雷达测量中常见介质的典型参数值或变化范围

介质名称	电导率 / （S/m）	相对介电常数	电磁波传播速度 / （cm/ns）	衰减系数 / （dB/m）
空气	0	1	30	0
纯水	0.0001～0.03	81	3.3～3.4	0.1
海水	1～10	81	3.3～3.4	1000
冰	—	3.2	17	0.01
干砂	10^{-7}～0.001	4～6	15	0.01
湿砂	0.0001～0.01	25～30	6	0.03～0.3
黏土	0.1～1	5～40	4.7～13	1～300
泥炭	0.003～0.01	60～80	3.4～3.9	0.3
土壤（干）	0.00014～0.05	2.6～15	13～17	20～30
灰岩（干）	10^{-9}	7	11	0.4～1
灰岩（湿）	0.025	8	—	0.4～1
花岗岩（干）	10^{-8}	5	15	0.01～1
花岗岩（湿）	0.001	7	10	0.01～1
肥土	—	15	7.8	—
混凝土	—	6.4	12	—
沥青	—	3～5	12～18	—

2. 测量方式

目前常用的测量方式主要有以下两种。

1）共偏移距法或剖面法

共偏移距法（common-offset mode）是从地震法中引用过来的称谓，剖面法（profiling reflection mode）则概括了该方法的本质。它是将发射天线 T 和接收天线 R 以固定间距沿测线同步移动的一种测量方式。剖面法的测量结果可以用探地雷达时间剖面图像来表示，该图像的横坐标为天线在地表的位置，纵坐标为反射波双程走时，即雷达脉冲从发射天线出发经地下界面反射回到接收天线所需的旅行时间。这种记录反映测线下方各反射界面的形态。

2）共中心点法和宽角法

将一个天线固定在地面某一点上不动，而另一个天线沿测线移动，记录地下各个不同深度界面反射波的双程走时，这种测量方式称为宽角法（wide-angle reflection mode）。如果保持两个天线的中心点位置不变，不断改变两个天线之间距离的测量方式称为共中心点法（common-mid-point mode）。当地下界面水平时，共中心点法与宽角法的测量结果一致，这是将它们划为同一类的原因之一。

应指出，上面的两种测量方式并不是仅有的两种方式。在实际中，对于特殊的问题，可以有针对性地设计合理有效的测量方式，如采用多天线法、环形法等。

3. 探地雷达仪器

目前较为流行的探地雷达仪器主要有两个系列：一类是加拿大 SSI 公司生产的 EKKO 系列，另一类是美国 CSSI 公司生产的 SIR 系列。它们的功能类似，轻便实用，自动化程度高，均有多种频率的天线可供选配。

4. 探地雷达的数据处理和解释

探地雷达数据处理的目的是为了压制随机的和规则的干扰，以尽可能高的分辨率在图像剖面上显示反射波，提取反射波的各种有用参数（如振幅、频率、波速、波形等）来帮助解释。由于高频电磁波和地震波在数学形式上均近似满足波动方程，而且探地雷达在野外观测方式上与地震法相似，因此目前探地雷达中的主要数据处理方法均来自地震法，如时间域和频率域的高低通滤波、带通滤波、反褶积、偏移归位处理、图像增强等技术。需指出，应根据实测剖面上各种干扰波与有效波之间的各种差别进行相应的处理，这需要处理人员具有较好的专业知识和丰富的经验，否则，要么将有效波和干扰波都进行了压制，要么无法去除某种类型的干扰波，有时甚至会起相反的作用。因此处理人员一定要掌握各种处理技术的特点和作用以及各种常见干扰波在时间域、频率域、时间-频率联合分布、时间-空间联合分布、速度谱等方面的特征。

对探地雷达剖面进行数据处理后，就可进行各种地质解释。解释的过程为：找出反射波组后，对照钻孔地质柱状图或/和其他地质、物性资料，确定各反射波组的地质含义，然后根据各反射波组的波形和强度特征，按照相似性准则追踪同相轴，从而建立地质-地球物理解释剖面。当条件许可时，应对解释剖面进行正演模拟，并与处理剖面和实测剖面进行对比，如差别较大，则检查可能出错的每一个环节，当确信处理过程和同相轴追踪过程无误后，则调整各层电性参数进行正演模拟，如此反复进行，直到满意为止。

5. 探地雷达的适用性

已有许多关于采用探地雷达对地下有机污染物的存在进行成像的实例。大多数有机污染物的低介电常数与水的高介电常数之间的差异，以及人们能获得有机污染物泄漏前的雷达数据，使得利用探地雷达探测有机污染物成为可能。近年来的一个实例是在人为控制的泄漏过程中直接监测渗透的有机液体（四氯乙烯）。这一探测过程是在最理想的条件下进行的：实验场地的背景地层为均匀砂，而且可以获得泄漏前场地的探地雷达剖面。在此实验期间，将探地雷达数据的采集过程作为时间的函数，这样就能把探地雷达数据随时间的变化同污染物的运移相联系，因而大大地简化了探地雷达数据的解释。监测这样一个过程是探地雷达非常适合的应用。

在更为典型的情况下，是在污染物泄漏以后采用探地雷达探测，而且不能采集到随时间变化的数据。在某些实例研究中，有人把有机污染物的存在同雷达记录上的"空白"外观相联系。雷达剖面上反射特征的这种变化绝不能当成确定污染物存在与否的结论性方法。在采用探地雷达探测污染物时，如果没有其他类型资料的附加信息，那么雷达信号上的这种变化在很大程度上会导致不确定性。

调查地质背景的一个重要方面是确定能够影响地下区域的物理、化学及生物状态的地层边界。在众多的应用中，人们感兴趣的主要的地质边界之一是基岩的顶面。由于基岩与上覆介质之间的介电性差异，通常可以采用探地雷达的方法对基岩顶面进行成像。

如果场地的电导率不高，确定地下水位的深度对探地雷达而言是很合适的。潜水面在探地雷达剖面中可以当作一个平整的、高幅度的反射体来识别。由于不饱和与完全饱和介质的介电常数之间的差异，在整个剖面上能看到一个主要的反射体；探地雷达剖面上能看到的"水位"反射体，也许实际上就是毛细管作用带的顶部。饱水带顶部最清晰的图像是在粗颗粒的介质中获得的，在粗颗粒介质中毛细管作用带不会"掩盖"电性差异。

探地雷达可用于浅部地层划分、土壤填图、确定潜水面和基岩面、探测浅部岩溶洞穴、圈定浅部断裂破碎带、圈定无机和有机污染羽状体等与地下水-环境系统有关的问题。探地雷达技术仍在迅速发展之中，相信它会为人们带来更多的惊喜。

8.4.3 电阻率法

1. 基本原理

电阻率法作为一种传统的地球物理方法，可在地下水环境系统发挥重要作用。岩石电阻率的大小受许多因素的影响，如矿物成分（导电矿物、黏土矿物使电阻率降低）、孔隙度、孔隙中流体的盐度（盐度越高，电阻率越低）、温度等。常见地下浅层介质与电阻率之间的关系参考表 8.2。

表 8.2　常见介质的电阻率变化范围

介质名称	电阻率/（Ω·m）	介质名称	电阻率/（Ω·m）
肥黏土、泥灰岩	3～10	民用垃圾	12～30
瘦黏土	10～40	倾倒的废石和壤土	200～350
黏土、砂质土、粉砂岩	25～150	工业淤泥	40～200
含黏土的砂	50～300	废金属	1～12
砂、砾石（湿）	200～400	砂铸模	400～1600
砂、砾石（干）	800～5000	废纸（湿）	70～80
碎石（干）	1000～3000	清洗剂	30～200
灰岩、石膏	500～3500	被污染的民用垃圾堆	1～10
砂岩	200～3000	碎玻璃和瓷器	100～550
盐层和盐丘	大于10000	焦油	300～1200
花岗岩	2000～10000	使用过的油	150～700
片麻岩	400～6000	使用过的漆和涂料	200～1000

电阻率法通过电极向地下供入直流或频率很低的电流，用两根电极测量两电极间的电压和电流，然后根据欧姆定律计算两个测量电极中点的电阻率，该电阻率是测点周围地下介质电阻率的综合反映，并不是地下某特定点处的真实电阻率，所以通常称之为视电阻率，但也并不是测点周围地下所有介质的电阻率对该视电阻率具有相同的贡献。一般地，两测量电极中点铅垂方向介质的影响最大，这也是将该视电阻率的记录点定为两测量电极中点的主要理由。要清楚地阐明这一问题需花费较大的篇幅，此处不再展开讨论。供电电极通常为铁棒或粗铜棒，而测量电极一般为较细的铜棒。供电电极可以是两根，也可以为多根，主要根据所要解决的问题来决定。根据电极之间排列方式的不同，将电阻率法分为各种装置类型，常用的有对称四极（schlumberger）排列、Wenner 排列、偶极—偶极和单极—偶极（Bristow）排列等。单极是指将两根供电电极的其中一根置于离测量点较远的情形，此时可近似将其视为无穷远极，计算电阻率时只考虑近处的单个点电流源。

电阻率法测量可分为两种类型。

1）电剖面法

电剖面法是采用固定的电极距（电极之间的距离），沿剖面按设计的测量点距移动整个电极装置逐点进行测量。这种方式可探测特定深度内视电阻率沿剖面的变化，从而达到研究地下介质电阻率横向分布的目的。

2）电测深法

电测深法是电阻率测深法的简称，它是在同一个测点上逐次扩大电极距，使探测深度逐渐加大，这样就可得到观测点处沿垂直方向由浅到深的视电阻率变化情况。电测深法也可使用不同的装置，如三极电测深、对称四极电测深、偶极电测深等。在我国使用最广的是对称四极电测深，它是以测点为中心，供电极距对称于测点向两侧按一定倍数增加，测量电极分段固定（另一种方法是测量电极与供电电极间保持固定比例，随供电电极的增大而增大），对每一对供电电极距均可测出一视电阻率 ρ_s 值，对每一测点的电测深结果，用双对数坐标纸绘制电测深曲线。显然，测深曲线反映的是某个测点下垂向地质情况的变化。电测深法适用于不同的岩性组合成层性较好的条件下。当探测对象近似水平（倾角一般不超过 20°）时，可定量地求出各电性层的厚度和电阻率。

2. 仪器装备

电阻率法的测量仪器，以前使用不同型号的电测仪，不具备实时处理和显示的能力，一般采用干电池供电。20 世纪 80 年代以来，为满足环境与工程市场的需要，提高传统电阻率法的探测能力，各国相应地研制和开发出了高密度电阻率探测系统。这种系统包括数据采集和数据处理两部分，现场测量时，只需将大量电极埋设在一定间隔的测点上（点距比常规电阻率法小，一般在 1～10 m），然后用多芯电缆将所有电极连接到程控式多路电极转换开关上，电极转换开关是一种由微电机控制的电极自动换接装置，它可以根据需要进行电极装置形式、极距及测点的转换。测量信号经电极转换开关存入随机存储器。现场可利用工控微机将数据回放，并进行各种处理和初步结果的显示。日本 OYO 公司研制的 McOHM-21 型电阻率测量系统，通过三个电极电缆，最多可控制 750 个电极的排列。加拿大 Scintrex 公司和瑞典 ABEM 公司、中地装（重庆）地质仪器有限公司和中国地质大学等都推出了具有相似功能的高密度电测系统。

3. 资料处理与解释

由于现代化仪器系统的出现，测量资料的预处理和简单的一维反演或转换由系统本身的功能完成，目前进一步的二维和/或三维处理与解释包括参数化反演和成像已有商业软件推出。反演和成像的结果应在充分收集测区及其附近地质、钻孔和物性资料的基础上做出地质解释。

8.4.4　自然电位法

自然电位（self potential 或者 spontaneous potential，SP）是存在于地球内部

的天然电位。采用高输入阻抗的电位计和不极化电极进行自然电位测量，通常在做直流电阻率测量时附带进行自然电位测量。在数百米范围内自然电位差很少超过 100 mV，在大于其数倍的任何尺度的异常规模的距离内，自然电位的平均值通常趋于零。自然电场是由流体流动、地下的化学反应及温差引起的。电极的入地深度可能对读数的可靠性有一定的影响，树根及附近的植被也是如此。

根据流体流动形成流动电位的机理，自然电位法是唯一已知的与地下流体流动直接相关的无破坏性被动法。与抑制污染的阻挡层中的裂缝有关的细微流体流动因太小而无法被观测到。然而，一些与地下环境修复治理有关的有效的流体运动（如排水治理、喷灌）会产生可测量的异常。此外，可以监测和模拟由堤坝渗漏所引起的显著的流体流动。

按照定义，地下化学污染产生化学浓度差或扩散电位。然而，必须具备许多有利因素的情况下才会形成可探测到的地面异常。化学浓度差异大、埋深浅及电阻率背景值高都有利于增强异常效应。此外，与建立扩散电位有关的特定的化学过程决定了这一电化学电池所产生的可持续电流的水平。

自然电位法是最早的地球物理方法之一，它与地下过程有显著的相关性，野外数据的获得也相当容易和廉价。然而，详细的解释却相当困难。因为电位值低，易受来自供电线路、管线、电暴和其他环境噪声的干扰，必须慎重对待数据采集的野外过程以确保数据的可重复性。

8.4.5 激发极化法

采用与电阻率法相同的电极排列可以测量断开激发电信号的大地响应。激发极化法包括测量激发电流脉冲（时间域法）停止后的地面电压的衰减或大地阻抗的低频（低于 100 Hz）变化（频率域法）。所涉及的大部分储存能量为化学能，这些能量的产生与离子活动性的差异及从离子导电向电子导电（有金属矿物存在的地方）转变所引起的差异有关，其机理与电容的放电过程相同。可以采用各种电极装置（通常使用偶极—偶极排列）进行测量。

在电阻率法中，岩土孔隙中的电流传导受孔隙溶液中离子运动的支配。在低频情况下，大地响应为电容性的。激发极化法测定大地的低频或电容性响应。当离子通过岩土孔隙中的流体运移时，同时也沿着或穿过表面边界积累。电荷的这种激发积累产生电容性效应。

在各种介质中激发极化所表现的程度不同。然而，在两种情况下激发极化效应表现强烈。当有电子导电矿物存在时，在溶液中的离子导电向矿物中的电子导电转变的分界面上会有电荷积累。在诸如黏土这类具有高的比表面积（即矿物颗粒极细）的介质中，激电效应也十分显著。这种情形下，电荷积累或电容与普遍存在的电化学边界层有关。

　　传统上，通过野外测定两种频率的电阻率或监测电流脉冲响应的衰减的变化来评价激电效应。现代仪器也能在一宽的频率范围内测定实部与虚部（复电导率）之间的相位差。由于这种仪器允许在野外记录宽频（或谱）响应，因而开辟了一个新的领域。这一思想使频谱响应具有正在进行的特殊的化学反应的行为特征。

　　前已述及激发极化法既可以在频率域进行观测，也可以直接在时间域观测，但利用和定义的参数不同。常用的频率域参数是百分频率效应（percent frequency effect，PFE）：

$$\mathrm{PFE} = \frac{\sigma(\omega_1) - \sigma(\omega_0)}{\sigma(\omega_0)} \times 100\%$$

它测度在低频（ω_0）和高频（ω_1）之间，介质电导率频散的相对大小。常用的时间域参数是充电率（chargeability），一般用 M 表示：

$$M = \frac{1}{V_{\max}(t_1 - t_0)} \int_{t_0}^{t_1} V(t)\,\mathrm{d}t$$

式中，$V(t)$ 表示在断电后时间 t 测量的势差，量纲为 $L^2MT^{-3}I^{-1}$；$V_{\max}$ 表示在供电期间测量的最大势差，量纲为 $L^2MT^{-3}I^{-1}$；t_0，t_1 表示在记录的电压衰减曲线上定义的时窗，量纲为 T。

　　这一时窗对应的带宽与频率域参数 PFE 所对应的带宽是类似的。一般认为，在孔隙介质中，低频电容分量主要由电化学极化机制所决定，而低频传导分量则主要由孔隙中电解质的传导机制所决定。Marshall 和 Madden（1959）建议将频率域参数 PFE 对孔隙流体电阻率进行归一化处理，并称新参数为金属因子（metal factor，MF）：

$$\mathrm{MF} = 0.71\pi \mathrm{PFE}\,\sigma(\omega_0) \cdot 10^5$$
$$= 0.71\pi \left[\sigma(\omega_1) - \sigma(\omega_0)\right] \times 10^5$$

式中，MF 的单位为 S/m。与此同时，Keller（1959）提出将时间域参数 M 做类似的归一化处理：

$$\mathrm{MN} = M\sigma \approx M / \rho_s$$

式中，MN 为特定电容（specific capacity），单位为 S/m。

　　这些归一化参数突出了低阻极化体，特别地，对孔隙介质将有助于存在低阻孔隙流体时面化学极化信息的提取。

　　历史上，激发极化法主要用于寻找近地表的金属矿。早期有人尝试将该方法用于地下水的研究。当前，由于广泛重视地下水环境问题，人们对激电法产生了新的兴趣。污染物可能会改变或影响界面化学性质及伴随的化学反应，因而导致激电响应相对未污染区出现异常。这一方法会在多大程度上取得成功仍有待验证，但激发极化法代表为数不多的可能被用于进行无破坏性的化学性质调查的手段之一。与以上所述类似，由于激电法对黏土的存在很敏感，因而它通常在圈定阻隔污染物运移的低渗透性的黏土方面应用较多。这种敏感性不利的一面是不能唯一确定激电异常是由实际的污染引起的还是由局部存在的黏土带产生的。

　　这一方法目前的应用现状是进行单频的、时间域的或相位的激发极化测量，并将测量结果按近似深度绘成拟断面图。目前，激发极化法的层状地球模型反演和二维反演技术已较为成熟，但三维反演技术尚处于研究之中。其主要局限是缺少可靠的高质量的大量数据及计算机程序的推广。

参 考 文 献

王焰新. 2007. 地下水污染与防治[M]. 北京: 高等教育出版社.

章艳红，叶淑君，吴吉春. 2014. 光透法定量两相流中流体饱和度的模型及其应用[J]. 环境科学, 35(6): 2120-2128.

赵勇胜. 2015. 地下水污染场地的控制与修复[M]. 北京: 科学出版社.

Bachmetjew P I. 1896. Hauptresultate der Untersuchungen uber die Abhangigkeit der elektrischen Erdstrome von Nibeau‐Schwankungen des Grundwassers in Bulgarien[J]. Göttingen Nachrichten, Göttingen, Germany, 4: 300 .

Bob M M, Brooks M C, Mravik S C, et al. 2008. A modified light transmission visualization method for DNAPL saturation measurements in 2-D models [J]. Advances In Water Resources, 31(5): 727-742.

Environment and Climate Change Canada. 2018. Federal Contaminated Sites Action Plan (FCSAP) Decision-Making Framework (DMF) [M]. Ottawa‐Ontario: Environment Canada.

European Environment Agency. 2000. Management of Contaminated Sites in Western Europe [R]. Topic report No 13.

Fagerlund F, Niemi A, Illangasekare T. 2006. Modelling NAPL source zone formation in stochastically heterogeneous layered media-A comparison with experimental results[J]. Proceeding, TOUGH Symposium: 1-9.

Jalbert M, Dane J H, Bahaminyakamwe L. 2003. Influence of porous medium and NAPL distribution heterogeneities on partitioning inter-well tracer tests: A laboratory investigation [J]. Journal of Hydrology, 272(1-4): 79-94.

Keller G V. 1959. Analysis of Some Electrical Transient Measurements on Igneous, Sedimentary, and Metamorphic Rocks[M]//Overvoltage Research and Geophysical Applications, New York: Pergamon Press.

Leeson A, Johnson P C, Johnson R L, et al. 2002. Air Sparging Design Paradigm [M]. Arlington, Virginia: US Air Force Research Laboratory.

Luciano A, Viotti P, Papini M P. 2010. Laboratory investigation of DNAPL migration in porous media [J]. Journal of Hazardous Materials, 176(1-3): 1006-1017.

Marshall D J, Madden T R. 1959. Induced polarization: A study of its causes[J]. Geophysics, 24(4): 790-816.

Niemet M R, Selker J S. 2001. A new method for quantification of liquid saturation in 2D translucent porous media systems using light transmission [J]. Advances In Water Resources, 24(6): 651-666.

Yeh G T. 1999. Computational Subsurface Hydrology[M]. A. A. Dordrecht, The Netherlands: Kluwer Academic Publishers.